“十二五”职业教育国家规划教材
经全国职业教育教材审定委员会审定
高等职业院校精品教材系列

组态软件应用技术

孙立坤　主　编

侯秉涛　副主编

電子工業出版社
Publishing House of Electronics Industry
北京·BEIJING

内容简介

本书按照教育部新的职业教育改革要求，结合国家示范专业课程改革成果，以能力为本位、以就业为导向的原则进行编写。全书围绕精选的10个典型工作任务，系统介绍组态软件的特点、外部硬件设备连接及管理、实时数据库管理、用户界面设计、控件与数据对象的动画连接、用户脚本程序设计、趋势曲线、报表系统及报警窗口的应用等。本书的内容实用性较强，将课程内容与典型应用融为一体，注重对学生职业能力和创新能力的培养。

本书为高等职业本专科院校相应课程的教材，也可作为开放大学、成人教育、自学考试、中职学校及培训班的教材，以及自动化工程专业技术人员的参考书。

本书配有免费的电子教学课件、练习题参考答案，详见前言。

图书在版编目（CIP）数据

组态软件应用技术/孙立坤主编. —北京：电子工业出版社，2014.9（2024.12 重印）
高等职业院校精品教材系列
ISBN 978-7-121-24376-9

Ⅰ.①组… Ⅱ.①孙… Ⅲ.①软件开发－高等职业教育－教材 Ⅳ.①TP311.52

中国版本图书馆 CIP 数据核字（2014）第 216733 号

策划编辑：陈健德（E-mail：chenjd@phei.com.cn）
责任编辑：苏颖杰
印　　刷：涿州市般润文化传播有限公司
装　　订：涿州市般润文化传播有限公司
出版发行：电子工业出版社
　　　　　北京市海淀区万寿路 173 信箱　邮编 100036
开　　本：787×1 092　1/16　印张：14.25　字数：365 千字
版　　次：2014 年 9 月第 1 版
印　　次：2024 年 12 月第 16 次印刷
定　　价：45.00 元

凡所购买电子工业出版社图书有缺损问题，请向购买书店调换。若书店售缺，请与本社发行部联系，联系及邮购电话：（010）88254888，88258888。

质量投诉请发邮件至 zlts@phei.com.cn，盗版侵权举报请发邮件至 dbqq@phei.com.cn。
本书咨询联系方式：chenjd@phei.com.cn。

职业教育　继往开来（序）

自我国经济在 21 世纪快速发展以来，各行各业都取得了前所未有的进步。随着我国工业生产规模的扩大和经济发展水平的提高，教育行业受到了各方面的重视。尤其对高等职业教育来说，近几年在教育部和财政部实施的国家示范性院校建设政策鼓舞下，高职院校以服务为宗旨、以就业为导向，开展工学结合与校企合作，进行了较大范围的专业建设和课程改革，涌现出一批示范专业和精品课程。高职教育在为区域经济建设服务的前提下，逐步加大校内生产性实训比例，引入企业参与教学过程和质量评价。在这种开放式人才培养模式下，教学以育人为目标，以掌握知识和技能为根本，克服了以学科体系进行教学的缺点和不足，为学生的顶岗实习和顺利就业创造了条件。

中国电子教育学会立足于电子行业企事业单位，为行业教育事业的改革和发展，为实施“科教兴国”战略做了许多工作。电子工业出版社作为职业教育教材出版大社，具有优秀的编辑人才队伍和丰富的职业教育教材出版经验，有义务和能力与广大的高职院校密切合作，参与创新职业教育的新方法，出版反映最新教学改革成果的新教材。中国电子教育学会经常与电子工业出版社开展交流与合作，在职业教育新的教学模式下，将共同为培养符合当今社会需要的、合格的职业技能人才而提供优质服务。

近期由电子工业出版社组织策划和编辑出版的“全国高职高专院校规划教材·精品与示范系列”，具有以下几个突出特点，特向全国的职业教育院校进行推荐。

（1）本系列教材的课程研究专家和作者主要来自于教育部和各省市评审通过的多所示范院校。他们对教育部倡导的职业教育教学改革精神理解得透彻准确，并且具有多年的职业教育教学经验及工学结合、校企合作经验，能够准确地对职业教育相关专业的知识点和技能点进行横向与纵向设计，能够把握创新型教材的出版方向。

（2）本系列教材的编写以多所示范院校的课程改革成果为基础，体现重点突出、实用为主、够用为度的原则，采用项目驱动的教学方式。学习任务主要以本行业工作岗位群中的典型实例提炼后进行设置，项目实例较多，应用范围较广，图片数量较大，还引入了一些经验性的公式、表格等，文字叙述浅显易懂。增强了教学过程的互动性与趣味性，对全国许多职业教育院校具有较大的适用性，同时对企业技术人员具有可参考性。

（3）根据职业教育的特点，本系列教材在全国独创性地提出“职业导航、教学导航、知识分布网络、知识梳理与总结”及“封面重点知识”等内容，有利于老师选择合适的教材并有重点地开展教学过程，也有利于学生了解该教材相关的职业特点和对教材内容进行高效率的学习与总结。

（4）根据每门课程的内容特点，为方便教学过程对教材配备相应的电子教学课件、习题答案与指导、教学素材资源、程序源代码、教学网站支持等立体化教学资源。

职业教育要不断进行改革，创新型教材建设是一项长期而艰巨的任务。为了使职业教育能够更好地为区域经济和企业服务，殷切希望高职高专院校的各位职教专家和老师提出建议和撰写精品教材（联系邮箱:chenjd@phei.com.cn，电话:010-88254585），共同为我国的职业教育发展尽自己的责任与义务！

中国电子教育学会

随着现代控制技术的发展，组态控制技术以其先进性和实用性在工业控制现场得到了广大工程技术人员的认可。现代组态软件采用面向对象编程技术，支持各种工控设备和常见的通信协议，使得组态控制系统开发更为容易，组态软件的应用也越来越广泛。

本书正是顺应组态控制技术在高职教育中的推广与普及，根据国家示范院校建设项目课程改革成果的标准及模式，结合企业实际技术应用内容和增补优化项目，针对学生的职业能力和创新能力培养而编写。

本书从组态软件技术应用角度出发，设计了 5 个学习情境，通过国内广泛使用的KingView组态王软件，系统介绍了组态软件的特点、外部硬件设备连接及管理、实时数据库管理、用户界面设计、控件与数据对象的动画连接、用户脚本程序设计、趋势曲线、报表系统及报警窗口的应用等知识，通过工程任务培养学生组态软件使用和组态技术应用能力，突出实用性和适用性。

本书打破了传统的学科式教材模式，以项目为导向、任务驱动，以能力培养为重点构建任务内容，任务内容的选取具有较强的代表性，能够满足课程知识点的要求；知识内容学习遵循人的认知规律，由浅入深、由易到难；内容编排体现“教、学、做”一体化特色，具有明显的高职教育特点；参与编写的人员虽为高等职业院校的教师，但也具有深厚的工程技术背景，并在编写过程中得到了合作企业的大力支持，充分体现了高等职业教育校企合作、工学结合的特色，也是为培养符合社会和企业需要的高水平技能应用性人才进行的探索。

本书由大连职业技术学院孙立坤担任主编，侯秉涛担任副主编，谢斌、张也参加编写。在本书的编写过程中，得到了编者所在学院的领导、教师及合作企业技术人员的大力支持，在此一并表示感谢。

由于编者水平有限，书中难免存在疏漏之处，敬请广大读者批评指正。

为了方便教师教学及学生学习，本书配有免费的电子教学课件、练习题参考答案，请有需要的教师及学生可登录华信教育资源网（http://www.hxedu.com.cn）免费注册后再进行下载，有问题时请在网站留言或与电子工业出版社联系（E-mail:gaozhi@phei.com.cn）。

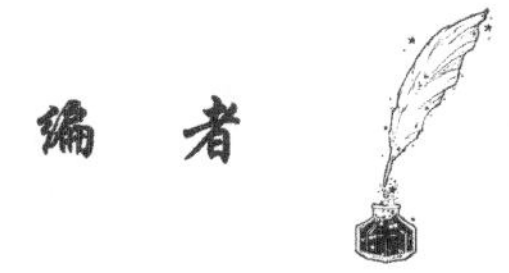

目　录

学习情境 1

组态软件安装与设备配置

学习目标

知识目标	1. 了解“组态”的概念及组态软件的作用，熟悉常用的组态软件及其发展。 2. 了解组态王软件的组成与特点，掌握组态王软件的安装方法。 3. 理解组态王逻辑设备的概念，掌握组态王对外部设备的管理方法。
能力目标	1. 能够正确安装和设置组态王软件。 2. 能够配置 I/O 设备，保证组态王软件与设备的通信。 3. 掌握组态王工程管理器（ProjManager）的基本使用。 4. 能够完成组态王工程的建立。

工作任务1　组态王软件的安装

任务描述

组态软件的应用越来越广泛，掌握组态软件的应用已成为对现代机电工程技术人员的必然要求。通过广泛应用的 Kingview 组态王软件的安装及基本使用，初步了解和掌握组态软件的应用及其特点。

知识分解

1.1　组态软件的含义与功能特点

1.1.1　组态软件的含义

“组态（configuration)”一词，其本身词义有设置、配置等含义，就是模块的任意组合。在软件领域内，是指操作人员根据应用对象及控制任务的要求，配置用户应用软件的过程（包括对象的定义、编辑，对象状态特征属性参数的设定等），即使用软件工具对计算机及软件的各项资源进行配置，达到让计算机或软件按照预先设置自动执行特定任务，满足使用者要求的目的。

组态软件是指一些数据采集和过程控制的专用软件，它们是在自动控制系统控制层一级的软件平台和开发环境，使用灵活的组态方式（而不是编程方式）为用户提供良好的用户开发界面和简洁的使用方法，解决了控制系统通用性的问题。其预置的各种软件模块可以非常容易地实现和完成控制层的各项功能，并能同时支持各种硬件厂家的计算机和 I/O 产品，与工控计算机和网络系统结合，可向控制层和管理层提供软、硬件的全部接口，进行系统集成。

现在的组态软件都采用面向对象编程技术，它提供了各种应用程序模板和对象。二次开发人员根据具体系统的需求，建立模块（创建对象）然后定义参数（定义对象的属性)，最后生成可供运行的应用程序。随着计算机软件技术的快速发展以及用户对计算机控制系统功能要求的增加，实时数据库、实时控制、SCADA、通信及联网、开放数据接口、对 I/O 设备的广泛支持已经成为它的主要内容。随着计算机控制技术的发展，组态软件将会不断被赋予新的内涵。

1.1.2　采用组态软件的意义

在实时工业控制应用系统中，为了实现特定的应用目标，需要进行应用程序的设计和开发。工业控制系统软件的复杂性对软件产品提出了很高的要求，想要成功开发一个较好的通用的控制系统软件产品并正式上市，其过程有很多环节。因此，一个成熟的控制软件产品的推出，一般具有如下特点：

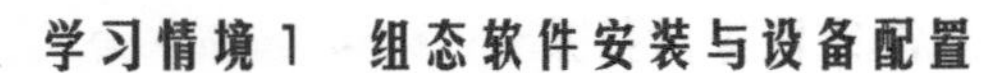

（1）在研究单位丰富系统经验的基础上，花费多年努力和代价才得以完成。

（2）产品性能不断完善和提高，以版本更新为实现途径。

（3）产品售价可能很高，一些国外的著名软件产品更是如此，因此软件费用在整个系统中所占比例逐年提高。

采用组态技术的计算机控制系统在硬件设计上，除采用工业 PC 外，系统大量采用各种成熟通用的 I/O 接口设备，基本不再需要单独进行具体电路设计。这不仅节约了硬件开发时间，更提高了工控系统的可靠性。组态软件实际上是一个专为工业开发的软件。它为用户提供了多种通用工具模块，用户不需要掌握太多的编程语言技术（甚至不需要编程技术），就能很好地完成一个复杂工程所要求的所有功能。系统设计人员可以把更多的注意力集中在如何选择最优的控制方法、实际合理的控制系统结构，选择合适的控制算法等这些提高控制品质的关键问题上。另外，从管理的角度来看，用组态软件开发的系统具有与 Windows 一致的图形化操作界面，非常便于生产的组织与管理。

组态软件是标准化、规模化、商品化的通用工业控制开发软件，只需要进行标准功能模块的软件组态和简单的编程，就可以设计出标准化、专业化、通用性强、可控性高的上位机人机界面控制程序，且工作量较小、开发调试周期短、对程序设计员要求也很低，因此，控制组态软件是性能优良的软件产品，已成为开发上位机控制程序的主流开发工具。

1.1.3 常用的组态软件

随着社会对计算机控制系统需要量的日益增大，组态软件也成为一个不小的产业，现在市场上已经出现了各种不同类型的组态软件。按照使用对象类型，可以将组态软件分为两类，一类是专用的组态软件，另一类是通用的组态软件。

专用的组态软件是由一些集散控制系统厂商和 PLC 厂家专门为自己的系统开发的。例如，Honeywell 的组态软件、Foxboro 的组态软件、Rockwell 公司的 RSVIEW、Simens 公司的 WinCC、GE 公司的 Cimplicity。

通用组态软件并不特别针对某一类特定的系统，开发者可以根据需要选择合适的软件和硬件来构成自己的计算机控制系统。如果开发者选择了通用组态软件后，发现其无法驱动自己选择的硬件，可以提供该计算机的通信权益，请组态软件的开发商来开发相应的驱动程序。

通用组态软件目前发展很快，也是市场潜力很大的产业。国外开发的组态软件有 Fix/iFix、InTouch、Citech、Lookout、TracMode 及 Wizcon 等，国产的组态软件有组态王（King View）、MCGS、SynaⅡ2000、ControX2000、ForceControl 和 FameView 等。

1. InTouch

美国 WonderWare 公司的 InTouch 堪称组态软件的鼻祖。该公司率先推出了 16 位 Windows 环境下的组态软件，在国际上获得了较高的市场占有率。InTouch 组件的图形功能比较丰富，使用较方便，其 I/O 硬件驱动丰富、工作稳定，在中国市场上也普遍受到好评。

2. iFix

美国 Intellution 公司的 Fix 产品系列较全，包括 DOS 版、16 位 Windows 版、32 位 Windows 版、OS/2 版和其他一些版本，功能较强，是全新模式的组态软件，思想和体系结构都比现有的其他组态组态软件要先进，但实时性仍欠缺，最新推出的 iFix 是全新模式的组态软件，思想和体系结构都比较新，提供的功能也比较完整。但由于过于庞大和臃肿，对系统资源损耗巨大，而且经常受微软操作系统的影响。

3. Citech

澳大利亚 CIT 公司的 Citech 是组态软件中的后起之秀，在世界范围内扩展很快。Citech 产品控制算法比较好，具有简洁的操作方式，但其操作方式更多地面向操作员，而不是工控用户，I/O 硬件驱动相对较少，但大部分驱动程序可随软件包提供给用户。

4. WinCC

德国西门子公司的 WinCC 也属于比较先进的产品之一，功能强大，使用也比较复杂。WinCC 新版软件有了很大进步，但在网络结构和数据管理方面要比 InTouch 和 iFix 差。它主要针对西门子硬件设备，因此对使用西门子硬件的用户，WinCC 是不错的选择。若用户选择其他公司的硬件，则需开发相应的 I/O 驱动程序。

5. ForceControl

大庆三维公司的 ForceControl（力控）是国内较早出现的组态软件之一，该产品在体系结构上具备了较为明显的先进性，最大的特征之一就是其基于真正意义的分布式实时数据库的三层结构，而且实时数据库结构为可组态的活结构，是一个面向方案的 HMI/SCADA 平台软件。它在很多环节的设计上，能从国内用户的角度出发，既注重实用性，又不失大软件的规范。

6. MCGS

北京昆仑通态公司的 MCGS 设计思想比较独特，有很多特殊的概念和使用方式，为用户提供了解决实际工程问题的完整方案和开发平台。用户无需具备计算机编程的知识，就可以在短时间内轻而易举地完成一个运行稳定、功能成熟、维护量小并且具备专业水准的计算机监控系统的开发工作。

7. 组态王（KingView）

组态王是北京亚控科技发展公司开发的一个较有影响的组态软件。组态王提供了资源管理器式的操作主界面，并且提供了以汉字作为关键字的脚本语言支持，界面操作灵活方便，易学易用，有较强的通信功能，支持的硬件也非常丰富。

8. WebAccess

该软件是研华（中国）公司近几年开发的一种面向网络监控的组态软件，是未来组态软件的发展趋势。

1.1.4 组态软件的功能与特点

1. 组态软件的功能

组态软件通常有以下几方面的功能。

1）强大的界面显示组态功能

目前，工控组态软件大都运行在 Windows 环境下，充分利用了 Windows 的图形功能完善、界面美观的特点，具有可视化的 IE 风格界面、丰富的工具栏，操作人员可以直接进入开发状态，节省时间；丰富的图形控件和工况图库，提供了大量的工业设备图符、仪表图符，还提供趋势图、历史曲线、组数据分析图等，既提供所需的组件，又是界面制作向导，提供给用户丰富工具，可随心所欲绘制出各种工业界面，并可任意编写，从而将开发人员从繁重的界面设计中解救出来；丰富的动画连接方式，如隐含、闪烁、移动等，使界面生动、直观，画面丰富多彩，为设备的正常运行、操作人员的集中控制提供了极大的方便。

2）良好的开放性

社会化的大生产使得系统构成的全部软硬件不可能出自一家公司的产品，“异构”是当今控制系统的主要特点之一。开放性是指组态软件能与多种通信协议互联，支持多种硬件设备。开放性是衡量一个组态软件好坏的重要标准。

组态软件向下应能与低层的数据采集设备通信，向上通过 TCP/IP 可与高层管理网互联，实现上位机与下位机的双通信。

3）丰富的功能模块

组态软件提供丰富的控制功能库，以满足用户的测控要求和现场要求。可利用各种功能模块完成实时监控、产生功能报表、显示历史曲线、实时曲线、提供报警等功能，使系统具有良好的人机界面，易于操作。系统既可用于单机集中控制、DCS 分布式控制，也可以是带远程通信能力的远程测控系统。

4）强大的数据库

配有实时数据库，可储存各种数据，如模拟量、离散量、字符型数据等，实现与外部设备的数据交换。

5）可编程的命令语言

有可编程的命令语言，使用户可根据自己的需要编写程序，增强图像界面效果。

6）周密的系统安全防范

给不同的操作者赋予不同的操作权限，保证整个系统的安全可靠运行。

7）提供强大的仿真功能使系统并行设计，从而缩短开发周期。

2. 组态软件的特点

1）封装性

通用组态软件所能完成的功能都用一种方便用户使用的方法包装起来，对于用户，不需要掌握太多的编程语言技术（甚至不需要编程技术），就能很好地完成一个复杂的工程所要求的所有功能，因此易学易用。

2）开放性

组态软件大量采用“标准化技术”，如 OPC、DDE/ActiveX 控件等，在实际应用中，用户可以根据自己的需要进行二次开发，例如，可以很方便地使用 VB 或 C++等编程工具自行编制所需的设备构件，装入设备工具箱。很多组态软件提供了一个高级开发向导，自动生成驱动程序框架，为用户开发设备驱动程序提供帮助，用户甚至可以采用 I/O 自行编写动态链接库（DLL）的方法在策略编辑器中挂接自己的应用程序模块。

3）通用性

用户根据工程实际情况，利用通用组态软件提供的底层设备（PLC、智能仪表、智能模块、板卡、变频器等）的 I/O Driver、开放式的数据库和界面制作工具，就能完成一个具有动画效果、实时数据处理、历史数据和曲线并存、具有多媒体功能和网络功能的工程，不受行业限制。

4）方便性

由于组态软件的使用者是自动化工程设计人员，组态软件的主要目的是确保使用者在生成适合自己需要的应用系统时不需要或者尽可能少地编制软件程序源代码。因此，在设计组态软件时，应充分了解自动化工程设计人员的基本需求，并加以总结提炼，重点、集中解决共性问题。

5）组态性

组态控制技术是计算机控制技术发展的结果，采用组态控制技术的计算机控制系统最大的特点是从硬件到软件开发都具有组态性，设计者的主要任务是分析控制对象，在平台基础上按照使用说明进行系统二次开发即可构成针对不同控制对象的控制系统，免去了程序代码、图形图表、通信协议、数字统计等诸多具体内容细节的设计和调试，因此系统的可靠性和开发速度提高了，开发难度却下降了。

1.2 工控软件系统

1.2.1 组态软件的系统构成

组态软件的结构划分有多种标准，下面以使用软件的工作阶段和软件体系的成员构成两种标准讨论其体系结构。

1. 以使用软件的工作阶段划分

从总体结构上来看，组态软件一般都是由系统开发环境（或称组态环境）与系统运行环境两大部分组成。系统开发环境和系统运行环境之间的联系纽带是实时数据库，三者之间的关系如图 1-1 所示。

图 1-1 系统开发环境、系统运行环境和实时数据库三者之间的关系

1）系统开发环境

系统开发环境是自动化工程设计工程师为实施其控制方案，在组态软件的支持下运行程序的系统生成工作所必须依赖的工作环境。通过建立一系列用户数据文件，生成最终的图形目标应用系统，供系统运行环境运行时使用。

系统开发环境由若干个组态程序组成，如图形界面组态程序、实时数据库组态程序等。

2）系统运行环境

在系统运行环境下，目标应用程序被装入计算机内存并投入实时运行。系统运行环境由若干个程序运行组成，如图形界面运行程序、实时数据库运行程序等。

组态软件支持在线组态技术，即在不退出系统运行环境的情况下可以直接进入组态环境并修改组态，使修改后的组态直接生效。

2. 以软件体系的成员构成划分

组态软件因为功能强大，而每个功能相对来说又具有一定的独立性，因此其组成是一个集成软件平台，由若干程序组成。组态软件必备的功能组件包括如下 6 部分。

1）应用程序管理器

应用程序管理器是提供应用程序的搜索、备份、解压缩、建立应用等功能的专用管理工具。

2）图形界面开发程序

图形界面开发程序是自动化工程设计人员为实施其控制方案，在图形编辑工具的支持下进行图形系统生成工作所依赖的开发环境。通过建立一系列用户数据文件，生成最终的图形目标应用系统，供图形运行环境使用。

3）图形界面运行程序

在系统运行环境下，图形目标应用系统被图形界面运行程序装入计算机内存并投入实时运行。

4）实时数据库系统组态程序

有的组态软件只在图形开发环境中增加了简单的数据管理功能，因而不具备完整的实

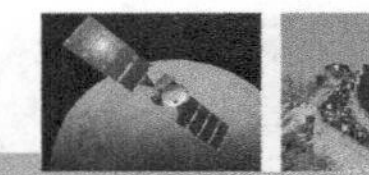

时数据库系统。目前比较先进的组态软件都有独立的实时数据库组件，以提高系统的实时性，增强处理能力。实时数据库系统组态程序是建立实时数据库的组态工具，可以定义实时数据库的结构、数据来源、数据连接、数据类型及相关的各种参数。

5）实时数据库运行程序

在系统运行环境下，目标实时数据库及其应用系统被实时数据库运行程序装入计算机内存，并执行预定的各种数据计算，数据处理任务，历史数据的查询、检索、报警的管理都是在实时数据库系统运行程序中完成的。

6）I/O 驱动程序

I/O 驱动程序是组态软件中必不可少的组成部分，用于 I/O 设备通信、互相交换数据。DDE 和 OPC 客户端是两个通用的标准 I/O 驱动程序，用来支持 DDE 和 OPC 标准的 I/O 设备通信。多数组态软件的 DDE 驱动程序被整合在实时数据库系统和图形系统中，客户端则多数单独存在。

1.2.2 组态王软件简介

“组态王”是北京亚控科技有限公司开发的一款运行于 Microsoft Windows 98/2000/NT 中文平台的中文人机界面软件，采用了多线程、COM 组件等新技术，实现了实时多任务，软件运行稳定可靠。

“组态王”软件包由工程浏览器（TouchExplorer）、工程管理器（ProjManager）和工程运行系统（TouchVew）三部分组成。在工程浏览器中可以查看工程的各个组成部分，也可以完成数据库的构造、定义外部设备等工作；工程管理器内嵌画面管理系统，用于新工程的创建和已有工程的管理；画面的开发和运行由工程浏览器调用画面制作系统 TouchMak 和工程运行系统 TouchVew 来完成。

TouchMak 是应用工程的开发环境，用户需要在这个环境中完成画面设计、动画链接等工作。TouchMak 具有先进完善的图形生成功能；数据库提供多种数据类型，能合理地提取控制对象的特性；对变量报警、趋势曲线、过程记录、安全防范等重要功能都有简洁的操作方法。

ProjManager 是应用程序的管理系统，具有很强的管理功能，可用于新工程的创建及删除，并能对已有工程进行搜索、备份及有效恢复，实现数据词典的导入和导出。

TouchVew 是软件的实时运行环境，在应用工程的开发环境中建立的图形画面只有在 TouchVew 中才能运行。TouchVew 从控制设备中采集数据，并存储于实时数据库中；还负责把数据的变化以动画的方式形象地表示出来，同时可以完成变量报警、操作记录、趋势曲线等监视功能，并按实际需求记录在历史数据库中。

1.3 组态王软件的安装

1.3.1 系统要求

（1）硬件：奔腾 PIII 500 以上的 IBM PC 或兼容机。

（2）内存：最少 64 MB，推荐 128 MB。

（3）显示器：VGA、SVGA 或支持桌面操作系统的任何图形适配器，要求最少显示 256 色。

（4）鼠标：任何 PC 兼容鼠标。

（5）通信：RS-232C。

（6）并行口：用于插入组态王加密锁。

（7）操作系统：Win2000/WinNT4.0（补丁 6）/Win XP 简体中文版。

1.3.2　安装系统程序

组态王软件存于一张光盘上，其中的安装程序 Install.exe 程序会自动运行，启动组态王安装过程向导。

组态王软件的安装步骤如下（以 Win2000 下的安装为例，WinNT4.0 和 WinXP 下的安装无任何差别）。

第一步： 启动计算机系统。

第二步： 在光盘驱动器中插入组态王软件的安装盘，系统自动启动 Install.exe 安装程序，如图 1-2 所示。（用户也可通过运行光盘中的 Install.exe 启动安装程序。）

图 1-2　启动组态王安装程序

该安装界面左面有一列按钮，将鼠标移动到各个按钮位置上时，会在右边图片位置上显示各按钮对应的安装内容提示，如图 1-2 所示。左边各个按钮作用分别如下。

（1）“安装阅读”按钮：安装前阅读，用户可以获取到关于版本更新信息、授权信息、服务和支持信息等。

（2）“安装组态王程序”按钮：安装组态王程序。

（3）“安装组态王驱动程序”按钮：安装组态王 I/O 程序。

（4）“安装加密锁驱动程序”按钮：安装授权加密锁驱动程序。

（5）“盘中珍品介绍”按钮：阅读组态王安装光盘中提供的价值包的内容列表及介绍。

（6）“多媒体教程”按钮：浏览组态王使用入门多媒体教程及产品功能简介。

（7）“浏览 CD 内容”按钮：浏览光盘的内容，查看典型技术信息及文档。

（8）“退出”按钮：退出 Install.exe 程序。

第三步：开始安装。单击“安装组态王程序”按钮，将自动安装“组态王”软件到用户的硬盘目录，并建立应用程序组。

首先弹出如图 1-3 所示的对话框。继续安装请单击“下一个”按钮，弹出“软件许可证协议”对话框，如图 1-4 所示。该对话框的内容为“北京亚控科技发展有限公司”与“组态王”软件用户之间的法律约定，请用户认真阅读。如果用户同意《协议》中的条款，单击“是”按钮继续安装；如果不同意，单击“否”按钮退出安装。单击“后退”按钮，返回上一个对话框。

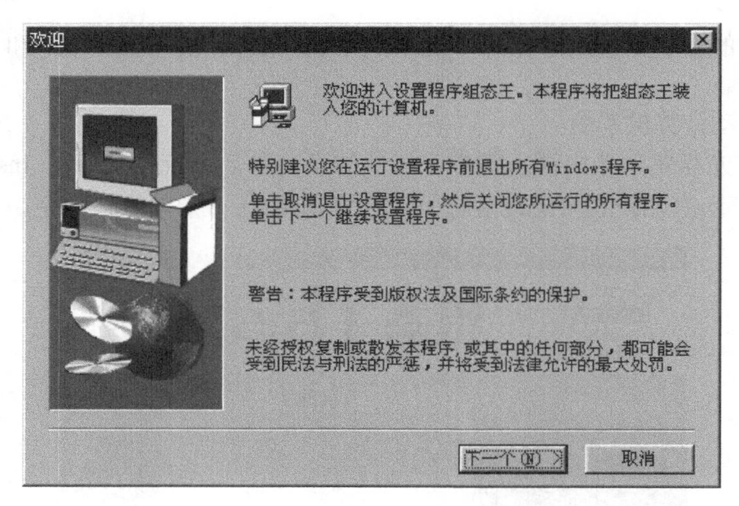

图 1-3　开始安装组态王

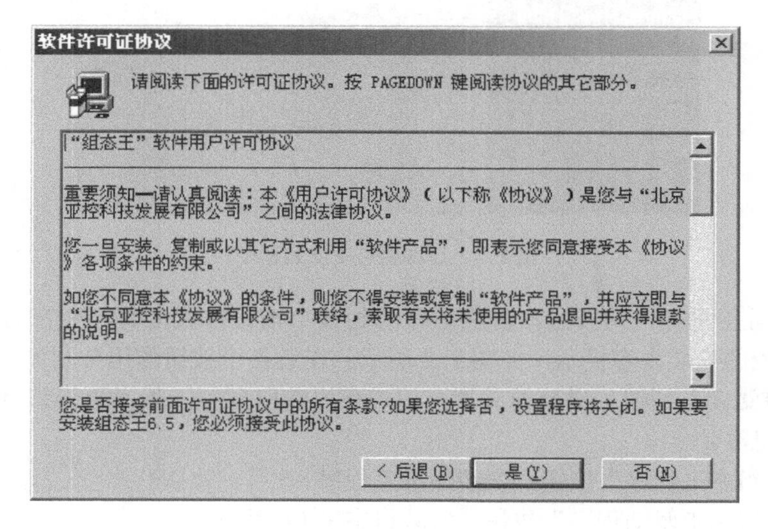

图 1-4　软件许可证协议

单击“是”按钮，弹出“请填写注册信息”对话框，如图 1-5 所示。

图 1-5 填入用户信息

输入“姓名”和“公司”名称。单击“后退”返回上一个对话框；单击“取消”退出安装程序；单击“下一个”弹出“确认注册信息”对话框，如图 1-6 所示。

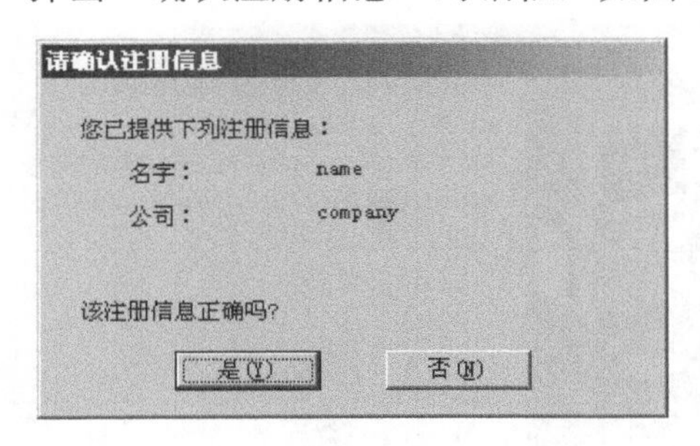

图 1-6 确认用户信息

如果对话框中的用户注册错误的话，单击“否”返回“请填写注册信息”对话框；如果正确，单击“是”，进入程序安装阶段。

第四步： 选择组态王的安装路径。

确认用户注册信息后，弹出“选择目标位置”对话框，选择程序的安装路径，如图 1-7 所示。

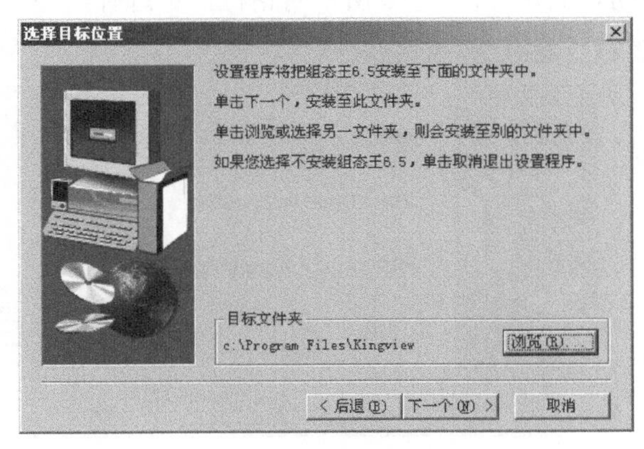

图 1-7 选择组态王安装路径

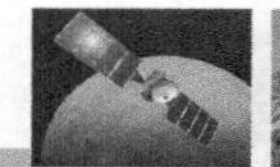

由对话框确认组态王的安装目录。默认目录为 C:\Program Files\KingView，若希望安装到其他目录，请单击“浏览”按钮，弹出如图 1-8 所示对话框。

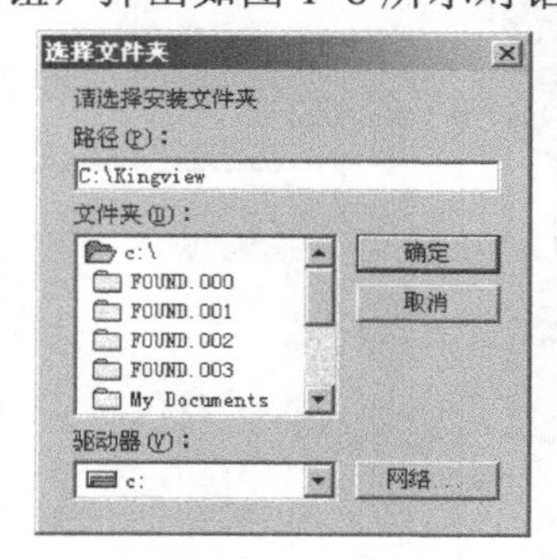

图 1-8　另建组态王安装路径

在对话框的“路径”中输入新的安装目录。如“C:\Kingview”，输入正确后，单击“确定”按钮，出现如图 1-9 所示对话框。

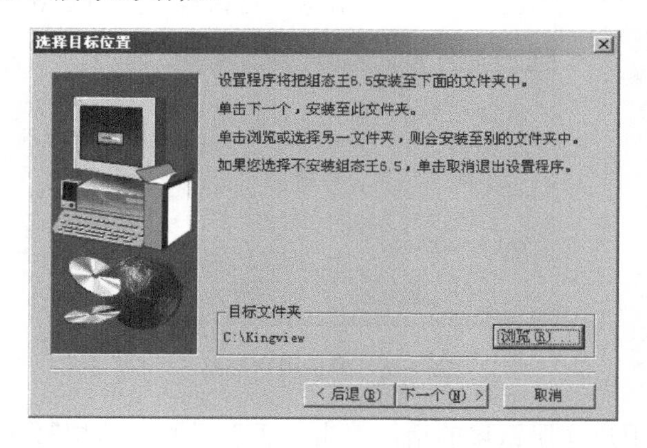

图 1-9　确定组态王的安装路径

安装程序会按用户的要求创建目标文件夹，目标文件夹变为刚才输入的文件夹。

第五步：选择组态王的安装类型。

单击“下一个”按钮，出现如图 1-10 所示对话框，可选择组态王的安装类型。

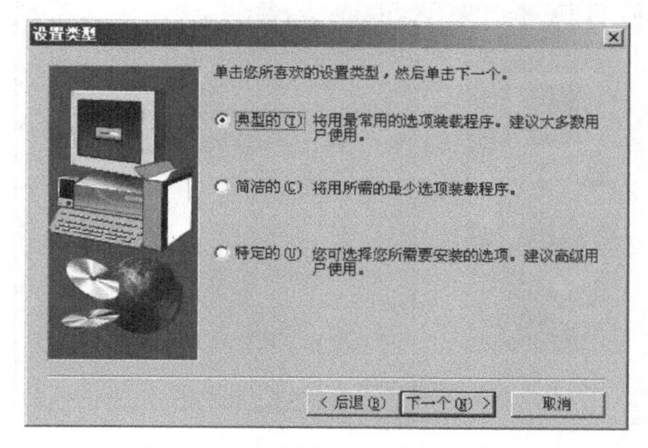

图 1-10　选择组态王的安装类型

1.3.3　安装方式

组态王的安装方式共三种，分别为典型安装、简洁安装和特定安装。

1. 典型安装

将安装组态王的大部分组件，包括以下内容。

（1）组态王系统文件

包括组态王开发环境和运行环境。

（2）组态王示例文件

① 组态王示例 1：画面的分辨率为 640×480。

② 组态王示例 2：画面的分辨率为 800×600。

③ 组态王示例 3：画面的分辨率为 1 024×768。

除画面的分辨率，这三个工程的其他方面都是相同的。

（3）图库文件

图库中有许多精美实用的图库精灵，它将使用户创建的工程更具有专业效果，而且更加简洁方便。

（4）组态王帮助文件

提供在线帮助。

（5）组态王电子手册

组态王手册的电子版本（PDF 格式），安装组态王光盘中提供的 Acrobat Reader 阅读工具后即可阅读。

（6）OPC 文件

使用网络 OPC 所必需的文件。

2. 简洁安装

安装组态王所需的最小组件，将不会安装帮助文件、示例文件和图库。

3. 特定安装

将按用户要求安装组件。选择“特定安装”，然后单击“下一个”，将出现如图 1-11 所示对话框。

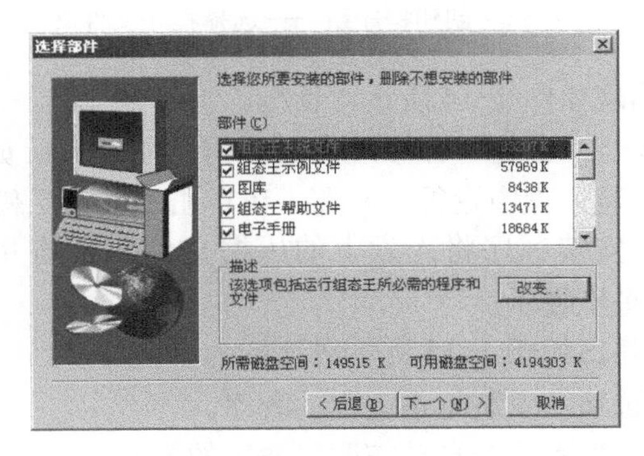

图 1-11　特定安装

需在所需的选项前打钩（默认全都打钩）。

第六步：创建程序组。单击“下一个”安装继续，弹出如图 1-12 所示对话框。

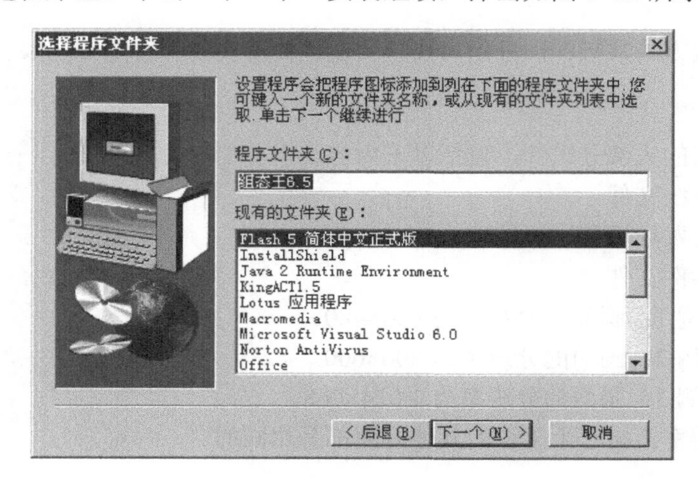

图 1-12　创建程序组

该对话框确认组态王的程序组名称，也可选择其他名称，如图 1-13 所示。

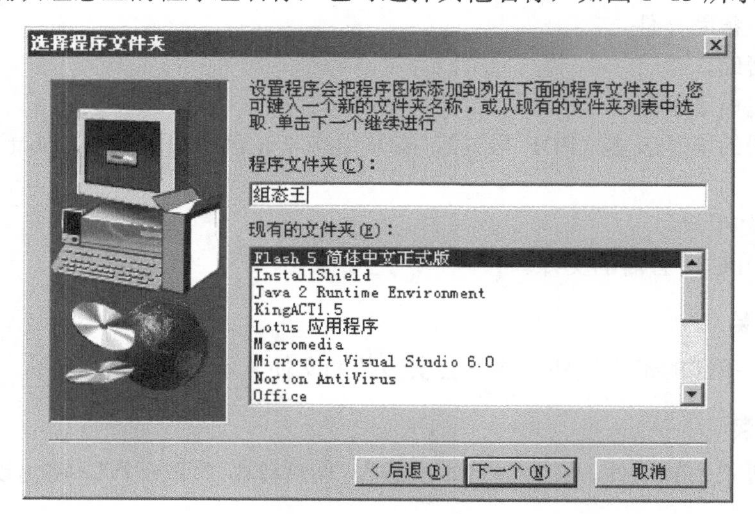

图 1-13　创建程序组——选择程序文件夹

单击“下一个”，将出现如图 1-14 所示对话框。

如果有什么问题，单击“后退”可修改前面有问题的地方；如果没有问题，单击“下一个”，将开始安装，如安装过程中觉得有问题，可单击“取消”停止安装。

第七步：开始安装。安装程序将光盘上的压缩文件解压缩并复制到默认或指定目录下，解压缩过程中有显示进度提示。

第八步：安装结束。弹出如图 1-15 所示对话框。

在该对话框中有一个选项：安装组态王驱动程序。

选中该项，单击“结束”系统会自动按照组态王的安装路径安装组态王的 IO 设备驱动

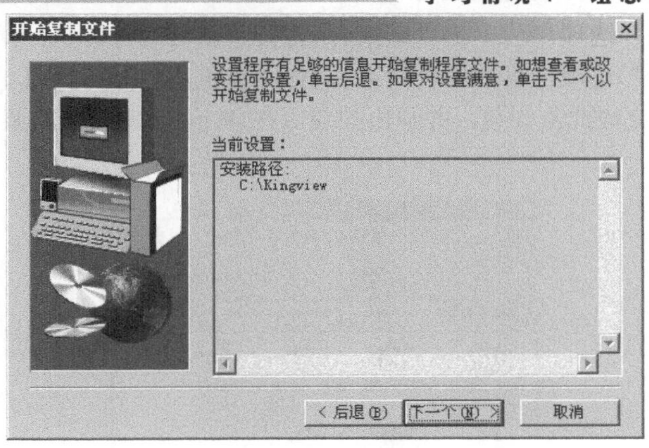

图 1-14　安装程序信息汇总

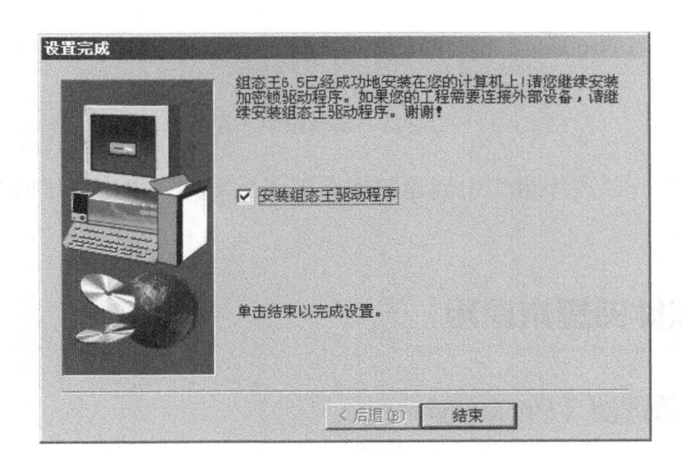

图 1-15　安装结束

程序；如果不选该项单击“结束”，可以之后再安装。最后弹出“重启计算机”对话框，如图 1-16 所示。

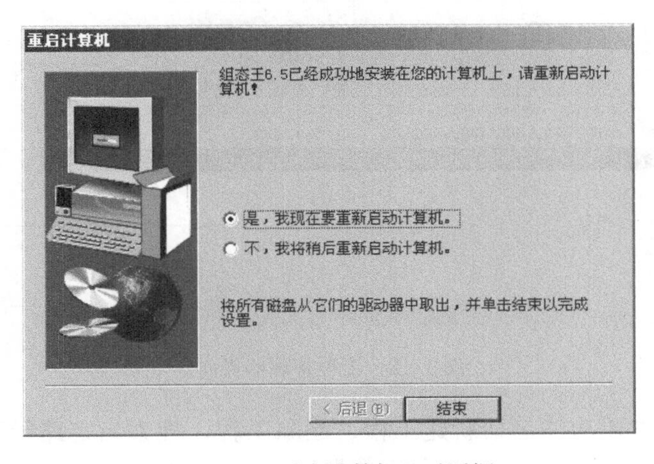

图 1-16　“重启计算机”对话框

选中“是，……”选项，再单击“结束”，将会重新启动计算机；

选中“不，……”选项，再单击“结束”，将不会重新启动计算机。

单击“结束”将完成此次安装，并弹出安装后在 Windows 的开始菜单中存在的项目，如图 1-17 所示。

图 1-17　安装后开始菜单中存在的项目

在系统“开始”－“程序组”中创建的组态王 6.5 文件夹中生成了四个文件快捷方式和三个文件夹。

1.4　组态王软件的基本使用

1.4.1　工程管理器（ProjectManage）

工程管理器界面简洁友好，易学易用。界面从上至下大致分为四个部分，如图 1-18 所示。

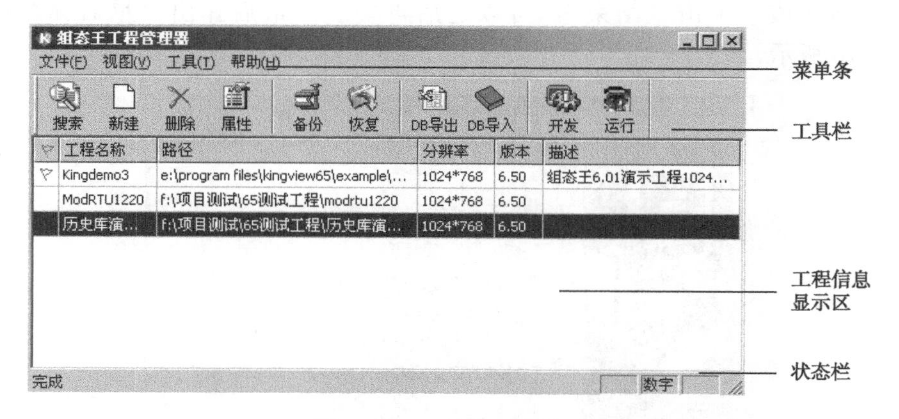

图 1-18　工程管理器界面

工程管理器的主要功能包括新建工程，删除工程，搜索指定路径下的所有组态王工程，修改工程属性，工程的备份、恢复，数据词典的导入/导出，切换到组态王开发或运行环境等。可以使用工具栏的工具按钮、下拉菜单及快捷菜单等完成以上功能。工程管理器实现了对组态王各种版本工程的集中管理，更使用户在进行工程开发和工程的备份、数据词典的管理上方便了许多。

1.4.2　工程浏览器（TouchExplorer）

工程浏览器的作用是管理开发系统，它将图形画面、命令语言、设备驱动程序、配方、报警、网络等工程元素集中管理，工程人员可以一目了然地查看工程的各个组成部分。工程浏览器简便易学，操作界面和 Windows 中的资源管理器非常类似，为工程的管理提供了方便高效的手段。

组态王开发系统内嵌于组态王工程浏览器，又称为画面开发系统，是应用程序的集成开发环境，工程人员在这个环境里进行系统开发。

组态王工程浏览器的结构如图 1-19 所示，由 Tab 标签条、菜单栏、工具栏、工程目录显示区、目录内容显示区、状态栏组成。工程目录显示区以树形结构图显示大纲项节点，用户可以扩展或收缩工程浏览器中所列的大纲项。

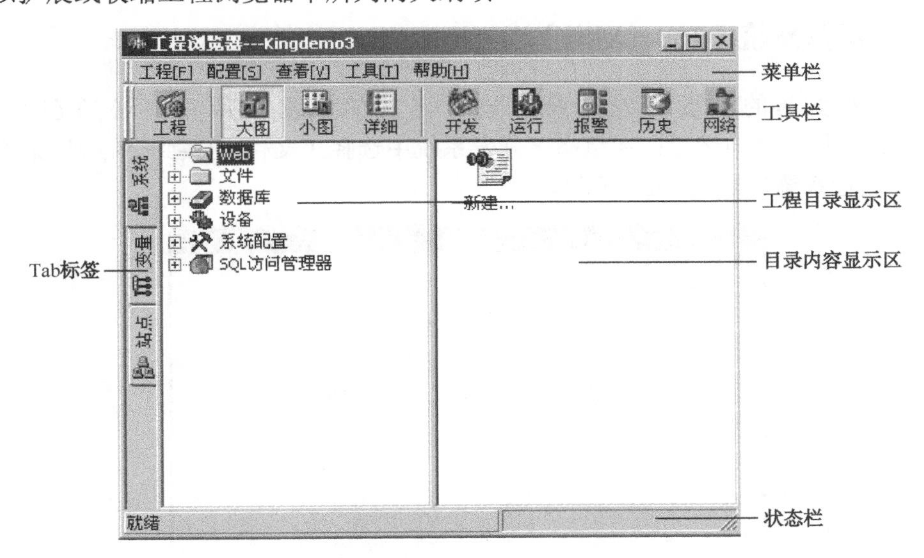

图 1-19　组态王工程浏览器

工程浏览器左侧是工程目录显示区，主要展示工程的各个组成部分，主要包括“系统”、“变量”和“站点”三部分。这三部分的切换是通过工程浏览器最左侧的 Tab 标签实现的。

1. “系统”部分

共有“Web”、“文件”、“数据库”、“设备”、“系统配置”和“SQL 访问管理器”六大项。

（1）“Web”：为组态王 For Internet 工具。

（2）“文件”：主要包括“画面”、“命令语言”、“配方”和“非线性表”。其中，“命令语言”又包括“应用程序命令语言”、“数据改变命令语言”、“事件命令语言”、“热键命令语言”和“自定义函数命令语言”。

（3）“数据库”：主要包括“结构变量”、“数据词典”和“报警组”。

（4）“设备”：主要包括“串口 1（COM1）”、“串口 2（COM2）”、“DDE 设备”、“板卡”、“OPC 服务器”和“网络站点”。

（5）“系统配置”：主要包括“设置开发系统”、“设置运行系统”、“报警配置”、“历史数据记录”、“网络配置”、“用户配置”和“打印配置”。

（6）“SQL 访问管理器”：主要包括“表格模板”和“记录体”。

2. “变量”部分

主要为变量管理，包括变量组。

3. “站点”部分

显示定义的远程站点的详细信息。

工程浏览器右侧是目录内容显示区，将显示每个工程组成部分的详细内容，同时对工程提供必要的编辑修改功能。

1.4.3 运行系统（TouchVew）

在工程浏览器的画面开发系统中设计开发的画面应用程序必须在运行系统（TouchVew）运行环境中运行；在组态王开发系统中选择“文件\切换到 View”菜单命令，进入组态王运行系统，如图 1-20 所示。

图 1-20 组态王运行系统

任务实施

任务要求

（1）在计算机中正确安装组态王软件。

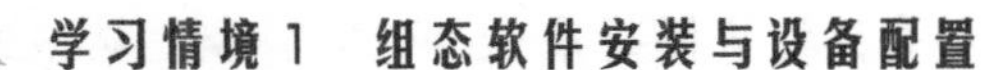

（2）启动组态王软件，熟练使用组态王工程管理器（ProjManager）。

实施步骤

1. 安装组态王软件

2. 组态王工程管理器（ProjManager）的基本使用

1）添加一个已有的组态王工程

单击菜单栏“文件\添加工程”命令或快捷菜单“添加工程”命令后，弹出添加工程路径选择对话框，如图 1-21 所示。

图 1-21　添加工程路径选择

选择想要添加的工程所在的路径。

单击“确定”将指定路径下的工程添加到工程管理器显示区中，如图 1-22 所示。

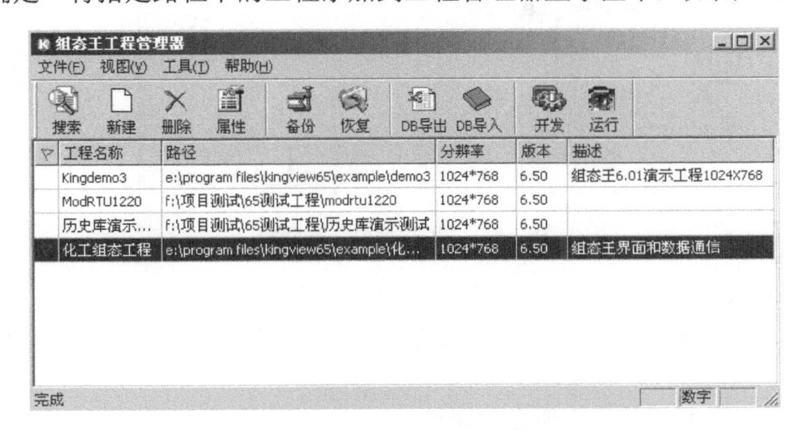

图 1-22　添加工程

2）设置一个工程为当前工程

在工程管理器工程信息显示区中选中加亮想要设置的工程，单击菜单栏“文件\设为当前工程”命令或快捷菜单“设为当前工程”命令即可设置该工程为当前工程。以后进入组态王开发系统或运行系统时，系统将默认打开该工程。被设置为当前工程的工程在工程管理器信息显示区的第一列中用一个图标（小红旗）来标识，如图 1-23 所示。

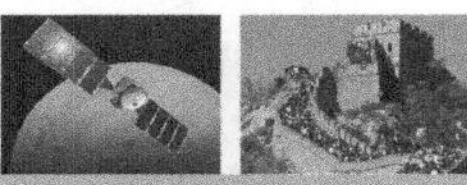

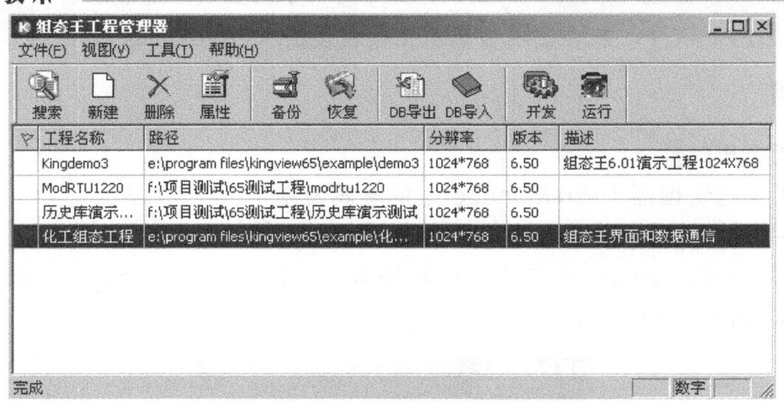

图 1-23　设置当前工程

3）修改当前工程的属性

修改工程属性主要包括工程名称和工程描述两个部分。选中要修改属性的工程，使之加亮显示，单击菜单栏“文件\工程属性”命令或工具条“属性”按钮或快捷菜单“工程属性”命令后，弹出“工程属性”对话框，如图 1-24 所示。

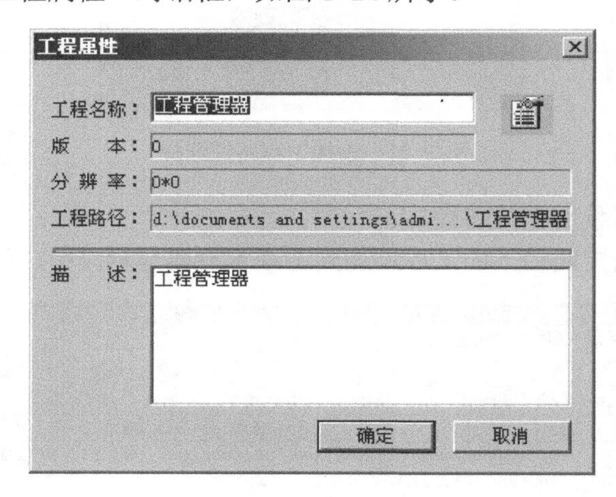

图 1-24 “工程属性”对话框

（1）“工程名称”文本框中显示的为原工程名称，用户可直接修改。

（2）“版本”、“分辨率”文本框中分别显示开发该工程的组态王软件版本和工程的分辨率。

（3）“工程路径”显示该工程所在的路径。

（4）“描述”显示该工程的描述文本，允许用户直接修改。

4）清除当前不需要显示的工程

选中要清除信息的工程，使之加亮显示，单击菜单栏“文件\清除工程信息”命令或快捷菜单“清除工程信息”命令后，将显示的工程信息条从工程管理器中清除，不再显示，执行该命令不会删除工程或改变工程。用户可以通过“搜索工程”或“添加工程”重新使该工程信息显示到工程管理器中。

5）备份和恢复工程

“备份”命令是将选中的组态王工程按照指定的格式进行压缩备份。“恢复”命令是将组态王的工程恢复到压缩备份前的状态。下面分别讲解如何备份和恢复组态王工程。

（1）工程备份

选中要备份的工程，使之加亮显示，单击菜单栏“工具\工程备份”命令或工具条“备份”按钮或快捷菜单“工程备份”命令后，弹出“备份工程”对话框，如图 1-25 所示。

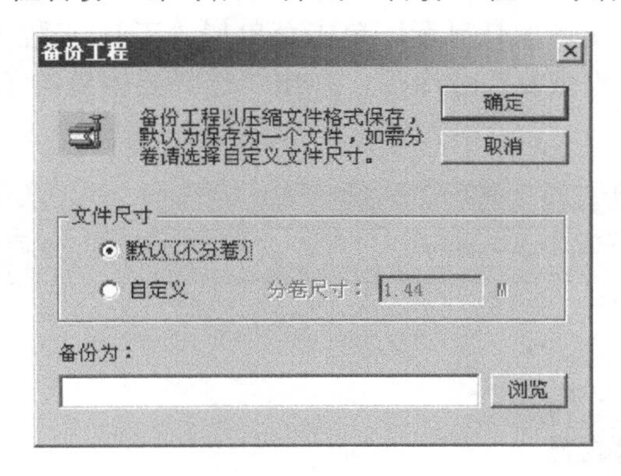

图 1-25 “备份工程”对话框

工程备份文件分为两种形式：不分卷、分卷。系统的默认方式为不分卷。

“默认（不分卷）”：选择该选项，系统将把整个工程压缩为一个备份文件。单击“浏览”按钮，选择备份文件存储的路径和文件名称，如图 1-26 所示。工程被存储成扩展名为.cmp 的文件，如 filename.cmp，工程备份后，生成一个 filename.cmp 文件。

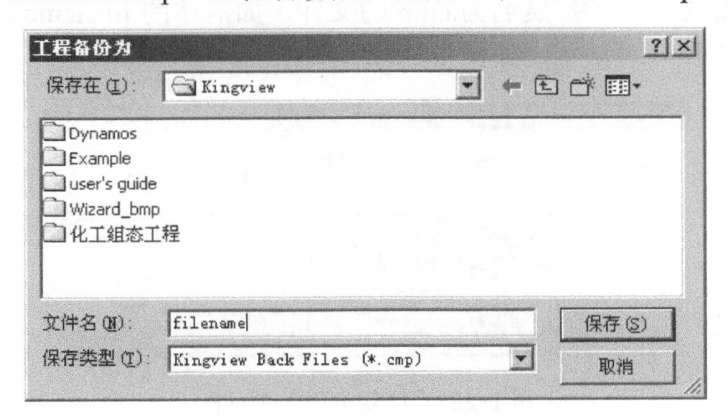

图 1-26 工程备份路径选择

“自定义”（分卷）：选择该选项，系统将把整个工程按照给定的分卷尺寸压缩为给定大小的多个文件。“分卷尺寸”文本框变为有效，在该文本中输入分卷的尺寸，即规定每个备份文件的大小，单位为 MB。分卷尺寸不能为空，否则系统会提示用户输入分卷尺寸大小。单击“浏览”按钮，选择备份文件存储的路径和文件名称。分卷文件存储时会自动生成一系列文件，生成的第一个文件的文件名为“所定义的文件名.cmp”，其他依次为文件名.c01、文件名.c02、…，如定义的文件名为 filename，则备份产生的文件为 filename.cmp、filename.c01、filename.c02、…。

如果用户指定的存储路径为软驱，在保存时若磁盘已满则系统会自动提示用户更换磁盘。这种情况下，建议用户使用“自定义”方式备份工程。

备份过程中在工程管理器的状态栏的左边有文字提示，右边有备份进度条标识当前进度。

注意：备份的文件名不能为空。

（2）工程恢复

选择要恢复的工程，使之加亮显示。单击菜单栏“工具\工程恢复”命令或工具条“恢复”按钮或快捷菜单“工程恢复”命令后，弹出“选择要恢复的工程”对话框，如图 1-27 所示。

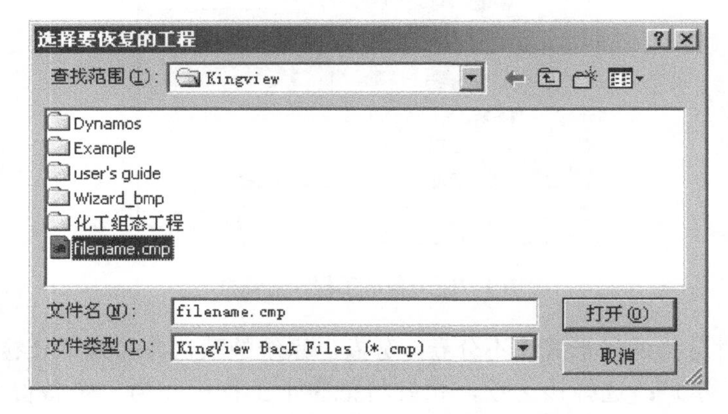

图 1-27 “选择要恢复的工程”对话框

选择组态王备份文件——扩展名为.cmp 的文件，如前述的 filename.cmp。单击“打开”按钮，弹出“恢复工程”对话框，如图 1-28 所示。

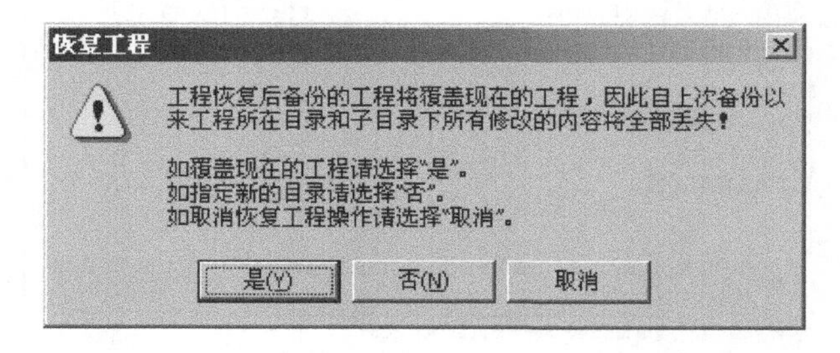

图 1-28 “恢复工程”对话框

单击“是”按钮则以前备份的工程覆盖当前的工程。如果恢复失败，系统会自动将工程还原为恢复前的状态。恢复过程中，工程管理器的状态栏上会有文字提示信息和进度条显示恢复进度。

单击“取消”按钮取消恢复工程操作。

单击“否”按钮则另行选择工程目录，将工程恢复到别的目录下。单击按钮后弹出路径选择对话框，如图 1-29 所示。

在“恢复到此路径”文本框里输入恢复工程的新的路径。或单击“浏览…”按钮，在弹出的路径选择对话框中进行选择。如果输入的路径不存在，则系统会提示用户是否自动创建该路径。路径输入完成后，单击“确定”按钮恢复工程。工程恢复期间，在工程管理器的状态栏上会有恢复信息和进度显示。工程恢复完成后，弹出恢复成功与否信息框，如图 1-30 所示。

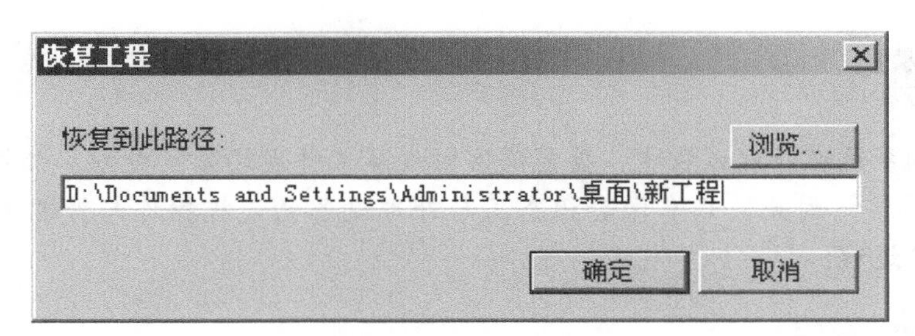

图 1-29　将工程恢复到别的目录下

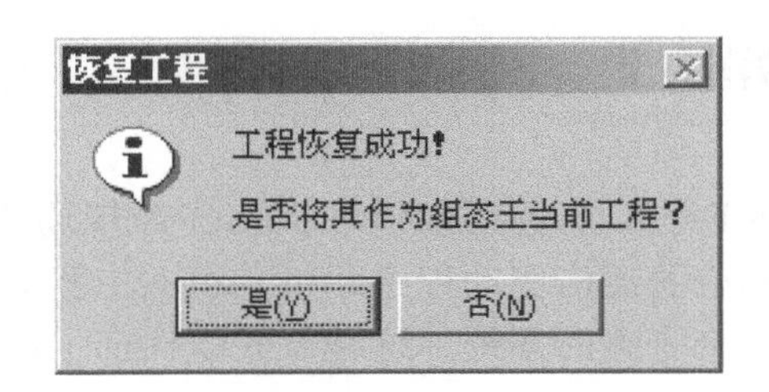

图 1-30　恢复工程成功

单击“是”按钮将恢复的工程作为当前工程，单击“否”按钮返回工程管理器。恢复的工程的名称若与当前工程信息表格中存在的工程名称相同，则恢复的工程添加到工程信息表格时将动态地生成一个工程名称，在工程名称后添加序号，例如，原工程名为“Demo”，则恢复后的工程名为“Demo（2）”；恢复的工程路径为指定路径下的以备份文件名为子目录名称的路径。

6）删除工程

选中要删除的工程，该工程为非当前工程，使之加亮显示，单击菜单栏“文件\删除工程”命令或工具条“删除”按钮或快捷菜单“删除工程”命令后，为防止用户误操作，弹出删除工程确认对话框，提示用户是否确定删除，如图 1-31 所示。单击“是”按钮删除工程，单击“否”按钮取消删除工程操作。删除工程将从工程管理器中删除该工程的信息，工程所在目录将被全部删除，包括子目录。

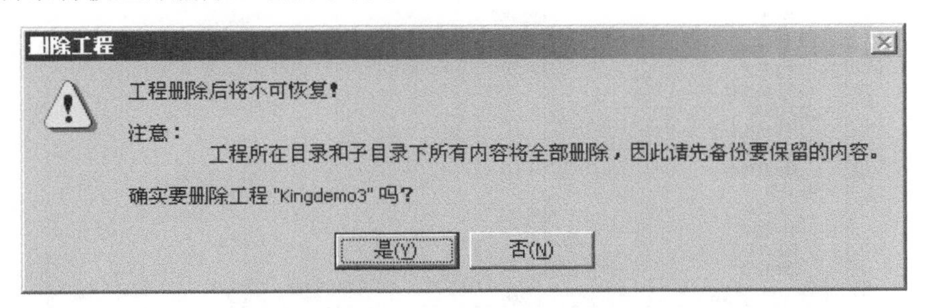

图 1-31　删除工程确认

工作任务 2　组态王与常用硬件设备的通信

任务描述

组态王控制系统在开发过程中，要能够实时地从工作现场采集数据，必须与各种 I/O 设备进行连接与通信，因此，只有学会组态王与外部设备的连接操作与管理方法，才能实现系统开发的完整过程。

知识分解

1.5　组态王 I/O 设备管理

组态王软件系统与最终工程人员使用的具体的 PLC 或现场部件无关。对于不同的硬件设施，只需为组态王配置相应的通信驱动程序即可。组态王驱动程序采用最新软件技术，使通信程序和组态王构成一个完整的系统。这种方式既保证了运行系统的高效率，也使系统能够达到很大的规模。

组态王支持的硬件设备包括可编程控制器（PLC）、智能模块、板卡、智能仪表，变频器等。工程人员可以把每一台下位机看作一种设备，他不必关心具体的通信协议，只需要在组态王的设备库中选择设备的类型，然后按照“设备配置向导”的提示一步步完成安装即可，使驱动程序的配置更加方便。

组态王支持的通信方式有串口通信、数据采集板、DDE 通信、人机界面卡、网络模块和 OPC。

组态王采用工程浏览器来管理硬件设备，已配置好的设备统一列在工程浏览器界面下的设备分支，如图 1-32 所示。

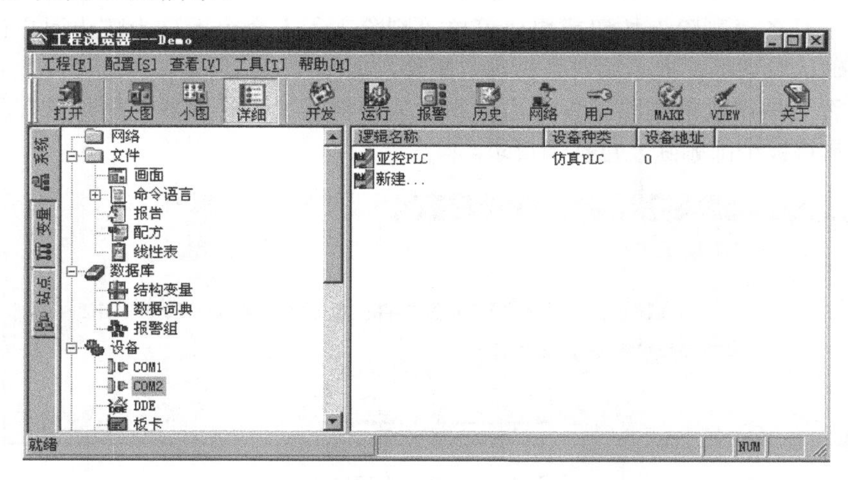

图 1-32　I/O 设备管理

1.5.1　组态王逻辑设备的概念

组态王对设备的管理是通过对逻辑设备名的管理实现的，具体讲就是每一个实际 I/O 设备都必须在组态王中指定一个唯一的逻辑名称，此逻辑设备名就对应着该 I/O 设备的生产厂家、实际设备名称、设备通信方式、设备地址、与上位 PC 的通信方式等信息内容。在组态王中，有一个 I/O 设备就必须指定一个唯一的逻辑设备名，特别是设备型号完全相同的多台 I/O 设备，也要指定不同的逻辑设备名。组态王中变量、逻辑设备与实际设备对应的关系如图 1-33 所示。

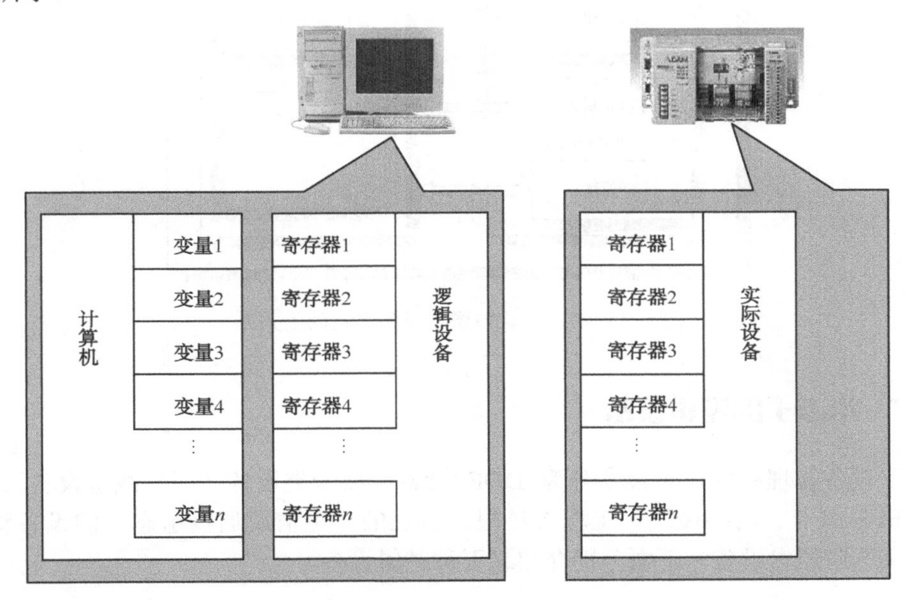

图 1-33　变量、逻辑设备与实际设备的对应关系

例如，设有两台三菱公司 FX2-60MR PLC 作下位机控制工业生产现场，同时这两台 PLC 均要与装有组态王的上位机通信，则必须给两台 FX2-60MR PLC 指定不同的逻辑设备名，如图 1-34 所示。

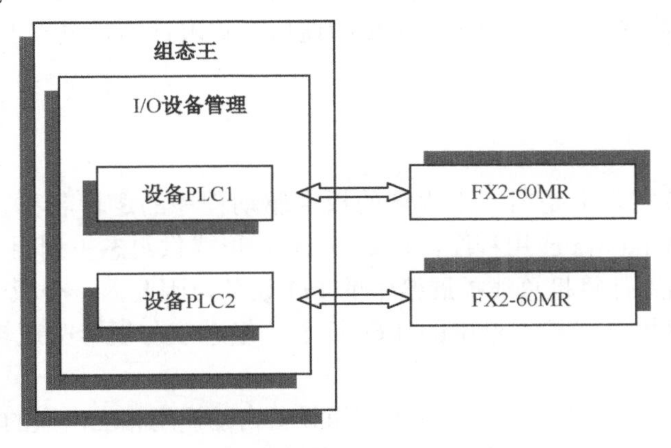

图 1-34　逻辑设备与实际设备示例

其中 PLC1、PLC2 是由组态王定义的逻辑设备名（此名由工程人员自己确定），而不一定是实际的设备名称。

另外，组态王中的 I/O 变量与具体 I/O 设备的数据交换就是通过逻辑设备名来实现的，当工程人员在组态王中定义 I/O 变量属性时，就要指定与该 I/O 变量进行数据交换的逻辑设备名，I/O 变量与逻辑设备名之间的关系如图 1-35 所示。

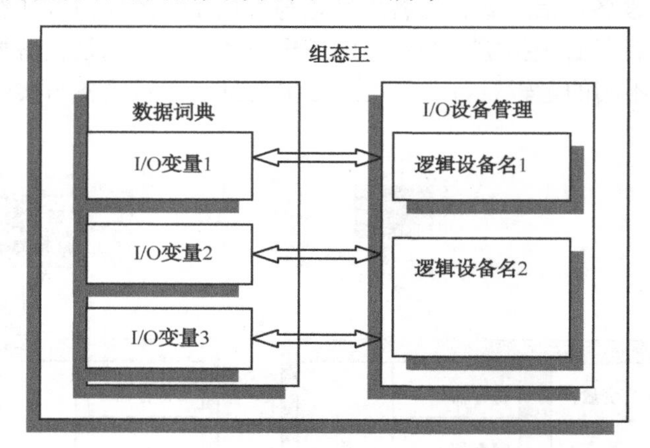

图 1-35　I/O 变量与逻辑设备名之间的关系

1.5.2　组态王的逻辑设备

组态王设备管理中的逻辑设备分为 DDE 设备、板卡类设备（即总线型设备）、串口类设备、人机界面卡、网络模块。工程人员根据自己的实际情况通过组态王的设备管理功能来配置定义这些逻辑设备，下面分别介绍这五种逻辑设备。

1. DDE 设备

DDE 设备是指与组态王进行 DDE 数据交换的 Windows 独立应用程序，因此，DDE 设备通常就代表了一个 Windows 独立应用程序，该独立应用程序的扩展名通常为“.exe”。组态王与 DDE 设备之间通过 DDE 协议交换数据，如 Excel 是 Windows 的独立应用程序，当 Excel 与组态王交换数据时，就是采用 DDE 的通信方式进行的。组态王与 DDE 设备之间的关系如图 1-36 所示。

2. 板卡类设备

板卡类逻辑设备实际上是组态王内嵌的板卡驱动程序的逻辑名称。内嵌的板卡驱动程序不是一个独立的 Windows 应用程序，而是以 DLL 形式供组态王调用，这种内嵌的板卡驱动程序对应着实际插入计算机总线扩展槽中的 I/O 设备，因此，一个板卡逻辑设备也就代表了一个实际插入计算机总线扩展槽中的 I/O 板卡。组态王与板卡类逻辑设备之间的关系如图 1-37 所示。

显然，组态王根据工程人员指定的板卡逻辑设备自动调用相应内嵌的板卡驱动程序，因此对工程人员来说只需要在逻辑设备中定义板卡逻辑设备，其他的事情就由组态王自动完成。

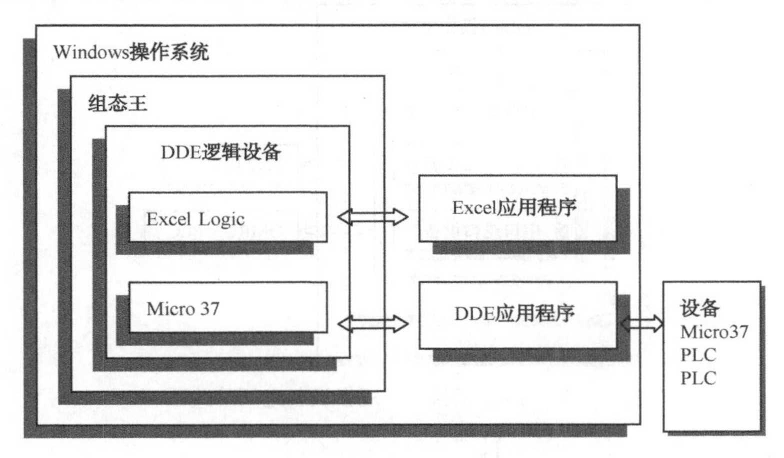

图 1-36　组态王与 DDE 设备之间的关系

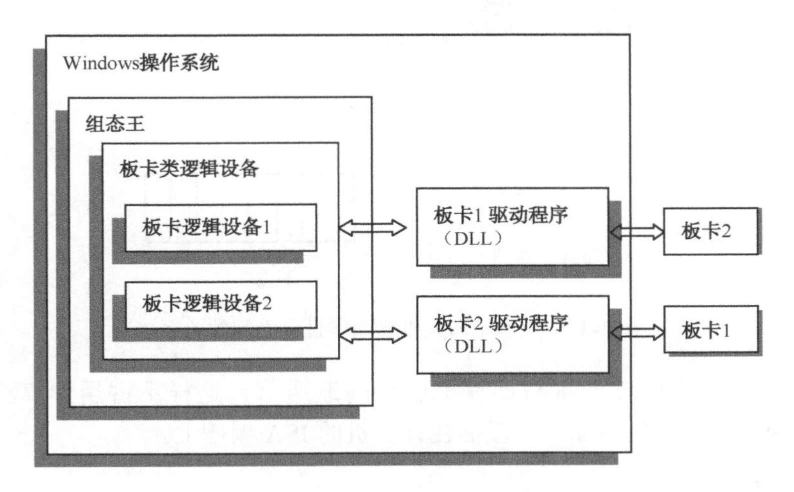

图 1-37　组态王与板卡类逻辑设备之间的关系

3. 串口类设备

串口类逻辑设备实际上是组态王内嵌的串口驱动程序的逻辑名称，内嵌的串口驱动程序不是一个独立的 Windows 应用程序，而是以 DLL 形式供组态王调用的，这种内嵌的串口驱动程序对应着实际与计算机串口相连的 I/O 设备，因此，一个串口逻辑设备也就代表了一个实际与计算机串口相连的 I/O 设备。组态王与串口类逻辑设备之间的关系如图 1-38 所示。

4. 人机界面卡

人机界面卡又可称为高速通信卡，它既不同于板卡，也不同于串口通信，它往往由硬件厂商提供，如西门子公司的 S7-300 用的 MPI 卡、莫迪康公司的 SA85 卡，如图 1-39 所示。

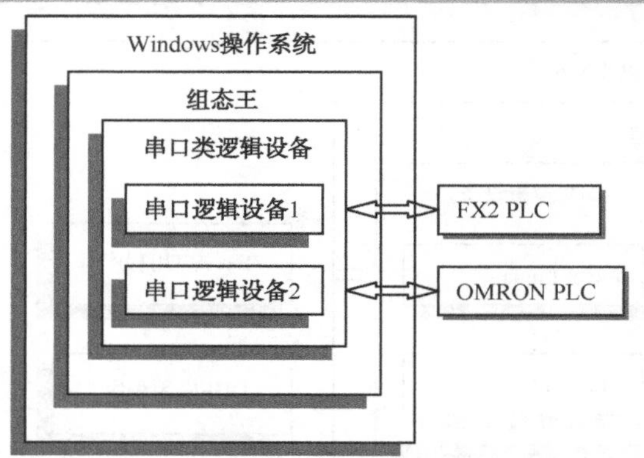

图 1-38　组态王与串口逻辑设备之间的关系

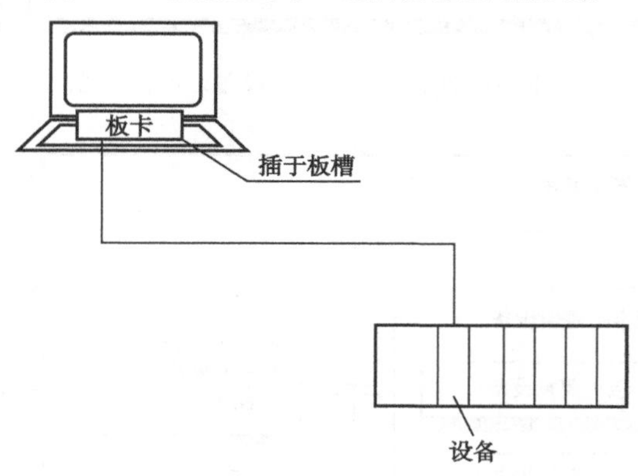

图 1-39　组态王与人机界面卡设备之间的关系

通过人机界面卡可以使设备与计算机进行高速通信，这样不占用计算机本身所带的 RS232 串口，因为这种人机界面卡一般插在计算机的 ISA 板槽上。

5. 网络模块

组态王利用以太网（EtherNet）和 TCP/IP 可以与专用的网络通信模块进行连接。例如，选用松下 ET-LAN 网络通信单元通过以太网与上位机相连，该单元和其他计算机上的组态王运行程序使用 TCP/IP，连接示意图如图 1-40 所示。

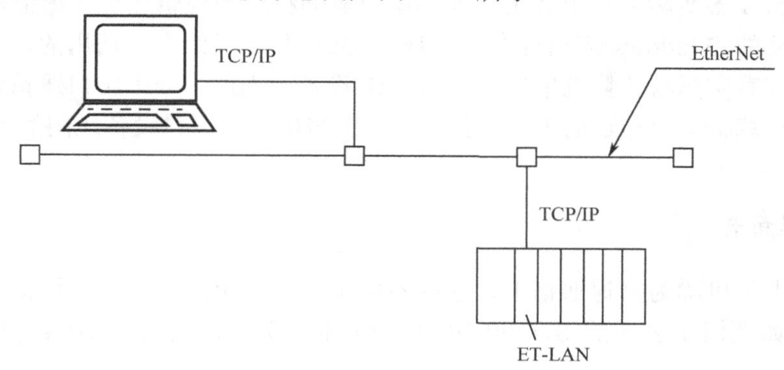

图 1-40　组态王与网络模块设备之间的关系

1.6 组态王与设备的通信

1.6.1 定义串口类设备

工程人员根据设备配置向导就可以完成串口设备的配置，组态王最多支持 128 个串口。操作步骤如下。

（1）在工程浏览器的目录显示区，单击大纲项“设备”下的“COM1”或“COM2”，则在目录内容显示区出现“新建”图标，如图 1-41 所示。

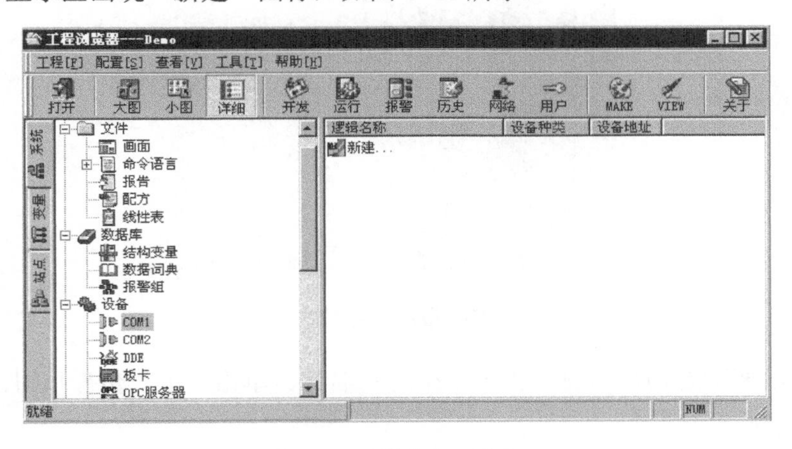

图 1-41　新建串口设备

选中“新建”图标后双击，弹出“设备配置向导——生产厂家、设备名称、通信方式”对话框；或者右击，则弹出浮动式菜单，选择菜单命令“新建逻辑设备”，也弹出该对话框，如图 1-42 所示。

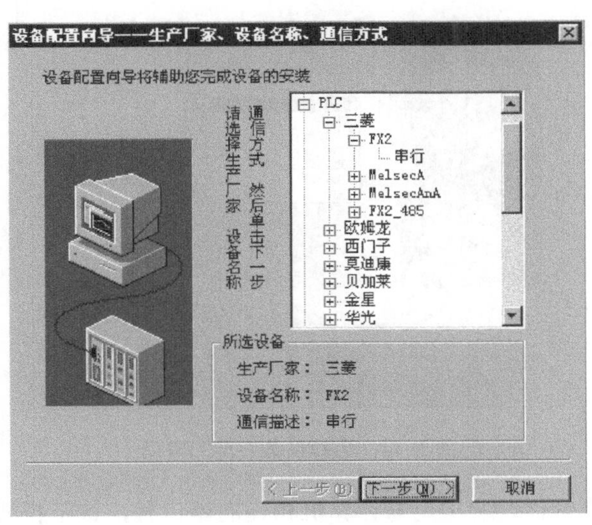

图 1-42　串口配置向导

工程人员从树形设备列表区中可选择 PLC、智能仪表、智能模块、板卡、变频器等节点中的一个。然后选择要配置串口设备的生产厂家、设备名称、通信方式；PLC、智能仪表、智能模块、变频器等设备通常与计算机的串口相连进行数据通信。

（2）单击“下一步”按钮，则弹出“设备配置向导——逻辑名称”对话框，如图 1-43 所示。

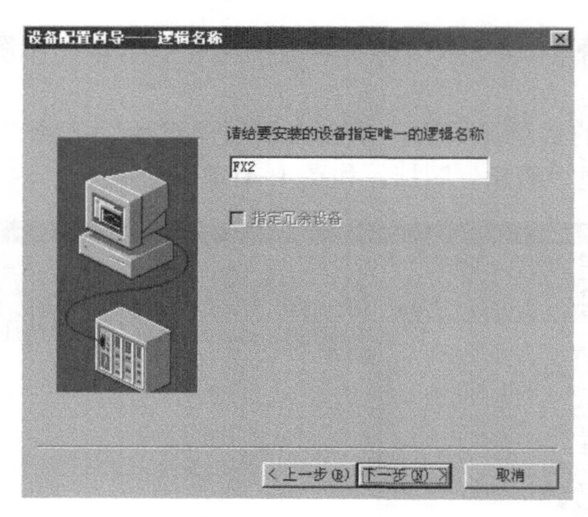

图 1-43　指定设备逻辑名称

工程人员给要配置的串口设备指定一个逻辑名称。单击“上一步”按钮，则可返回上一个对话框。

（3）继续单击“下一步”按钮，则弹出“设备配置向导——选择串口号”对话框，如图 1-44 所示。

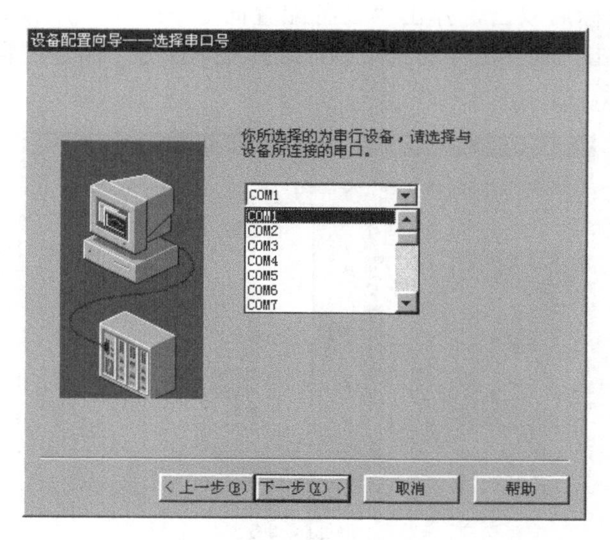

图 1-44　选择设备连接的串口

工程人员为配置的串行设备指定与计算机相连的串口号，该下拉式串口列表框共有 128 个串口供工程人员选择。

（4）继续单击“下一步”按钮，则弹出“设备配置向导——设备地址设置指南”对话框，如图 1-45 所示。

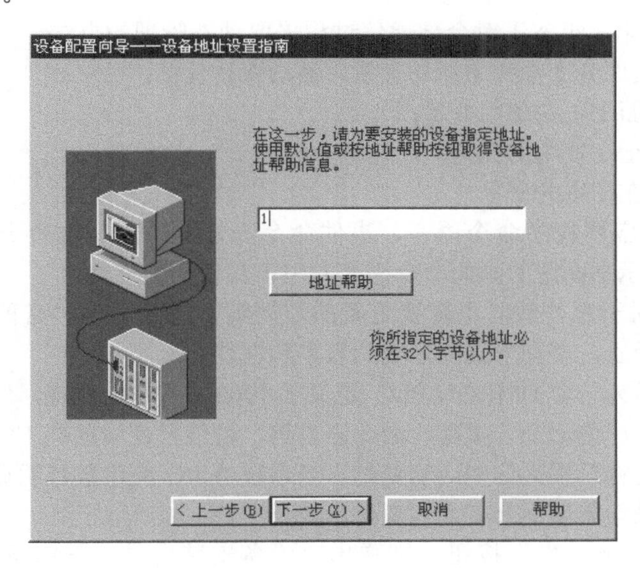

图 1-45　填入 PLC 设备地址

工程人员要为串口设备指定设备地址，该地址应对应实际的设备定义的地址。

（5）继续单击“下一步”按钮，则弹出“通信参数”对话框，如图 1-46 所示。

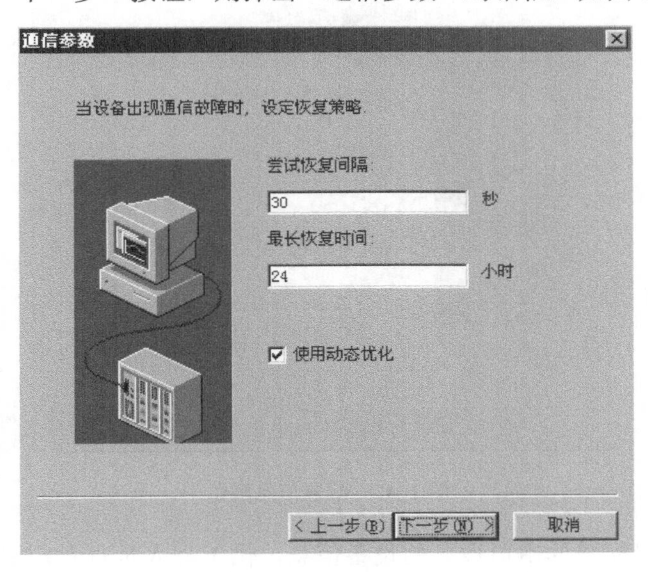

图 1-46　填入通信参数

此向导页配置了一些关于设备在发生通信故障时，系统尝试恢复通信的策略参数。

① 尝试恢复间隔：在组态王运行期间，如果有一台设备如 PLC1 发生故障，则组态王能够自动诊断并停止采集与该设备相关的数据，但会每隔一段时间尝试恢复与该设备的通信，如图 1-46 中为 30 秒。

② 最长恢复时间：若组态王在一段时间内一直不能恢复与 PLC1 的通信，则不再尝试恢复与 PLC1 的通信，这一时间就是最长恢复时间。

③ 使用动态优化：组态王对全部通信过程采取动态管理的办法，只有在数据被上位机需要时才被采集，这部分变量称为活动变量。活动变量包括：

- ◆ 当前显示画面上正在使用变量；
- ◆ 历史数据库正在使用的变量；
- ◆ 报警记录正在使用的变量；
- ◆ 命令语言（应用程序命令语言、事件命令语言、数据变化命令语言、热键命令语言、当前显示画面用的画面命令语言）中正在使用的变量。

同时，组态王对于那些暂时不需要更新的数据则不进行通信。这种方法可以大大缓解串口通信速率慢的矛盾，有利于提高系统的效率和性能。

例如，工程人员为一台 OMRON PLC 定义了 1000 多个 I/O 变量，但在某一时刻，显示画面上的动态连接、历史记录、报警、命令语言等，可能只使用这些 I/O 变量中的一部分，组态王通过动态优化将只采集这些活动变量。当系统中 I/O 变量数目明显增加时，这种通信方式可以保证数据采集周期不会有太大变化。

（6）继续单击“下一步”按钮，则弹出“设备安装向导——信息总结”对话框，如图 1-47 所示。

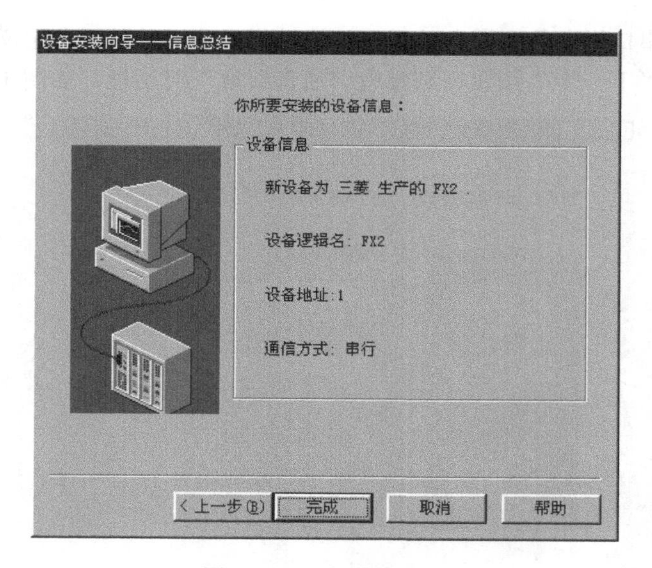

图 1-47 配置信息汇总

此向导页显示已配置的串口设备的设备信息，供工程人员查看，如果需要修改，单击“上一步”按钮，则可返回上一个对话框进行修改；如果不需要修改，单击“完成”按钮，则工程浏览器设备节点处显示已添加的串口设备。

1.6.2 设置串口参数

对于不同的串口设备，其串口通信的参数是不一样的，如波特率、数据位、校验位

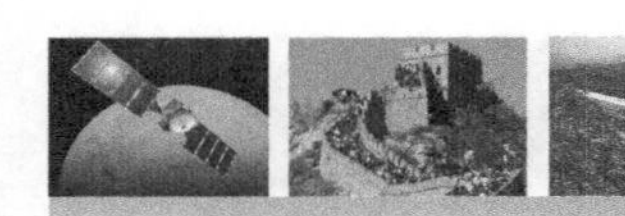

等，所以在定义完设备之后，还需要对计算机通信时串口的参数进行设置。例如，1.6.1 节中定义设备时，选择了 COM1 口，则在工程浏览器的目录显示区，选择“设备”，双击“COM1”图标，弹出“设置串口——COM1”对话框，如图 1-48 所示。

图 1-48　设置串口参数

在“通信参数”栏中，选择设备对应的波特率、数据位、校验类型、停止位等，这些参数的选择可以参考组态王的相关设备帮助或按照设备中通信参数的配置。“通信超时”为默认值，除非特殊说明，一般不需要修改。“通信方式”是指计算机一侧串口的通信方式，是 RS232 或 RS485，一般都为 RS232，按实际情况选择相应的类型即可。

1.7　组态王画面开发系统建立程序的一般过程

运行组态王画面开发系统进行组态工程开发时，必须遵循①工程的画面设计能够反映实际的工业现场和相应的工控设备；②数据变量定义能够反映工控对象的属性；③动画设计能模拟现场设备的运行和控制信号的原则。因此，组态王工程开发的一般过程如下：

（1）设计图形界面（定义画面）。

（2）定义设备。

（3）构造数据库（定义变量）。

（4）建立动画连接。

（5）运行和调试。

任务实施

任务要求

（1）建立“Demo”工程，工程路径为“C:\WINDOWS\Desktop”。

（2）完成组态王与研华板卡 PCL_724 (24 通道数字量输出/输入，采用 8255 控制方式)

的设备通信与配置。

实施步骤

1. 建立组态王工程“Demo”

要建立新的组态王工程，首先要为工程指定工作目录（或称“工程路径”）。组态王用工作目录标识工程，不同的工程应置于不同的目录。工作目录下的文件由组态王自动管理。

（1）启动组态王工程管理器（ProjManager），选择菜单“文件\新建工程”或单击“新建”按钮，弹出“新建工程向导之一”对话框，如图 1-49 所示。

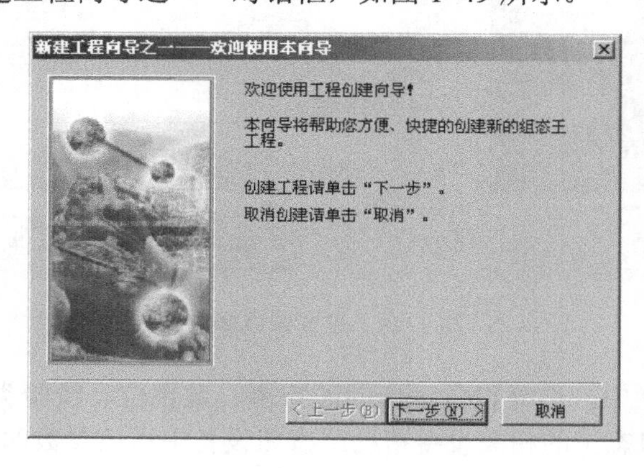

图 1-49　新建工程向导之一

单击“下一步”按钮弹出“新建工程向导之二”对话框，如图 1-50 所示。

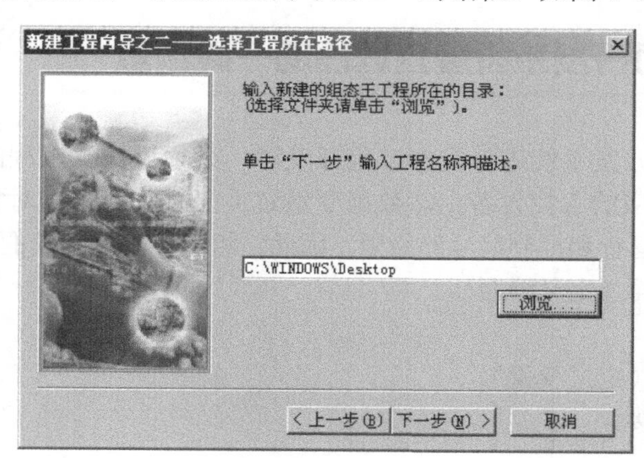

图 1-50　新建工程向导之二

（2）在工程路径文本框中输入一个有效的工程路径，或单击“浏览...”按钮，在弹出的路径选择对话框中选择一个有效的路径。单击“下一步”按钮，弹出“新建工程向导之三”对话框，如图 1-51 所示。

（3）在“工程名称”文本框中输入工程的名称，该工程名称同时将被作为当前工程的路径名称。在“工程描述”文本框中输入对该工程的描述文字。工程名称长度应小于 32 字节，工程描述长度应小于 40 字节。单击“完成”按钮完成工程的新建。系统会弹出对话框，询问用户是否将新建工程设为当前工程，如图 1-52 所示。

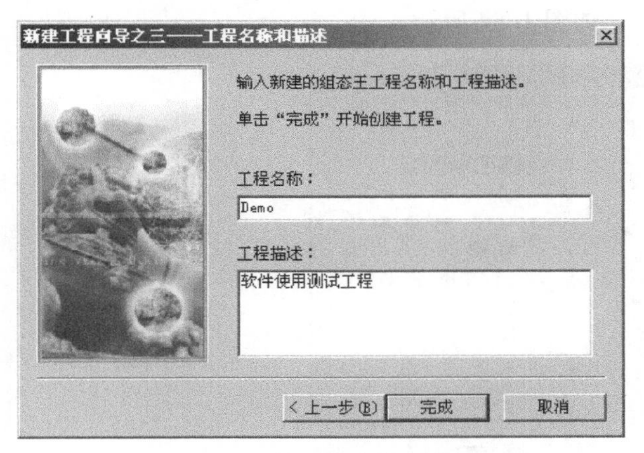

新建工程向导之三——工程名称和描述
输入新建的组态王工程名称和工程描述。
单击“完成”开始创建工程。
工程名称：
Demo
工程描述：
软件使用测试工程
< 上一步(B)
完成
取消

图 1-51　新建工程向导之三

新建组态王工程
是否将新建的工程设为组态王当前工程？
是(Y)
否(N)

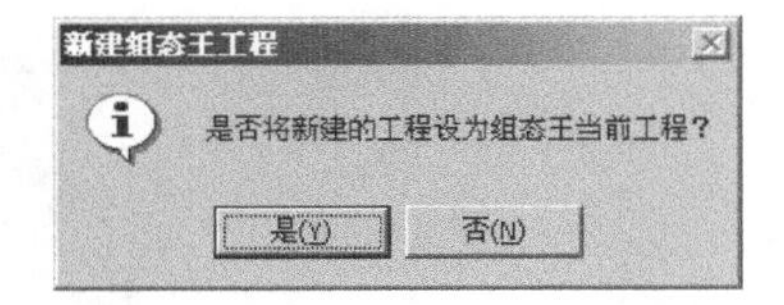

图 1-52　是否设为当前工程对话框

单击“否”按钮，则新建工程不是工程管理器的当前工程，如果要将该工程设为新建工程，还要执行“文件\设为当前工程”命令；单击“是”按钮，则将新建的工程设为组态王的当前工程。

2. 进入工程浏览器（TouchExplorer），完成工程开发

在工程管理器中双击出现在工程信息表格中的“Demo”工程或单击“开发”按钮或选择菜单“工具\切换到开发系统”，进入工程浏览器（TouchExplorer）。

1）创建组态画面

进入组态王开发系统后，就可以为每个工程建立数目不限的画面，在每个画面上生成互相关联的静态或动态图形对象。

第一步： 定义新画面。

选择工程浏览器左侧大纲项“文件\画面”，在工程浏览器右侧双击“新建”图标，弹出如图 1-53 所示对话框。

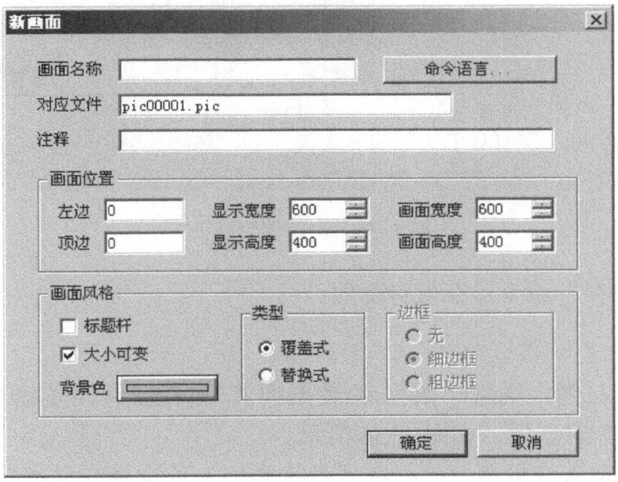

新画面
画面名称
命令语言...
对应文件
pic00001.pic
注释
画面位置
左边
0
显示宽度
600
画面宽度
600
顶边
0
显示高度
400
画面高度
400
画面风格
标题杆
大小可变
背景色
类型
覆盖式
替换式
边框
无
细边框
粗边框
确定
取消

图 1-53　新建画面

在“画面名称”处输入新的画面名称，如“Test”，其他属性目前不用更改。单击“确定”按钮进入内嵌的组态王画面开发系统，如图 1-54 所示。

图 1-54　组态王画面开发系统

第二步：在组态王画面开发系统中从“工具箱”中选择“矩形”图标，绘制一个矩形对象，如图 1-55 所示。

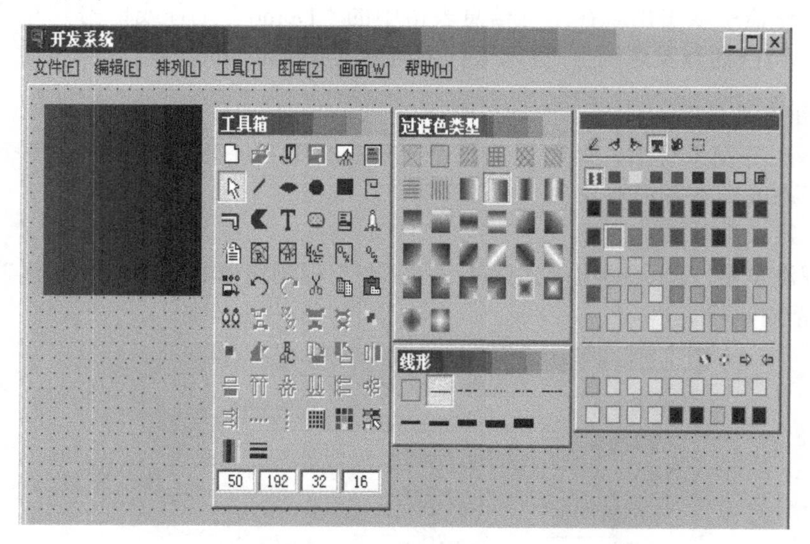

图 1-55　创建图形画面

选择“文件\全部存”命令保存现有画面。

2）构造数据库

选择工程浏览器左侧大纲项“数据库\数据词典”，在工程浏览器右侧双击“新建”图标，弹出“定义变量”对话框，如图 1-56 所示。

在“变量名”处输入变量名“a”；在“变量类型”处选择变量类型为“内存实数”，其他属性目前不更改，单击“确定”按钮。

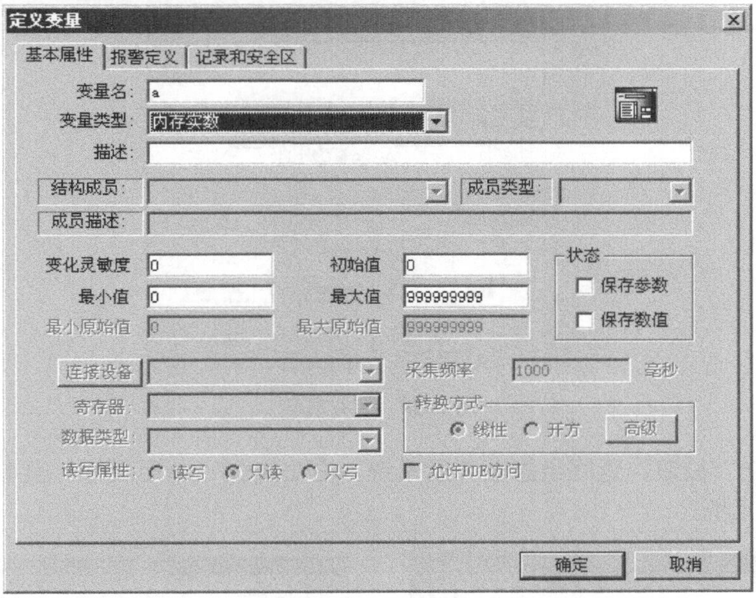

图 1-56　创建内存变量

3）建立动画连接

双击矩形图形对象，弹出“动画连接”对话框，如图 1-57 所示。

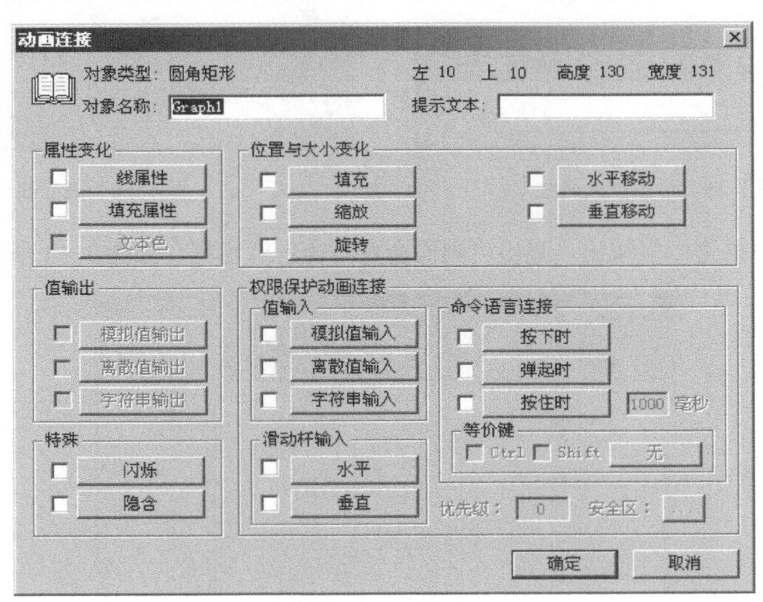

图 1-57　动画连接

单击“填充属性”按钮，弹出如图 1-58 所示对话框。

在“表达式”处输入“a”，“默认填充画刷”的“颜色”改为黄色，其余属性不更改，如图 1-59 所示。

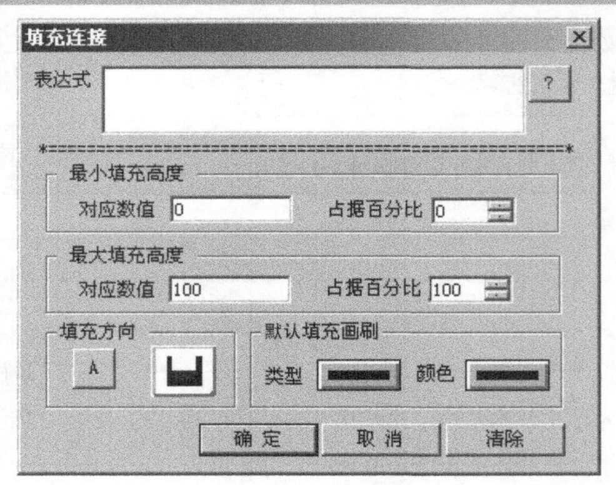

图 1-58　填充属性

单击“确定”按钮，返回组态王开发系统，右击选择“画面属性”菜单命令，弹出如图 1-60 所示对话框。

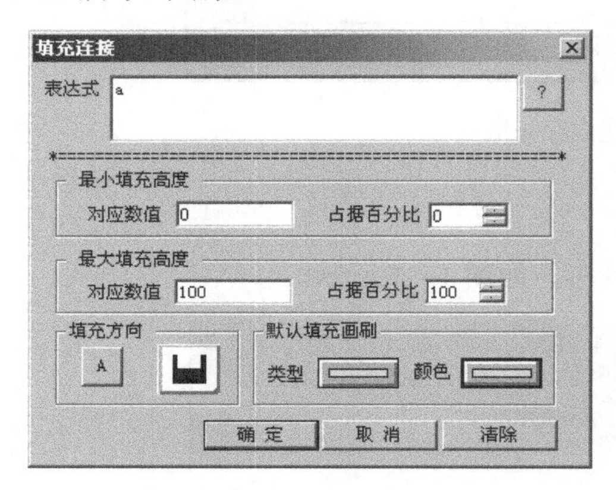

图 1-59　更改填充属性

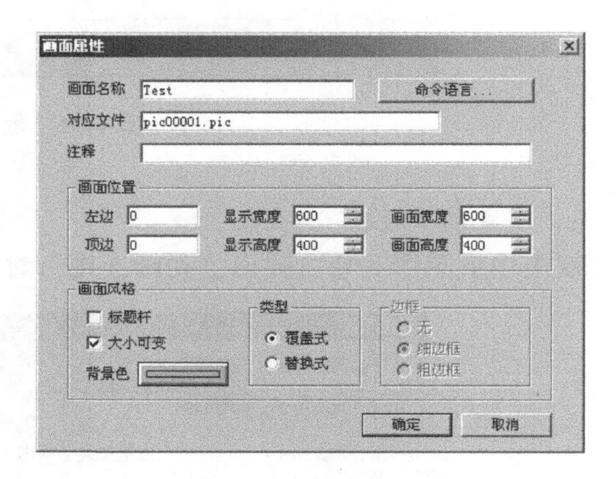

图 1-60　画面属性

单击“命令语言...”按钮，弹出“画面命令语言”对话框，如图 1-61 所示。

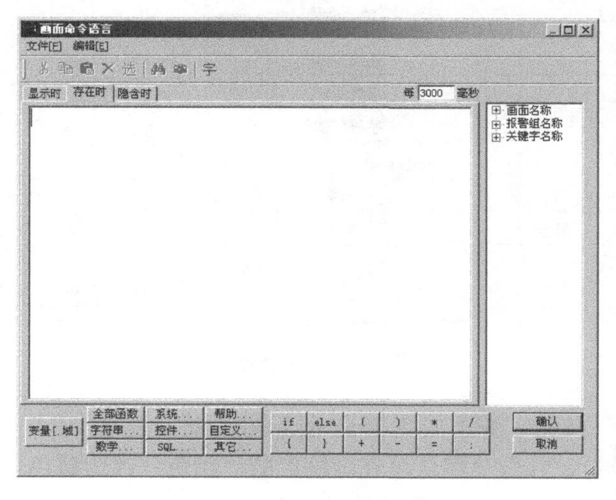

图 1-61　画面命令语言

在编辑框处输入以下命令语言：

```
if(a<100)
a=a+10;
else
      a=0;
```

选择“文件\全部存”菜单命令。

4）运行和调试

组态王工程已经初步建立起来，进入到运行和调试阶段。在组态王开发系统中选择“文件\切换到 View”菜单命令，进入组态王运行系统。在运行系统中选择“画面\打开”命令，从“打开画面”窗口选择“Test”画面。显示出组态王运行系统画面，即可看到矩形框的动态变化，如图 1-62 所示。

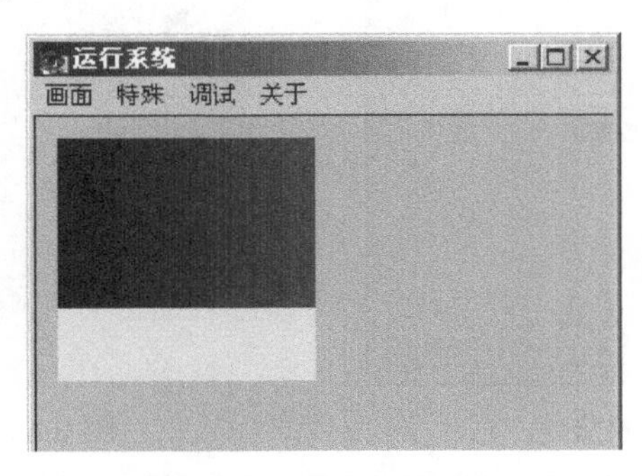

图 1-62　运行系统画面

3. 使用工程浏览器完成研华板卡 PCL_724 与组态王的通信配置

（1）在工程浏览器的目录显示区，单击大纲项“设备”下的成员“板卡”，则在目录内容显示区出现“新建”图标，如图 1-63 所示。

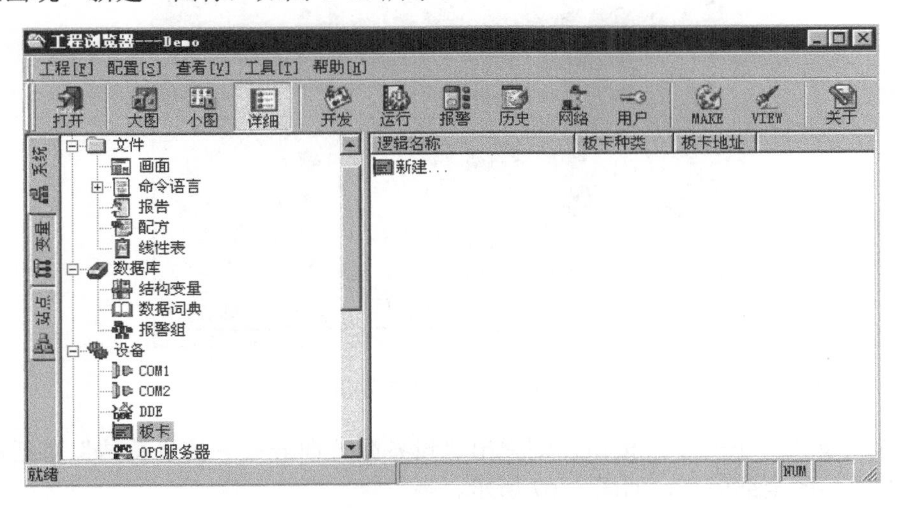

图 1-63　板卡配置

选择“新建”图标后双击，弹出“设备配置向导”列表对话框，如图 1-64 所示。

（2）从树形设备列表区中选择板卡节点，查找研华板卡设备 “板卡/研华/PCL724”。

单击“下一步”按钮，则弹出“设备配置向导——生产厂家、设备名称、通信方式”对话框，如图 1-64 所示。

（3）工程人员给要配置的板卡设备指定一个逻辑名称，如图 1-65 所示。继续单击“下一步”按钮，则弹出“设备配置向导——板卡地址”对话框，为板卡设备指定板卡地址、初始化字（初始化字以 port，dat，port，dat…的形式输入，其中，port 为芯片初始化地址偏移量，dat 为初始化字）、A/D 转换器的输入方式（单端或双端），如图 1-66 所示。

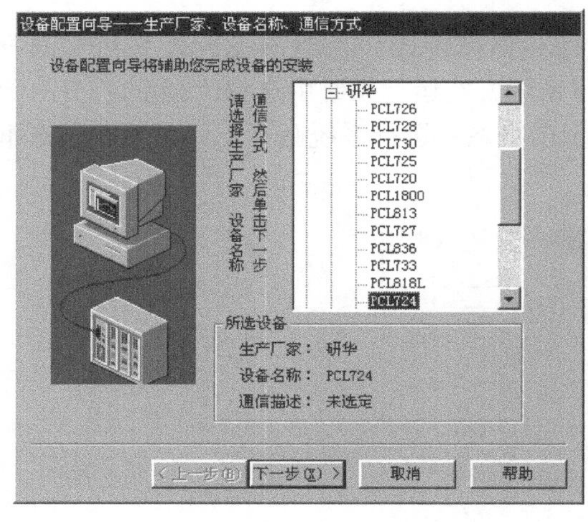

图 1-64　板卡配置向导

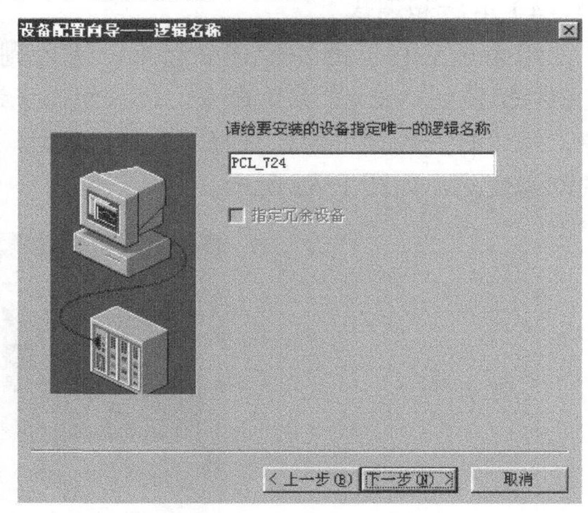

图 1-65　填入板卡逻辑名称

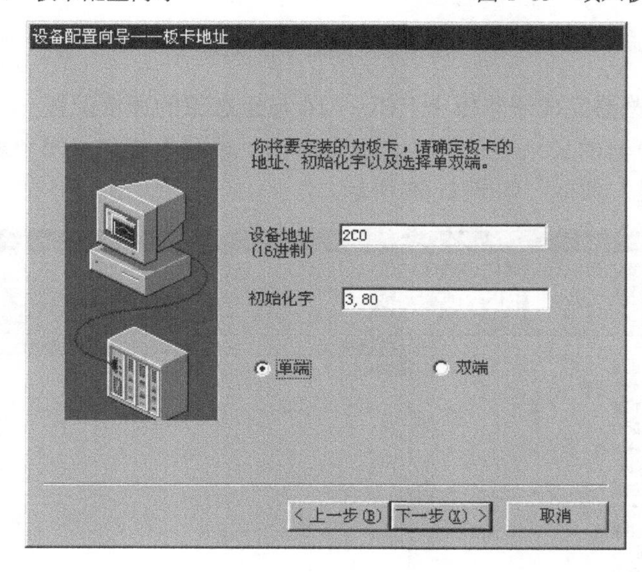

图 1-66　填入板卡配置信息

（4）继续单击“下一步”按钮，则弹出“设备配置向导——信息总结”对话框，汇总当前定义的设备的全部信息，如图 1-67 所示。

此向导页显示已配置的板卡设备的设备信息，供工程人员查看，如果需要修改，单击

“上一步”按钮，则可返回上一个对话框进行修改；如果不需要修改，单击“完成”按钮，则工程浏览器设备节点下的板卡节点处显示已添加的板卡设备。

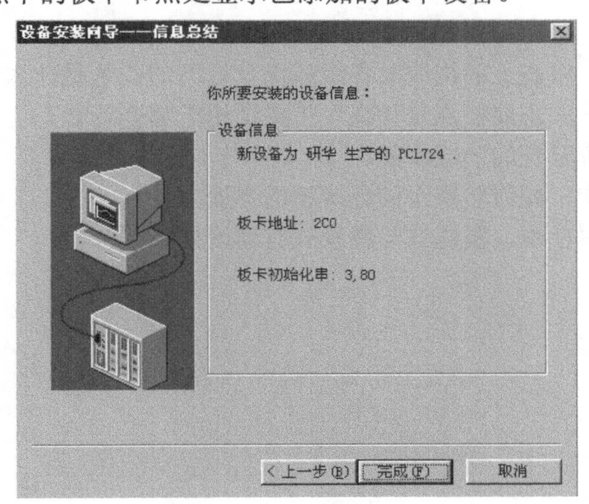

图 1-67 板卡配置信息汇总

知识总结与梳理

本学习情境通过工作任务的实施，对组态控制技术的基本概念、特点、常见的软件及发展进行学习，重点是组态王的组成部件（工程管理器、工程浏览器、运行系统）的基本操作及I/O设备管理。通过工作任务，学会安装组态王软件、掌握组态王的I/O设备管理知识，初步了解建立一个组态控制工程的基本步骤。具体知识总结与梳理如下所示：

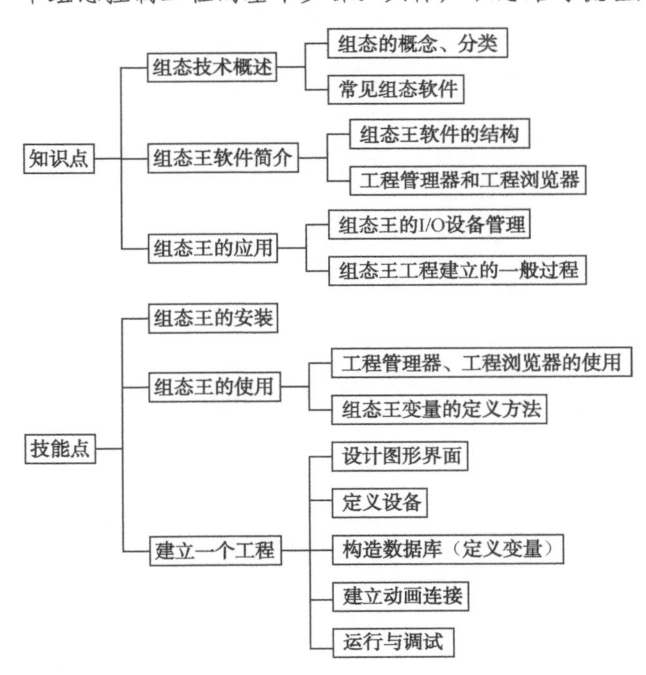

思考题 1

1.1　什么是组态？组态王的构成及各组成部分之间的关系是什么？

1.2　工控组态软件的主要特点是什么？主要适用于哪些场合？

1.3　简述组态系统开发的一般步骤。

1.4　组态王使用中，如何转换不同分辨率的界面文件？

1.5　组态王界面属性中，覆盖式与替换式有何区别？

学习情境2

运料小车的运行监控

学习目标

知识目标	1. 掌握组态王数据变量的设置与管理知识。 2. 掌握组态王画面制作的相关知识。 3. 掌握组态王命令语言的类型和编程语法。
能力目标	1. 能够完成组态王与I/O设备的连接与调试。 2. 能够正确使用数据词典进行变量定义及变量使用。 3. 能够制作组态王监控界面。

工作任务1 I/O设备与变量定义

任务描述

运料小车是工业现场常用的一种装载和运输工具。建立一个对工业现场运料小车工作过程的监控系统，能够实时反映运料小车的工作状态，便于掌握运料小车的运行状态。通过建立运料小车运行监控系统，了解和掌握在组态王中上位机与外部设备的硬件的连接及I/O设备的定义，建立组态王工程并利用数据词典进行变量定义。

知识分解

工业现场的生产状况要以动画的形式反映在屏幕上，同时，人们在计算机前发布的指令也要迅速送达生产现场，所有这一切都是以实时数据库为中介环节的，数据库是联系上位机和下位机的桥梁。数据库是组态王最核心的部分。在组态王运行时，数据库中存放的是变量的当前值，变量包括系统变量和用户定义的变量。变量的集合称为数据词典，记录了所有用户可使用的数据变量的详细信息。

2.1 组态王变量的类型

2.1.1 基本变量类型

变量的基本类型有两类：内存变量、I/O变量。

I/O变量是指可与外部数据采集程序直接进行数据交换的变量，如下位机数据采集设备（如PLC、仪表等）或其他应用程序（如DDE、OPC服务器等）。这种数据交换是双向的、动态的。也就是说，在组态王系统运行过程中，每当I/O变量的值改变时，该值就会自动写入下位机或其他应用程序；每当下位机或应用程序中的值改变时，组态王系统中的变量值也会自动更新。所以，那些从下位机采集来的数据、发送给下位机的指令，如“反应罐液位”、“电源开关”等变量，都需要设置成I/O变量。

内存变量是指那些不需要和其他应用程序交换数据，也不需要从下位机得到数据，只在组态王内部需要的变量，如计算过程的中间变量，就可以设置成内存变量。

2.1.2 变量的数据类型

组态王中变量的数据类型与一般程序设计语言中的变量比较类似，主要有以下几种。

1. 实型变量

类似一般程序设计语言中的浮点型变量，用于表示浮点（float）型数据，取值范围为10E-38～10E+38，有效值为7位。

2. 离散变量

类似一般程序设计语言中的布尔（bool）变量，只有 0、1 两种取值，用于表示一些开关量。

3. 字符串型变量

类似一般程序设计语言中的字符串变量，可用于记录一些有特定含义的字符串，如名称、密码等。该类型变量可以进行比较运算和赋值运算。字符串长度最大值为 128 个字符。

4. 整数变量

类似一般程序设计语言中的有符号长整数型变量，用于表示带符号的整型数据，取值范围为-2147483648～2147483647。

2.1.3 特殊变量类型

特殊变量类型有报警窗口变量、历史趋势曲线变量、系统预设变量三种。这几种特殊类型的变量正是体现了组态王系统面向工控软件、自动生成人机接口的特色。

1. 报警窗口变量

这是工程人员在制作画面时通过定义报警窗口生成的。在报警窗口定义对话框中有一选项为“报警窗口名”，工程人员在此处键入的内容即为报警窗口变量。此变量在数据词典中是找不到的，是组态王内部定义的特殊变量。可用命令语言编制程序来设置或改变报警窗口的一些特性，如改变报警组名或优先级、在窗口内上下翻页等。

2. 历史趋势曲线变量

这是工程人员在制作画面时通过定义历史趋势曲线时生成的。在历史趋势曲线定义对话框中有一选项为“历史趋势曲线名”，工程人员在此处键入的内容即为历史趋势曲线变量（区分大小写）。此变量在数据词典中是找不到的，是组态王内部定义的特殊变量。工程人员可用命令语言编制程序来设置或改变历史趋势曲线的一些特性，如改变历史趋势曲线的起始时间或显示的时间长度等。

3. 系统预设变量

预设变量中有以下 8 个时间变量是系统已经在数据库中定义的，用户可以直接使用。

（1）$年：返回系统当前日期的年份。

（2）$月：返回 1～12 之间的整数，表示 1 年之中的某一月。

（3）$日：返回 1～31 之间的整数，表示 1 月之中的某一天。

（4）$时：返回 0～23 之间的整数，表示 1 天之中的某一小时。

（5）$分：返回 0～59 之间的整数，表示 1 小时之中的某一分钟。

（6）$秒：返回0～59之间的整数，表示1分钟之中的某一秒。

（7）$日期：返回系统当前日期。

（8）$时间：返回系统当前时间。这些变量都是由系统自动更新的，工程人员只能读取时间变量，而不能改变它们的值。

预设变量还有以下变量。

（1）$用户名：在程序运行时记录当前登录的用户的名字。

（2）$访问权限：在程序运行时记录当前登录的用户的访问权限。

（3）$启动历史记录：表明历史记录是否启动（1—启动；0—未启动）。工程人员在开发程序时，可通过按钮弹起命令预先设置该变量为1，在程序运行时可由用户控制，按下按钮启动历史记录。

（4）$启动报警记录：表明报警记录是否启动（1—启动；0—未启动）。工程人员在开发程序时，可通过按钮弹起命令预先设置该变量为1，在程序运行时可由工程人员控制，按下按钮启动报警记录。

（5）$新报警：每当报警发生时，“$新报警”被系统自动设置为1。由工程人员负责把该值恢复到0。工程人员在开发程序时，可通过数据变化命令语言设置，当报警发生时，产生声音报警（用PlaySound（）函数实现），在程序运行时可由工程人员控制，听到报警后，将该变量置0，确认报警。

（6）$启动后台命令：表明后台命令是否启动（1—启动；0—未启动）。工程人员在开发程序时，可通过按钮弹起命令预先设置该变量为1，在程序运行时可由工程人员控制，按下按钮启动后台命令。

（7）$双机热备状态：表明双机热备中计算机的所处状态，整型（1—主机工作正常；2—主机工作不正常；-1—从机工作正常；-2—从机工作不正常；0—无双机热备），主从机初始工作状态是由组态王中的网络配置决定的。只能由主机进行修改，从机只能进行监视，不能修改该变量的值。

（8）$毫秒：返回当前系统的毫秒数。

（9）$网络状态：用户通过引用网络上计算机的“$网络状态”变量得到网络通信的状态。显示的是从0～5的数据（0—人为地将网络中断；1～4—网络在通过可能存在的4块网卡中的某一块进行通信；5—通信故障）。当此数字为1～5时，用户只能将此数字改为0，中断网络通信，其他的数字，变量不接受。但此数字为0时，用户任意输入数据，寄存器的数值将变成5，网络通信进入尝试恢复的状态。

2.2 变量及变量属性的定义

内存离散、内存实型、内存长整数、内存字符串、I/O离散、I/O实型、I/O长整数、I/O字符串，这八种基本类型的变量是通过“定义变量”对话框定义的，同时在该对话框的“基本属性”卡片中设置它们的部分属性。

在工程浏览器中左边的目录树中选择“数据词典”项，右侧的内容显示区会显示当前工程中所定义的变量。双击“新建”图标，弹出“定义变量”对话框。组态王的变量

属性由“基本属性”、“报警定义”、“记录和安全区”三个属性卡片组成。采用这种卡片式管理方式，用户只要单击卡片顶部的属性标签，则该属性卡片有效，用户可以定义相应的属性。

单击“确定”按钮，工程人员定义的变量有效时保存新建的变量名到数据库的数据词典中。若变量名不合法，会弹出提示对话框提醒工程人员修改变量名。单击“取消”按钮，则工程人员定义的变量无效，返回“数据词典”界面。

“定义变量”对话框如图 2-1 所示。其中，“基本属性”卡片中的各项用来定义变量的基本特征，各项意义解释如下。

图 2-1　变量基本属性

1. 变量名

唯一标识一个应用程序中数据变量的名字，同一应用程序中的数据变量不能重名，数据变量名区分大小写，最长不能超过 31 个字符。单击编辑框的任何位置可进入编辑状态，此时可以输入变量名，可以是汉字或英文。

组态王变量名命名规则如下。变量名命名时不能与组态王中现有的变量名、函数名、关键字、构件名称等相重复；命名的首字符只能为字符，不能为数字等非法字符，名称中间不允许有空格、算术符号等非法字符存在；名称长度不能超过 31 个字符。

2. 变量类型

在对话框中只能定义八种基本类型中的一种，单击“变量类型”下拉列表框列出可供选择的数据类型，当定义有结构模板时，一个结构模板就是一种变量类型。

3. 描述

此编辑框用于编辑和显示数据变量的注释信息。例如，若想在报警窗口中显示某变量的描述信息，可在定义变量时，在描述编辑框中加入适当说明，并在报警窗口中加上描述

项，则在运行系统的报警窗口中可见该变量的描述信息（最长不超过39个字符）。

4．变化灵敏度

数据类型为模拟量或长整型时此项有效。只有当该数据变量的值变化幅度超过“变化灵敏度”时，组态王才更新与之相连接的图素（默认为0）。

5．最小值

指该变量值在数据库中的下限。

6．最大值

指该变量值在数据库中的上限。

注意：组态王中精度最高的为float型，4字节。定义最大值时注意不要越限。

7．最小原始值

变量为I/O模拟变量时，驱动程序中输入原始模拟值的下限。

8．最大原始值

变量为I/O模拟变量时，驱动程序中输入原始模拟值的上限。

5.～8.项是对 I/O 模拟量进行工程值自动转换所需要的。组态王将采集到的数据按照这四项的对应关系自动转为工程值。

9．保存参数

在系统运行时，若修改了变量的域的值（可读可写型），系统将自动保存这些参数值，系统退出后，其参数值不会发生变化。当系统再启动时，变量的域的参数值为上次系统运行时最后一次的设置值，无需用户再去重新定义。

10．保存数值

系统运行时，当变量的值发生变化后，系统自动保存该值。当系统退出后再次运行时，变量的初始值为上次系统运行过程中变量值最后一次变化的值。

11．初始值

这项内容与所定义的变量类型有关，定义模拟量时出现编辑框，可输入一个数值；定义离散量时出现“开”或“关”两种选择；定义字符串变量时，出现编辑框，可输入字符串。它们规定了软件开始运行时变量的初始值。

12．连接设备

只对I/O类型的变量起作用，工程人员只需从下拉列表框“连接设备”中选择相应的设备即可。此列表框所列出的连接设备名是组态王设备管理中已安装的逻辑设备名。用户要想使用自己的I/O设备，首先单击“连接设备”按钮，则“定义变量”对话框自动变成小图

标出现在屏幕左下角，同时弹出“设备配置向导”对话框，工程人员根据安装向导完成相应设备的安装，当关闭“设备配置向导”对话框时，“定义变量”对话框又自动弹出；工程人员也可以直接从设备管理中定义自己的逻辑设备名。

注意：如果连接设备选为 Windows 的 DDE 服务程序，则“连接设备”选项下的选项名为“项目名”；如果连接设备选为 PLC 等，则“连接设备”选项下的选项名为“寄存器”；如果连接设备选为板卡等，则“连接设备”选项下的选项名为“通道”。

13. 项目名

当连接设备为 DDE 设备时，DDE 会话中的项目名可参考 Windows 的 DDE 交换协议资料。

14. 寄存器

指定要与组态王定义的变量进行连接通信的寄存器变量名，该寄存器与工程人员指定的连接设备有关。

15. 转换方式

规定 I/O 模拟量输入原始值到数据库使用值的转换方式，有线性转化、开方转换、和非线性表、累计等转换方式。关于转换的具体概念和方法，请参见本章 2.3 节 I/O 变量的转换。

16. 数据类型

只对 I/O 类型的变量起作用，定义变量对应的寄存器的数据类型，共有九种数据类型供用户使用，分别如下。

（1）Bit：1 位；范围是 0 或 1。

（2）BYTE：8 位，1 字节；范围是 0～255。

（3）SHORT：2 字节；范围是-32 768～32 767。

（4）UNSHORT：16 位，2 字节；范围是 0～65 535。

（5）BCD：16 位，2 字节；范围是 0～9 999。

（6）LONG：32 位，4 字节；范围是-999 999 999～999 999 999。

（7）LONGBCD：32 位，4 字节；范围是 0～99 999 999。

（8）FLOAT：32 位，4 字节；范围是 10E-38～10E38，有效位为 7 位。

（9）String：128 个字符。

各寄存器的数据类型请参见组态王的驱动帮助中相关设备的帮助。

17. 采集频率

用于定义数据变量的采样频率。

注意：当采集频率为 0 时，只要组态王的变量值发生变化，就会进行写操作；当采集频率不为 0 时，会不停地往下写。

18．读写属性

定义数据变量的读写属性，工程人员可根据需要定义变量为“只读”、“只写”或、“读写”属性。

（1）只读：对于进行采集的变量一般定义属性为“只读”，其采集频率不能为 0。

（2）只写：对于只需要进行输出而不需要读回的变量一般定义属性为“只写”。

（3）读写：对于需要进行输出控制又需要读回的变量一般定义属性为“读写”。

19．允许 DDE 访问

组态王用 Com 组件编写的驱动程序与外围设备进行数据交换，为了使工程人员用其他程序对该变量进行访问，可通过选中“允许 DDE 访问”，即可与 DDE 服务程序进行数据交换。

2.3 I/O 变量的转换

对于 I/O 变量——I/O 模拟变量，在现场实际中，可能要根据输入要求的不同将其按照不同的方式进行转换。比如，一般的信号与工程值都是线性对应的，可以选择线性转换；有些需要进行累计计算，则选择累计转换。

组态王为用户提供了线性、开方、非线性表、直接累计、累计等多种转换方式。

2.3.1 线性转换方式

线性转换即用原始值和数据库使用值的线性插值进行转换。如图 2-2 所示，线性转换是将设备中的值与工程值按照固定的比例系数进行转换。如图 2-3 所示，在变量基本属性定义对话框的“最大值”、“最小值”编辑框中输入变量工程值的范围，在“最大原始值”、“最小原始值”编辑框中输入设备中转换后的数字量值的范围（可以参考组态王驱动帮助中的介绍），则系统运行时，按照指定的量程范围进行转换，得到当前实际的工程值。线性转换方式是最直接也是最简单的一种 I/O 转换方式。

例如：与 PLC 电阻器连接的流量传感器在空流时产生值 6 400，在 300GPM 时产生值 3 2000，应当输入下列数值：最小原始值：6 400；最小值：0；最大原始值：32 000；最大值：300。

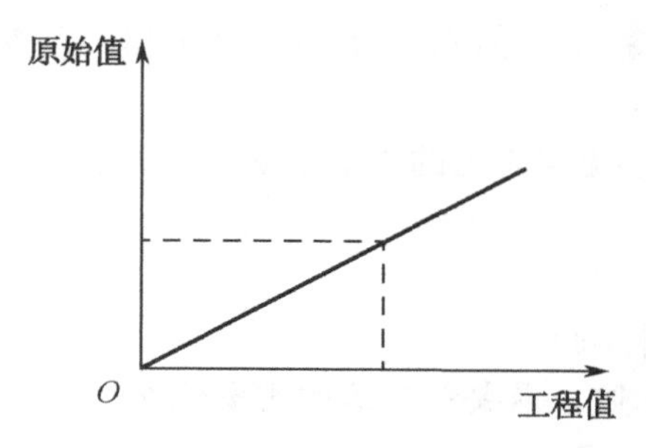

图 2-2　线性转换方式

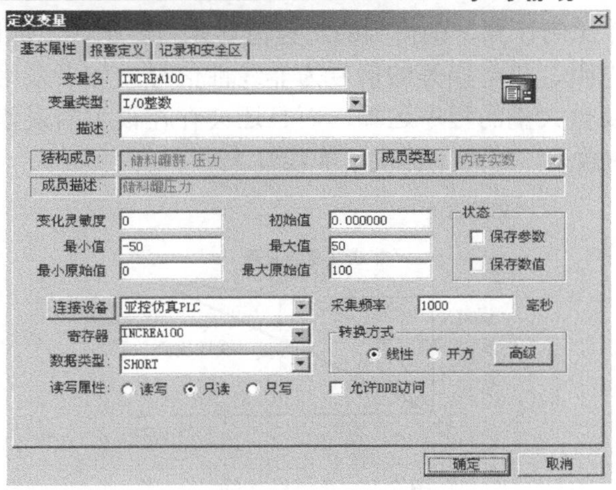

图 2-3　定义线性转换

其转换比例为(300−0)/(32 000−6 400)=3/256。则原始值为 19 200 时，内部使用的值为(19 200−6400)×3/256=150；原始值为 6 400 时，内部使用的值为 0；原始值小于 6 400 时，内部使用的值为 0。

2.3.2　开方转换方式

开方转换即用原始值的平方根进行转换。转换时将采集到的原始值进行开方运算，得到的值为实际工程值，该值的范围在变量基本属性定义的“最大值”、“最小值”范围内，如图 2-4 所示。

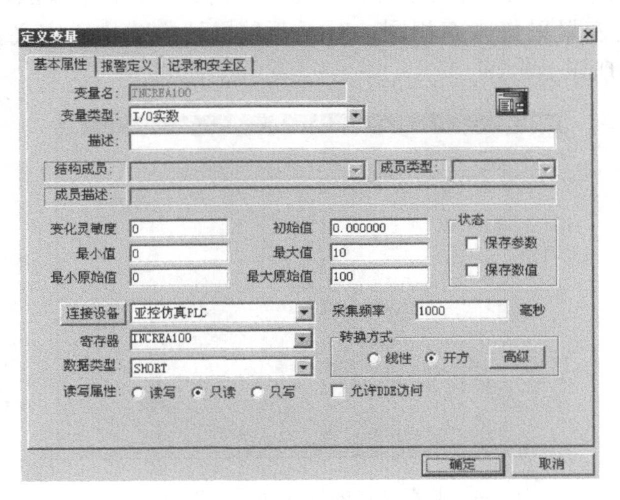

图 2-4　定义开方转换

2.3.3　非线性表转换方式

在实际应用中，采集到的信号与工程值经常不成线性比例关系，而是一个非线性的曲

线关系，如果按照线性比例计算，则得到的工程值误差将会很大，如图 2-5 所示。对一些模拟量的采集，如热电阻、热电偶等的信号为非线性信号，如果采用一般的分段线性化的方法进行转换，不但要做大量的程序运算，而且还会存在很大的误差，达不到要求。为了帮助用户得到更精确的数据，组态王提供了非线性表。

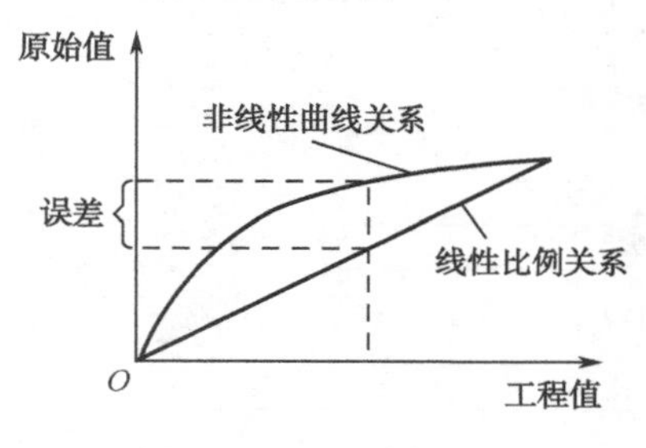

图 2-5　非线性转换

组态王引入了通用查表的方式进行数据的非线性转换。用户可以输入数据转换标准表，组态王将采集到的数据的设备原始值和变量原始值进行线性对应后（此处“设备原始值”是指从设备采集到的原始数据；“变量原始值”是指经过组态王的最大、最小值和最大、最小原始值转换后的值，包括开方和线性转换，“变量原始值”以下通称“原始值”），将通过查表得到工程值，在组态王运行系统中显示工程值或利用工程值建立动画连接。

2.3.4　累计转换方式

累计是在工程中经常用到的一种工作方式，经常用在流量、电量等计算方面。组态王的变量可以定义为自动进行数据的累计。组态王提供两种累计算法：直接累计和差值累计。累计计算时间与变量采集频率相同，对于两种累计方式均需定义累计后值的最大、最小值范围，如图 2-6 所示。

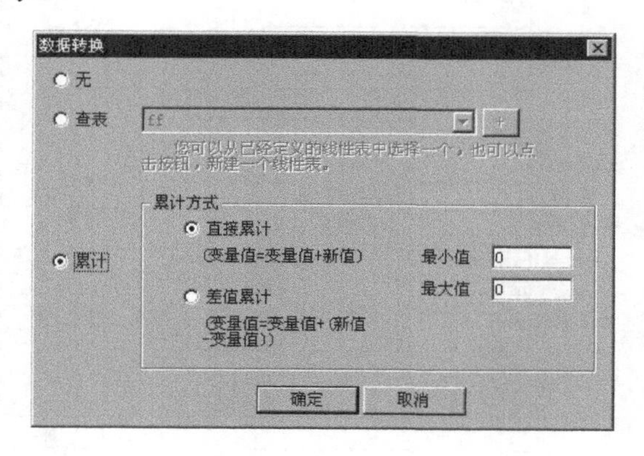

图 2-6　数据转换的累计功能定义对话框

当累计后的变量的数值超过最大值时，变量的数值将恢复为该对话框中定义的最小值。

1．直接累计

从设备采集的数值，经过线性转换后直接与该变量的原数值相加，称为直接累计。计

算公式为

$$变量值=变量值+采集的数值$$

例如，计算管道流量 S。采集频率为 1 000 ms，5s 内采集的数据经过线性转换后工程值依次为 $S_1=100$，$S_2=200$，$S_3=100$，$S_4=50$，$S_5=200$，那么 5 s 内直接累计流量结果为

$$S=S_1+S_2+S_3+S_4+S_5=650$$

2．差值累计

变量在每次进行累计时，将变量实际采集到的数值与上次采集的数值求差值，对其差值进行累计计算，称为差值累计。当本次采集的数值小于上次数值时，即差值为负时，将通过变量定义对话框中的最大值和最小值进行转化。

差值累计的计算公式为

显示值=显示旧值+（采集新值−采集旧值） （2−1）

当变量新值小于变量旧值时，公式为

显示值=显示旧值+（采集新值−采集旧值）+（变量最大值−变量最小值）（2−2）

变量最大值是在变量属性定义对话框中最大、最小值中定义的变量最大值。

仍以前述计算管道流量 S 为例，变量定义对话框中定义的变量初始值为 0，最大值为 300。那么 5 s 内的差值累计流量计算为

第 1 次：$S(1)=S(0)+(100-0)=100$ （采用式（2−1））

第 2 次：$S(2)=S(1)+(200-100)=200$ （采用式（2−1））

第 3 次：$S(3)=S(2)+(100-200)+(300-0)=400$ （采用式（2−2））

第 4 次：$S(4)=S(3)+(50-100)+(300-0)=650$ （采用式（2−2））

第 5 次：$S(5)=S(4)+(200-50)=800$ （采用式（2−1））

即 5 s 内的差值累计流量为 800。

任务实施

任务要求

（1）分析运料小车运行过程，确定“运料小车监控系统”的硬件组成，完成硬件设备的连接与配置。

（2）建立“运料小车运行监控”工程，进行 I/O 设备与数据变量的定义。

实施步骤

1．分析小车运料过程

按下按钮 SB1，小车由左终端 SQ1 处出发，开始右行，到达甲料斗下方 SQ2 处，料斗的闸门打开，给小车装甲料，加料后关闭闸门；小车继续右行前进，到达乙料斗下方 SQ3 处，乙料斗的闸门打开，给小车装乙料，加料后关闭闸门；小车开始左行，当返回到左终端 SQ1 处时，小车底门打开卸料；卸料后小车底门关闭，完成一个运行周期，并自动进入下一周期工作，如此循环运行。

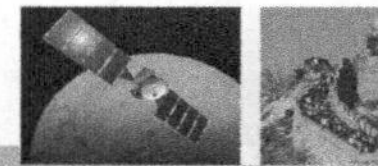

确定“运料小车监控系统”的主要硬件：小车运行电动机 M（KM1、KM2 实现正反转）；PLC 控制器（三菱 FX2-48MR）；计算机（组态王软件、PLC 编程软件）

（1）根据上述分析，确定 PLC 输入、输出，列 I/O 通道地址分配表，如表 2-1 所示。

表 2-1　I/O 通道地址分配表

输　入			输　出		
元件代号	作用	输入继电器	元件代号	作用	输出继电器
SB1	启动按钮	X000	KM1	右行控制	Y000
SQ1	卸料限位开关	X001	KM2	左行控制	Y001
SQ2	装料限位开关	X002	YV1	甲料斗门控制	Y002
SQ3	装料限位开关	X003	YV2	乙料斗门控制	Y003
SB2	停止按钮	X004	YV3	小车底门控制	Y004

（2）确定“运料小车监控系统”硬件接线图，如图 2-7 所示。

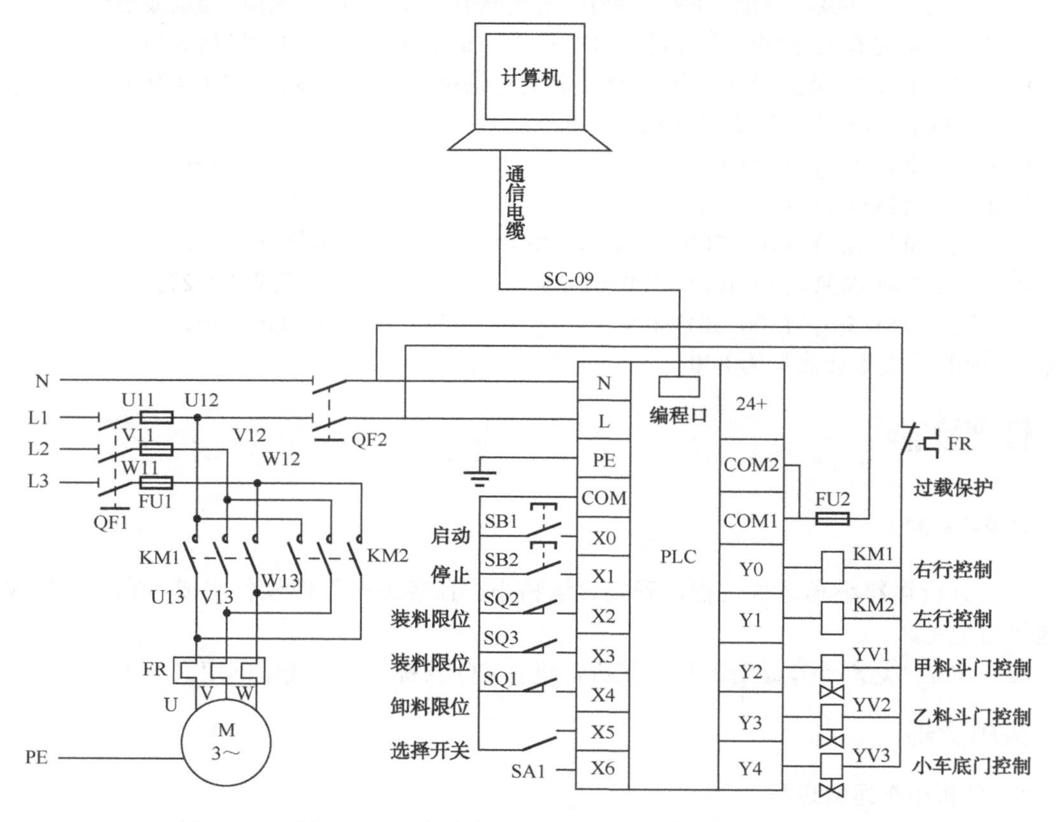

图 2-7　“运料小车监控系统”硬件接线图

2. 建立“运料小车运行监控”工程

1）打开工程管理器

单击“开始\程序\组态王 6.5\组态王 6.5”，启动后的工程管理窗口如图 2-8 所示。

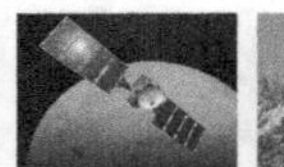

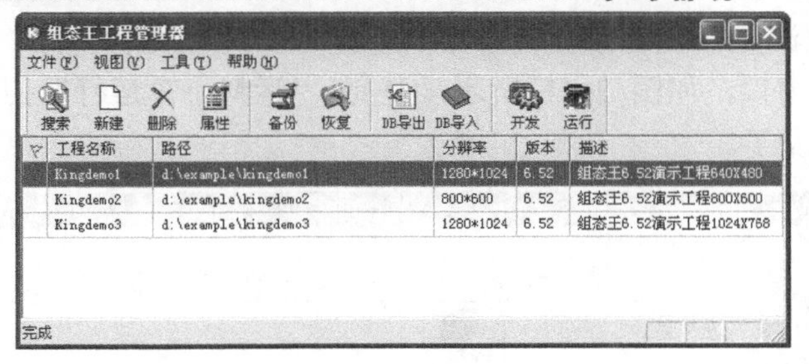

图 2-8　工程管理窗口

2）建立新工程

（1）选择“新建”工程，在“新建工程向导之三”对话框中，“工程名称”处输入“运料小车运行监控”，在“工程描述”中输入“PLC 控制小车运料”，如图 2-9 所示。

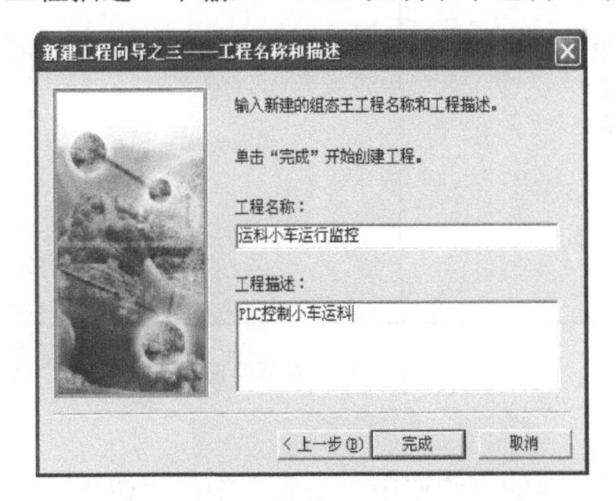

图 2-9　新建工程向导之三

（2）将该工程设为当前工程，如图 2-10 所示。

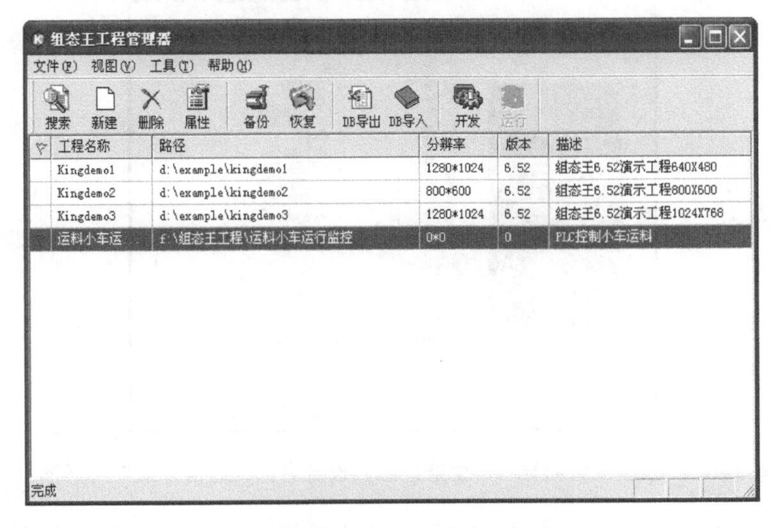

图 2-10　工程建立后的工程管理器窗口

（3）切换到工程浏览器。在工程管理器中选择“工具”菜单中的“切换到开发系统”命令，进入工程浏览器窗口，如图 2-11 所示，至此，“运料小车运行监控”工程已经建立，可以对工程进行二次开发了。

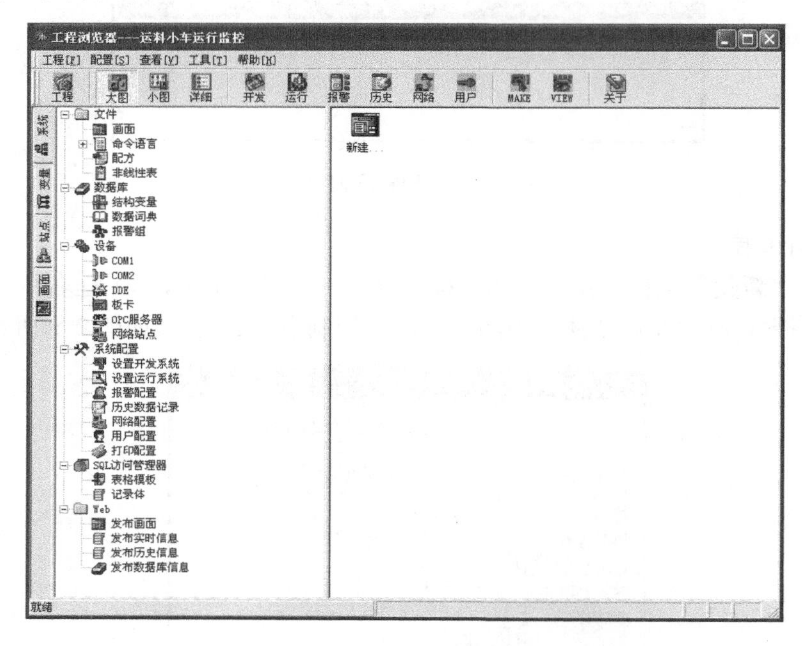

图 2-11　工程浏览器窗口

3）定义 I/O 设备

（1）在组态王工程浏览器的左侧选中“设备”中的“COM1”，在右侧双击“新建”图标弹出“设备配置向导——生产厂家、设备名称、通信方式”对话框，如图 2-12 所示。

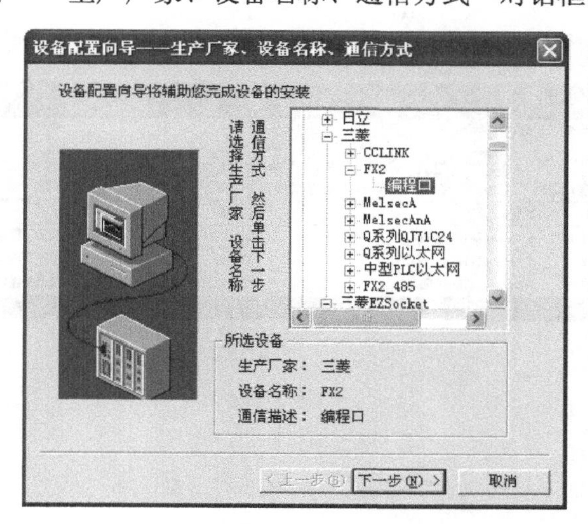

图 2-12　“设备配置向导——生产厂家、设备名称、通信方式”对话框

（2）选择三菱 FX2 的编程口后单击“下一步”按钮，弹出如图 2-13 所示对话框。

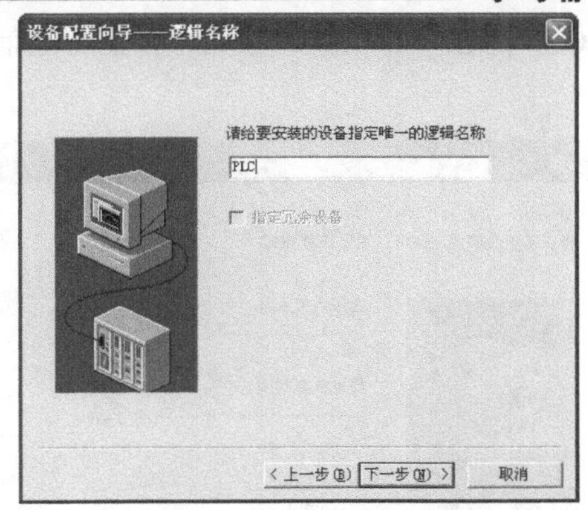

图 2-13 “设备配置向导——逻辑名称”对话框

（3）新 I/O 设备取一个名称“PLC”，单击“下一步”按钮，弹出“设备配置向导——选择串口号”对话框，如图 2-14 所示。

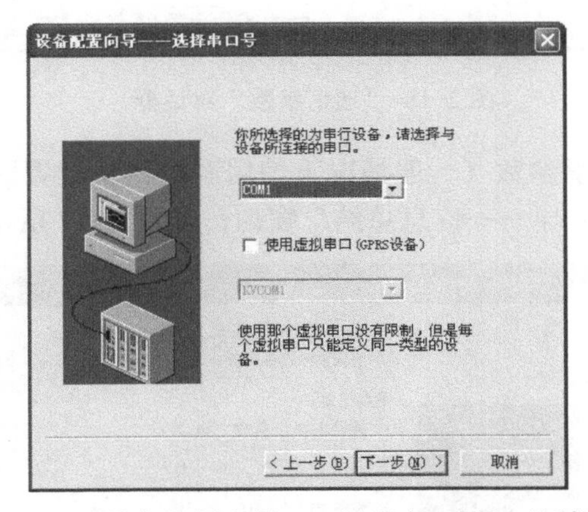

图 2-14 “设备配置向导——选择串口号”对话框

（4）为设备选择连接的串口为 COM1，单击“下一步”按钮，弹出“设备配置向导——设备地址设置指南”对话框，如图 2-15 所示。

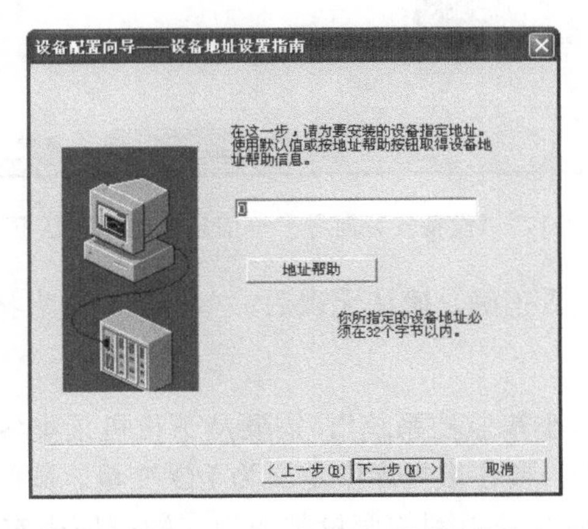

图 2-15 “设备配置向导——设备地址设置指南”对话框

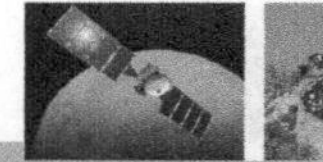

（5）填写设备地址为“0”，单击“下一步”按钮，弹出“通信参数”对话框，如图 2-16 所示。

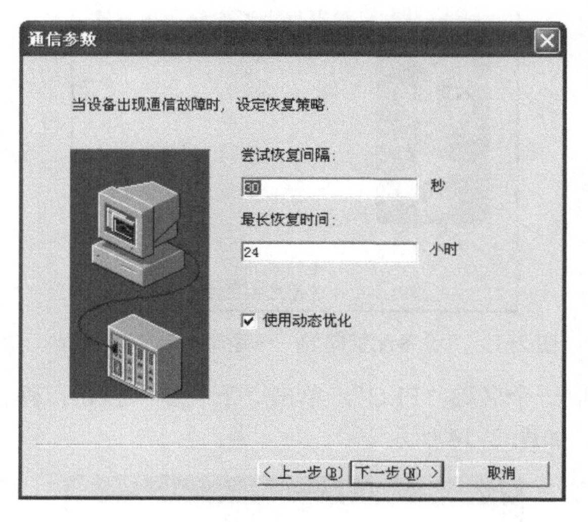

图 2-16 “通信参数”对话框

（6）设置通信故障恢复参数（一般情况下使用系统默认设置即可），单击“下一步”按钮，系统弹出“设备安装向导——信息总结”窗口，如图 2-17 所示。

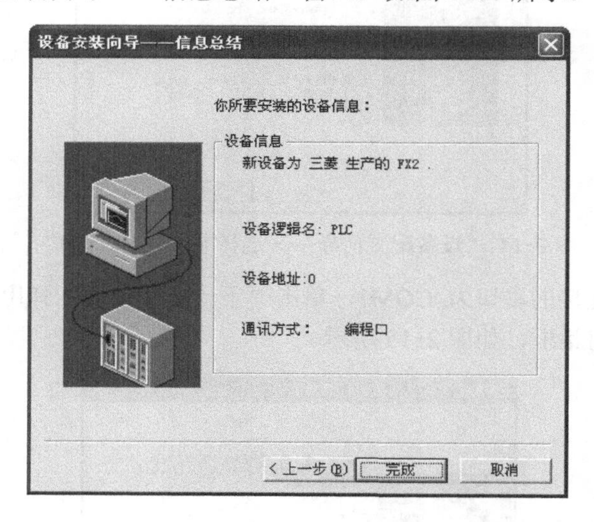

图 2-17 “设备安装向导——信息总结”对话框

（7）请检查各项设置是否正确，确认无误后，单击“完成”按钮。

4）定义数据变量

对于将要建立的“运料小车监控系统”，需要从下位机采集各种现场信号，这些现场数据是通过驱动程序采集到的，要在数据库中定义为 I/O 变量。同时，在监控画面的设计制作中，动画连接及程序编写所要使用到的变量都应当在数据库中定义为内存变量。因此，本系统的数据词典如下所示：

表 2-2　系统的数据词典

变 量 名	作　用	类　型	变 量 名	作用	类　型
A1	黑料显示	内存离散	SQ1	限位指示（卸）	内存离散
A4	白料显示	内存离散	SQ2	限位指示（装）	内存离散
A3	双料（黑）显示	内存离散	SQ3	限位指示（装）	内存离散
A7	双料（白）显示	内存离散	T1	定时	内存整型
A5	装料方式	内存离散	T2	定时	内存整型
A6	卸料方式	内存离散	T3	定时	内存整型
B1	车轮旋转	内存整型	X0	PLC 输入	I/O 离散
B4	车底门开	内存整型	X1	PLC 输入	I/O 离散
B3	双料垂直移动	内存整型	X2	PLC 输入	I/O 离散
B6	黑料垂直移动	内存整型	X3	PLC 输入	I/O 离散
B8	白料垂直移动	内存整型	X4	PLC 输入	I/O 离散
B5	黑料门开	内存整型	X5	PLC 输入	I/O 离散
B7	白料门开	内存整型	X6	PLC 输入	I/O 离散
B2	水平移动	内存整型	Y0	PLC 输出	I/O 离散
KM1	方向指示（右）	内存离散	Y1	PLC 输出	I/O 离散
KM2	料斗动作（甲）	内存离散	Y2	PLC 输出	I/O 离散
KM3	料斗动作（乙）	内存离散	Y3	PLC 输出	I/O 离散
KM4	方向指示（左）	内存离散	Y4	PLC 输出	I/O 离散
PLAY	程序启动	内存离散	C0	PLC 计数	I/O 整型
计数	运行周期数	内存整型			

（1）在工程浏览器窗口左侧选择数据库中“数据词典”，双击右侧“新建”图标，弹出图 2-18 所示对话框。在此对话框中添加各变量属性，定义变量。

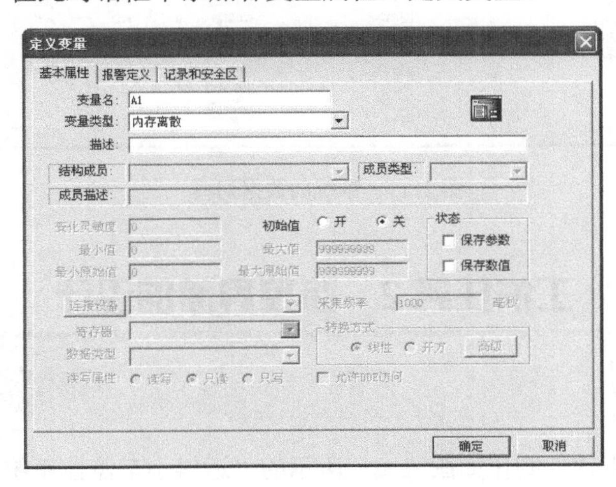

图 2-18　“定义变量”对话框

变量名：A1；变量类型：内存离散；初始值：关。

变量名：B1；变量类型：内存整型；变化灵敏度：0；初始值：0；最小值：0；最大值：99 999。

变量名：X0；变量类型：I/O 离散；初始值：关；连接设备：PLC；寄存器：X0；数据类型：Bit；采集周期：30 ms；读写属性：读写。

变量名：Y0；变量类型：I/O 离散；初始值：关；连接设备：PLC；寄存器：Y0；数据类型：Bit；采集周期：30 ms；读写属性：读写。

变量名：C0；变量类型：I/O 整型；变化灵敏度：0；初始值：0；最小值：0；最大值：99 999；最小原始值：0；最大原始值：99 999；连接设备：PLC；寄存器：C*0；数据类型：Short；采集周期：30 ms；读写属性：读写。

在变量的设置中，英文字母的大小写无关紧要。设置完成后单击“确定”按钮。

（2）用类似的方法建立其他变量，构成如图 2-19 所示系统的数据词典。

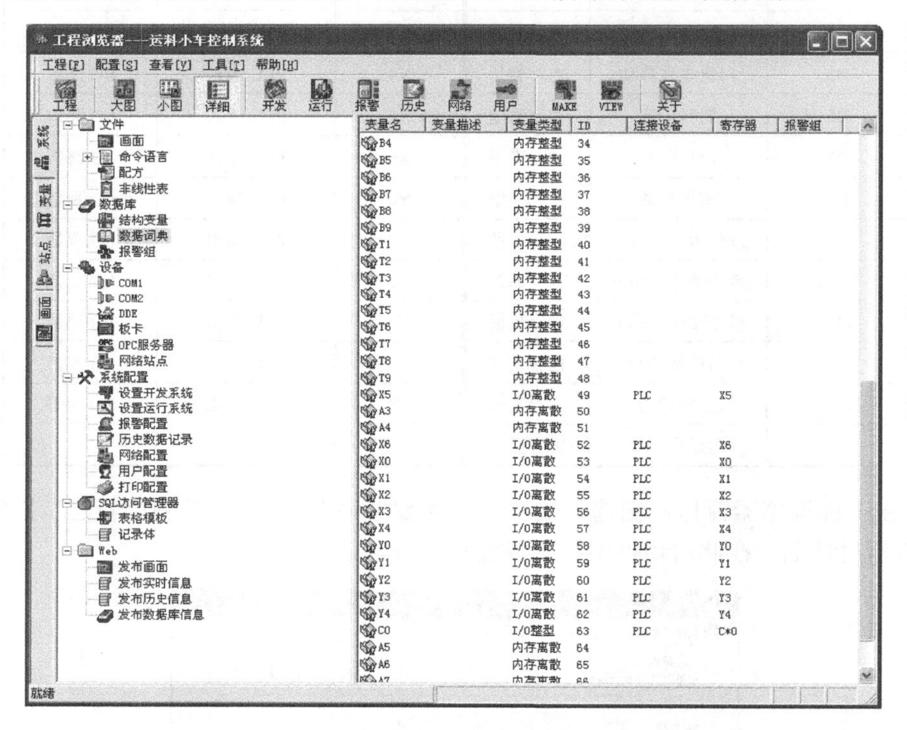

图 2-19　系统的数据词典

工作任务 2　监控界面的设计

任务描述

本任务利用组态王软件制作如图 2-20 所示的“运料小车监控系统”仿真界面，并进行动画连接，完成运料小车运行周期中，小车车厢的左右往复运动、小车车轮的旋转、小车

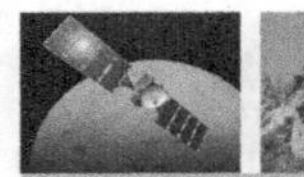

到位指示、三个料斗的斗盖开合、单料小球的装料垂直下落运动、双料小球的卸料垂直下落、料球的适时显示与隐藏等主要动作的动画设计。

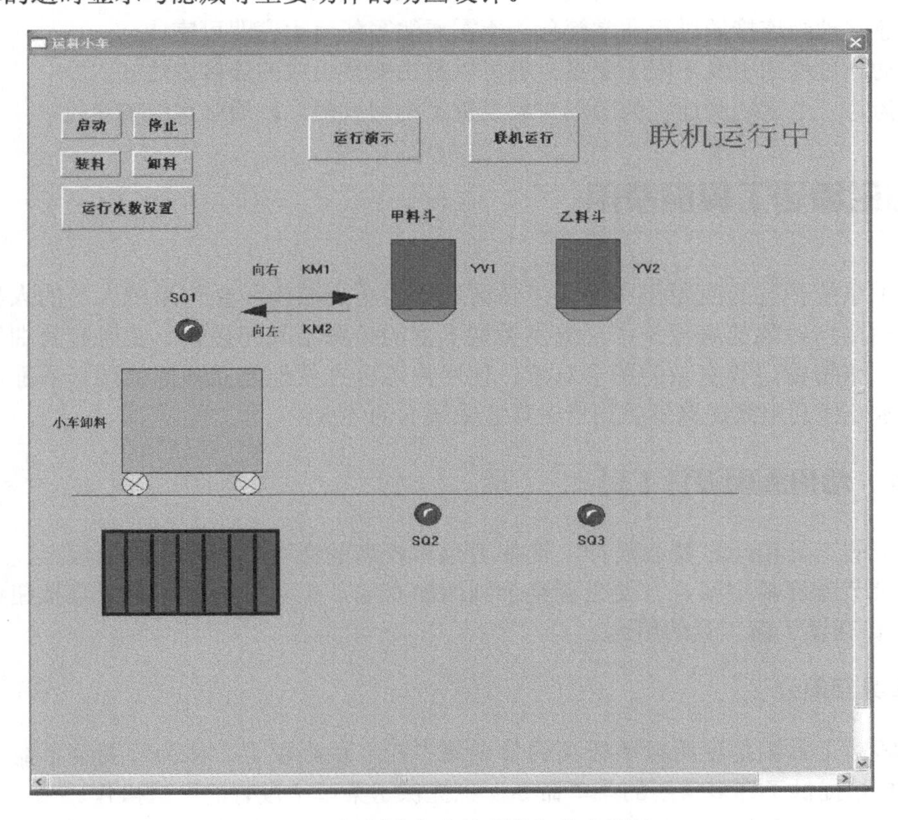

图 2-20 “运料小车监控系统”仿真界面

知识分解

2.4　动画连接的含义

工程人员在组态王开发系统中制作的画面都是静态的，为了逼真地反映工控现场的运行状态，这些画面必须“动”起来。“动画连接”就是建立画面的图素与数据库变量的对应关系。这样，当工业现场的数据，如温度、液面高度等发生变化时，通过 I/O 接口将引起实时数据库中变量的变化，如果设计者曾经定义了一个画面图素如指针，与这个变量相关，我们将会看到指针在同步偏转。

动画连接的引入是设计人机接口的一次突破，它把工程人员从重复的图形编程中解放出来，为工程人员提供了标准的工业控制图形界面，并且由可编程的命令语言连接来增强图形界面的功能。图形对象可以按动画连接的要求改变颜色、尺寸、位置、填充百分数等，一个图形对象又可以同时定义多个连接。把这些动画连接组合起来，应用程序将呈现令人难以想象的图形动画效果。

组态王的动画连接具有以下特点：

（1）一个图形对象可以同时定义多个动画连接，从而可以实现复杂的动画功能。

（2）建立动画连接的过程非常简单，不需要编写任何程序即可完成。

（3）动画过程的引发不限于变量，也可以是由变量组成的连接表达式。

（4）为每一个有动画连接的图形对象设置了询问权限，以增强系统安全性。

2.5 图形编辑工具的使用

组态王系统开发的应用程序是以“画面”作为用户监视和操作系统人员的人机界面。组态王采用面向对象的编程技术，提供类型丰富的绘图工具和按钮、实时趋势曲线、历史趋势曲线、报警窗口等复杂的图形对象，使用户可以方便地建立画面的图形界面。用户可以像搭积木一样利用系统提供的图形对象完成画面的生成。

2.5.1 常用画面设计工具

组态王的工具箱经过精心设计，把使用频率较高的命令集中在一块面板上，非常便于操作，而且节省屏幕空间，方便查看整个画面的布局。工具箱中的每个工具按钮都有“浮动提示”，可帮助了解工具的用途。

1. 工具箱简介

图形编辑工具箱把使用频率较高的命令集中在一块画板上，作为绘图菜单命令的快捷方式。工具箱提供了许多常用的菜单命令，也提供了菜单中没有的一些操作。

每次打开一个原有画面或建立一个新画面时，图形编辑工具箱都会自动出现，如图 2-21 所示。当鼠标放在工具箱中任一按钮上时，会立刻出现一个提示条标明此工具按钮的功能，如图 2-22 所示。

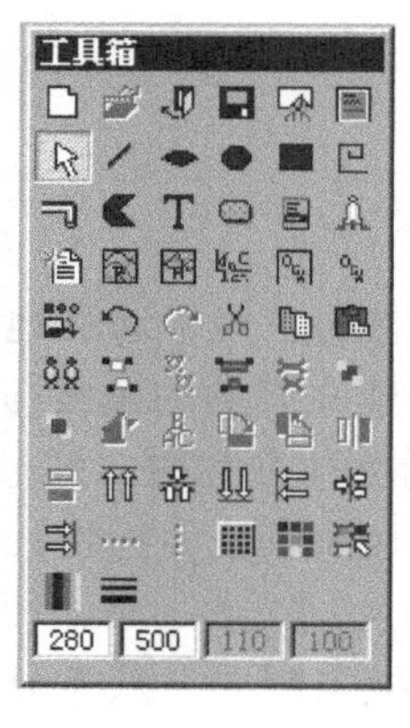

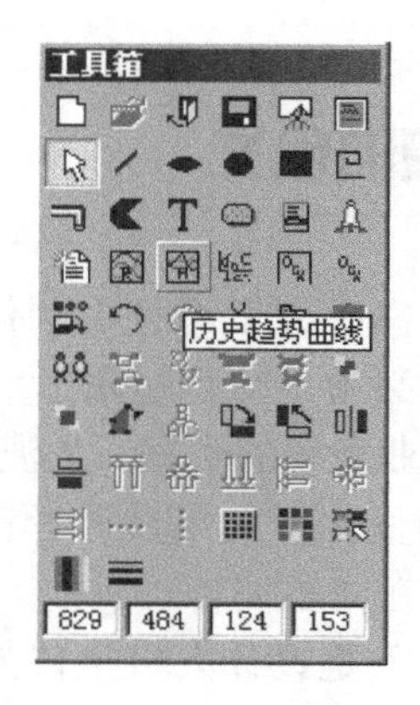

图 2-21 图形编辑工具箱　　图 2-22 图形编辑工具箱提示条

用户在每次修改工具箱的位置后，组态王会自动记忆工具箱的位置，当用户下次进入组态王时，工具箱返回上次用户使用时的位置。

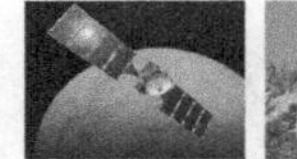

提示： 如果由于误操作导致找不到工具箱了，从菜单中也打不开，可进入组态王的安装路径“kingview”下，打开 toolbox.ini 文件，查看最后一项[Toolbox]，是否位置坐标不在屏幕显示区域内，用户可以自行在该文件中修改。注意不要修改别的项目。

2．工具箱速览

工具箱中的工具大致分为以下四类。

1）画面类

提供对画面的常用操作，包括新建、打开、关闭、保存、删除、全屏显示等。

2）编辑类

绘制各种图素（矩形、椭圆、直线、折线、多边形、圆弧、文本、点位图、按钮、菜单、报表窗口、实时趋势曲线、历史趋势曲线、控件、报警窗口）的工具；剪切、粘贴、复制、撤消、重复等常用编辑工具；合成、分裂组合图素，合成、分裂单元；对图素的前移、后移、旋转、镜像等操作工具。

3）对齐方式类

这类工具用于调整图素之间的相对位置，能够以上、下、左、右、水平、垂直等方式把多个图素对齐，或者把它们水平等间隔、垂直等间隔放置。

4）选项类

提供其他一些常用操作，如全选、显示调色板、显示画刷类型、显示线形、网格显示/隐藏、激活当前图库、显示调色板等。

常用工具说明详见表 2-3。

表 2-3　图形编辑工具箱常用工具说明

图　标	工具名称	说　明
	新画面	与菜单“文件\新画面”效果相同，它用于定义新画面的名称、大小、位置、风格等，以及画面在磁盘上对应的文件名
	打开画面	与菜单“文件\打开”效果相同，它用于打开指定的一个或几个已经存在的画面
	关闭画面	与菜单“文件\关闭”选择项相同，它用于关闭指定的一个或几个已经存在的画面
	保存画面	与菜单“文件\存入”效果相同，它用于保存指定的一个或几个已经存在的画面
	删除画面	与菜单“文件\删除”效果相同，它用于删除指定的一个或几个已经存在的画面
	全屏显示	与菜单“编辑\全屏显示”效果相同，它用于全屏显示当前画面
	选中图素	与菜单“工具\选中图素”效果相同，它用于对象的选择、移动和重定尺寸。这是鼠标的默认工作方式
	画直线	与菜单“工具\直线”效果相同，以当前线型绘制一条直线
	画扇形或弧形	与菜单“工具\扇形（弧形）”效果相同，以当前线型和填充模式绘制一个扇形。绘制弧形还要选择适当的填充模式
	画椭圆	与菜单“工具\椭圆”效果相同，选中本工具可画出一个与鼠标拖曳的矩形相内切的椭圆

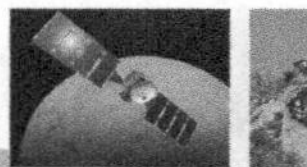

（续表）

图　标	工具名称	说　明
	画圆角矩形	与菜单“工具＼圆角矩形”效果相同，选中本工具可画出直角矩形。若要画圆角矩形还需选用“改变图素形状”工具加以修改
	画折线	与菜单“工具＼折线”效果相同，以当前线型绘制一条折线
	画立体管道	与菜单“工具\立体管道”效果相同。选中本工具可画出立体管道
	画多边形	与菜单“工具＼多边形”效果相同，以当前线型和填充模式绘制一个多边形
	输入文本	与菜单“工具＼文本”效果相同，以当前字体输入文本
	画按钮	与菜单“工具＼按钮”效果相同，输入按钮文本请选择菜单“工具＼按钮文本”
	画菜单	与菜单“工具＼菜单”效果相同，用于在画面上建立菜单
	定义报警窗口	与菜单“工具＼报警窗口”效果相同，在选定区域内绘制报警窗口
	报表建立按钮	与菜单“工具＼报表窗口”效果相同，在选定区域内绘制报表窗口
	画实时趋势图	与菜单“工具＼实时趋势曲线”效果相同，在选定区域内绘制实时趋势曲线
	画历史趋势图	与菜单“工具＼历史趋势曲线”效果相同，在选定区域内绘制历史趋势曲线
	画点位图	与菜单“工具＼点位图”效果相同，本工具只能确定点位图的位置和大小，输入点位图请选择菜单“编辑＼粘贴点位图”
	插入控件	与菜单“编辑\插入控件”效果相同
	插入通用控件	与菜单“编辑\插入通用控件”效果相同
	打开图库	与菜单“图库＼打开图库”效果相同，用于激活图库窗口
	恢复	此命令用于取消前面执行过的操作
	重做	此命令用于恢复先前执行过的操作
	剪切	与菜单“编辑＼剪切”效果相同，剪切之前请先选中一个或多个图素对象。剪切后图形对象暂存于内存，可用“粘贴”工具恢复到画面上
	拷贝	与菜单“编辑＼拷贝”效果相同，复制一个或多个被选中的对象
	粘贴	与菜单“编辑＼粘贴”效果相同，把一个或多个剪切掉的对象从内存恢复到画面上
	复制	与菜单“编辑＼复制”效果相同，复制一个或多个被选中的图素对象
	合成组合图素	与菜单“排列＼合成组合图素”效果相同，将两个或多个选中的图素对象组合成一个整体，作为构成画面的基本元素。有动画连接的图素、组合图素、点位图或单元不能作为基本图素来合成新的组合图素
	分裂组合图素	与菜单“排列＼分裂组合图素”效果相同，将由多个图素合成的复杂图素分解为基本图素。若该单元有动画连接，则自动删除此连接
	合成单元	与菜单“排列＼合成单元”效果相同，将所有被选中的图素或单元组合成一个新的单元，各组成部分的动画连接保持不变
	分裂单元	与菜单“排列＼分裂单元”效果相同，将单元分解成原来生成单元的各基本图素。若该单元有动画连接，分解后各组成部分的动画连接保持不变
	图素后移	与菜单“排列＼图素后移”效果相同，使一个或多个选中的图素对象移至所有与之相交的图素后面

（续表）

图　标	工具名称	说　明
	图素前移	与菜单“排列＼图素前移”效果相同，使一个或多个选中的图素对象移至所有与之相交的图素前面
	改变图素形状	与菜单“工具＼改变图素形状”效果相同，用于改变圆角矩形的弧度、扇形或弧形的角度、多边形或多边线的各顶点相对位置
	改变字体	与菜单“工具＼字体”效果相同，用于改变字体的默认设置
	图素顺时针转 90°	与菜单“排列＼顺时针旋转 90 度”效果相同，把被选中的单个图素以图素中心为圆心顺时针旋转 90°，也可以旋转多个图素合成的组合图素，但是不能同时旋转多个图素对象，不能旋转单元
	图素逆时针转 90°	与菜单“排列＼逆时针旋转 90 度”效果相同，把被选中的单个图素以图素中心为圆心逆时针旋转 90°，也可以旋转多个图素合成的组合图素，但是不能同时旋转多个图素对象，不能旋转单元
	水平翻转	与菜单“排列＼水平翻转”效果相同，把被选中的单个图素水平翻转，也可以翻转多个图素合成的组合图素。翻转的轴线是包围图素或复杂图素的矩形框的垂直对称轴。此工具不能同时翻转多个图素对象，不能翻转单元
	垂直翻转	与菜单“排列＼垂直翻转”效果相同，把被选中的单个图素垂直翻转，也可以翻转多个图素合成的组合图素。翻转的轴线是包围图素或复杂图素的矩形框的水平对称轴。此工具不能同时翻转多个图素对象，不能翻转单元
	图素上对齐	与菜单“排列＼对齐＼上对齐”效果相同，使所有被选中对象的上边界与最上面的边界平齐。在各种对齐方式中，被选中对象的边界是指包围对象的 8 个小矩形构成的矩形框。对象的水平轴、垂直轴也分别是指这个矩形框的水平对称轴和垂直对称轴
	图素水平对齐	与菜单“排列＼对齐＼水平对齐”效果相同，把所有被选中对象的水平轴调整到同一水平线上
	图素下对齐	与菜单“排列＼对齐＼下对齐”效果相同，使所有被选中对象的下边界与最下面的边界平齐
	图素左对齐	与菜单“排列＼对齐＼左对齐”效果相同，使所有被选中对象的左边界与最左面的边界平齐
	图素垂直对齐	与菜单“排列＼对齐＼垂直对齐”效果相同，把所有被选中对象的垂直轴调整到同一竖直线上
	图素右对齐	与菜单“排列＼对齐＼右对齐”效果相同，使所有被选中对象的右边界与最右面的边界平齐
	图素水平等间距	与菜单“排列＼水平方向等间隔”效果相同，使所有被选中对象在水平方向以等间距排列，各图素竖直方向位置不变
	图素垂直等间距	与菜单“排列＼垂直方向等间隔”效果相同，使所有被选中对象在垂直方向以等间距排列，各图素水平方向位置不变
	对齐栅格	与菜单“排列＼对齐网格”效果相同，用于显示/隐藏画面上的网格，并且决定画面上图形对象的边界是否与栅格对齐。对齐网格后，图形对象的移动也将以栅格宽度为距离单位
	显示调色板	与菜单“工具＼显示调色板”效果相同，用于显示/隐藏调色板窗口

（续表）

图　标	工具名称	说　明
	全选	与菜单“编辑\全选”效果相同，使画面上全部图素、复杂图素、单元都处于选中状态。所有对象周围都出现8个小矩形
	显示画刷类型	与菜单“工具\显示画刷类型”效果相同。用于显示/隐藏画刷和过渡色类型工具条
	显示线形	与菜单“工具\显示线形”效果相同。用于显示/隐藏线形选择工具条

2.5.2　图库

图库是指组态王中提供的已制作成型的图素组合。图库中的每个成员称为“图库精灵”。

使用图库开发工程界面至少有三方面的好处：一是降低了工程人员设计界面的难度，使他们能更加集中精力于维护数据库和增强软件内部的逻辑控制，缩短开发周期；二是用图库开发的软件将具有统一的外观，方便工程人员学习和掌握；三是利用图库的开放性，工程人员可以生成自己的图库元素，“一次构造，随处使用”，提高了开发效率。

组态王为了便于用户更好地使用图库，提供了图库管理器，它集成了图库管理的操作，在统一的界面上，完成“新建图库”、“更改图库名称”、“加载用户开发的精灵”、“删除图库精灵”等，如图2-23所示。

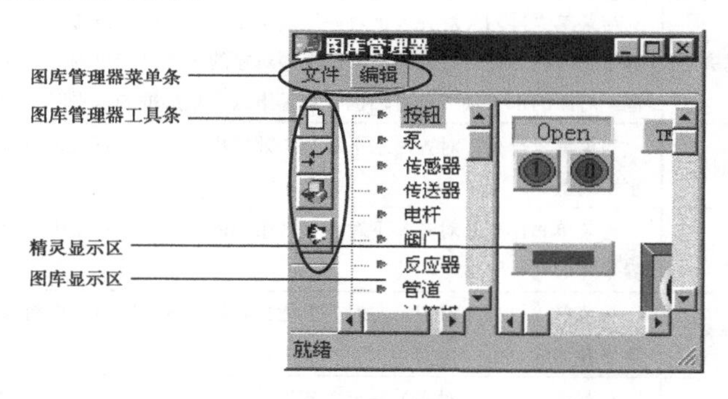

图2-23　图库管理器

（1）图库管理器菜单条：通过弹出菜单方式管理图库。

（2）图库管理器工具条：通过快捷图形方式管理图库。

（3）图库显示区：显示图库管理器中所有的图库。

（4）精灵显示区：显示图库精灵。

1. 图库精灵

图库中的元素称为“图库精灵”。图库精灵在外观上类似于组合图素，但内嵌了丰富的动画连接和逻辑控制，工程人员只需把它放在画面上，做少量的文字修改，就能动态控制图形的外观，同时能完成复杂的功能。

可以根据自己工程的需要，将一些需要重复使用的复杂图形做成图库精灵，加入到图库管理器中。利用组态王开发系统中建立动画连接并合成图素的方式可直接创建图库精灵。

例如，画面上需要一个按钮，代表一个开关，开关打开时按钮为绿色，开关关闭后变为红色，并且可以定义按钮为“置位”开关、“复位”开关或“切换”开关。如果没有图库，首先要绘制一个绿色按钮和一个红色按钮，用一个变量和它们连接，设置隐藏属性，最后把它们叠在一起——把这些复杂的步骤合在一起，就是“按钮精灵”，如图 2-24 所示。利用组态王定义好的“按钮精灵”，工程人员只要把“按钮精灵”从图库中复制到画面上，它就具有了“打开为绿色，关闭为红色”的特性，也可以根据用户具体需求改变颜色，并且可以设置开关类型的功能。

按钮精灵　　构成按钮精灵的图库元素

图 2-24　图库精灵的组成

2. 图库的使用

在图库管理器中选择需要的精灵。如果在开发过程中图库管理器被隐藏，可选择菜单命令“图库/打开图库”或按 F2 键激活图库管理器。

1）在画面上放置图库精灵

在图库管理器窗口中双击所需要的精灵（如果图库窗口不可见，请按 F2 键激活它），鼠标变成直角形。移动鼠标到画面上适当的位置，单击左键，图库精灵就复制到画面上了。可以任意移动、缩放精灵，如同处理一个单元一样。

2）修改图库精灵

双击画面上的图库精灵，将弹出图 2-25 所示改变图形外观和定义动画连接的“按钮向导”对话框。对话框中包含了图库精灵的外观修改、动作、操作权限、与动作连接的变量等各项设置，对于不同的图库精灵，具有不同的向导界面。用户只需要输入变量名，合理调整各项设置，就可以设计出符合自己使用要求的个性化图形。

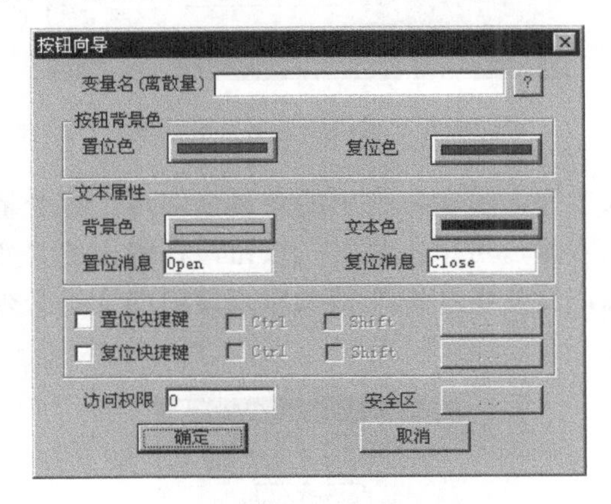

图 2-25　编制程序的图素

在按钮向导中，“变量名”一项要求输入工程人员实际使用的变量名即可，该变量必须是已经在数据库中定义过的。为减少文字输入量，可单击“？”按钮，在弹出的“变量选择”对话框中选择所需的变量名。需要注意，“变量名”使用的变量必须是图库精灵已经定义好的变量类型。

通过动画连接并合成图素的方式制作的图库精灵同样具有可修改的属性界面。双击画面上的图库精灵，将弹出动画连接的“内容替换”对话框，如图 2-26 所示。对话框中记录了图库精灵的所有动画连接和连接中使用的变量。单击“变量名”，将在对话框中显示精灵使用到的所有变量，单击“动画连接”就可以看到动画连接的内容。

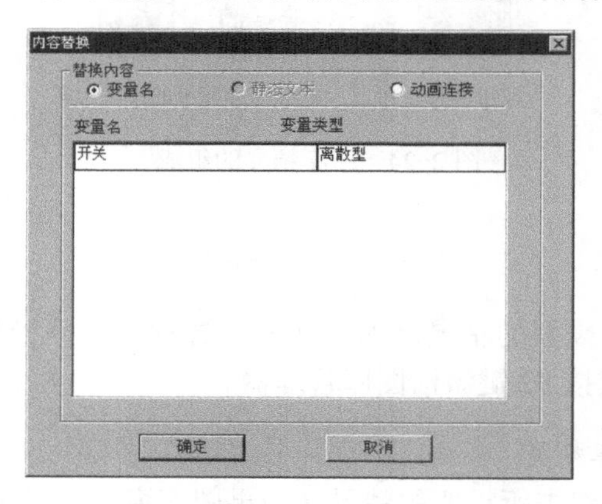

图 2-26　建立动画连接的图素

一般情况下，该类图库精灵使用的变量名都是示意性的，不一定适合工程人员的需要。若修改变量名，先单击“变量名”，然后在对话框中双击需要修改的变量名，则弹出“替换变量名”对话框，如图 2-27 所示。

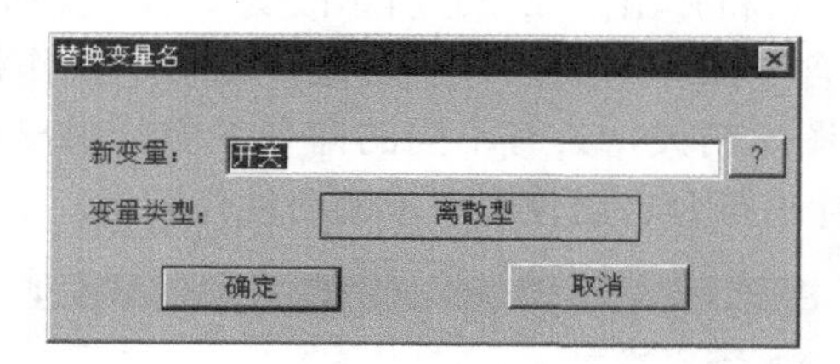

图 2-27　“替换变量名”对话框

在“新变量”后输入工程人员实际使用的变量名即可，该变量必须是已经在数据库中定义过的。为减少文字输入量，可单击“？”按钮，在弹出的“变量选择”对话框中选择所需的变量名。需要注意，新变量和图库精灵原来使用的变量必须是同一类型，否则系统会弹出图 2-28 所示提示。

图 2-28　错误提示

修改完成后，图库精灵的所有动画连接中的变量名都已更改了。

工程人员也可以根据自己的需要修改任一动画连接。在“内容替换”对话框中单击“动画连接”，然后在对话框中双击需要修改的栏目，弹出“动画连接设置”对话框，如图 2-29 所示。

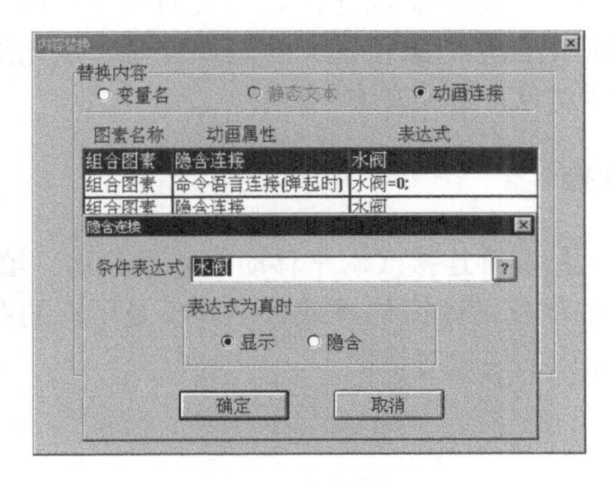

图 2-29　修改动画连接设置

2.6　动画连接设置

给图形对象定义动画连接是在“动画连接”对话框中进行的。在组态王开发系统中双击图形对象（不能有多个图形对象同时被选中），弹出“动画连接”对话框，如图 2-30 所示。

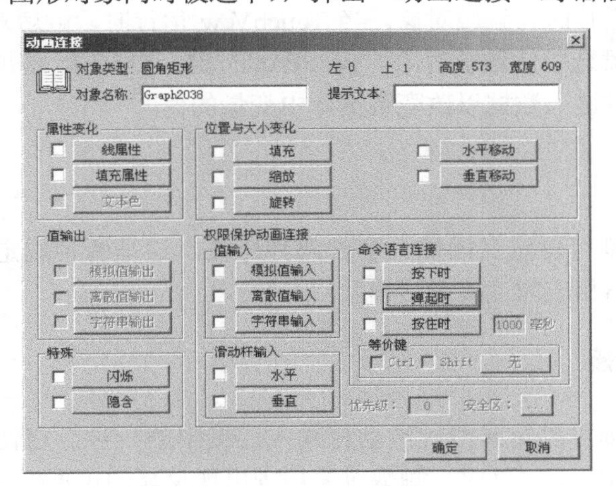

图 2-30　“动画连接”对话框

对话框的第一行标识出对象类型和左上角在画面中的坐标以及图形对象的高度和宽度。

对话框的第二行提供“对象名称”和“提示文本”编辑框。“对象名称”是为图素提供的唯一的名称，供以后的程序开发使用，暂时不能使用。“提示文本”的含义为：当图形对象定义了动画连接时，在运行的时候，鼠标放在图形对象上，将出现开发中定义的提示文本。

1. 属性变化连接

属性变化连接共有三种连接（线属性、填充属性、文本色），它们规定了图形对象的颜色、线型、填充类型等属性如何随变量或连接表达式的值变化而变化。单击任一按钮弹出相应的连接对话框。线类型的图形对象可定义线属性连接，填充形状的图形对象可定义线属性、填充属性连接，文本对象可定义文本色连接。

2. 位置与大小变化连接

位置与大小变化连接包括五种连接（水平移动、垂直移动、填充、旋转、缩放），规定了图形对象如何随变量值的变化而改变位置或大小。不是所有的图形对象都能定义这五种连接。单击任一按钮弹出相应的连接对话框。

3. 值输出连接

值输出连接用来在画面上输出文本图形对象的连接表达式的值，只有文本图形对象能定义三种值输出连接中的某一种。运行时文本字符串将被连接表达式的值所替换，输出的字符串的大小、字体和文本对象相同。单击任一按钮弹出相应的连接对话框。

4. 用户输入连接（值输入）

在用户输入连接中，所有的图形对象都可以定义为三种用户输入连接中的一种，输入连接使被连接对象在运行时为触敏对象。当 TouchVew 运行时，触敏对象周围出现反显的矩形框，可用鼠标或键盘选中此触敏对象。按 SPACE 键、ENTER 键或单击鼠标，会弹出输入对话框，可以从键盘键入数据以改变数据库中变量的值。

5. 特殊连接

所有的图形对象都可以定义闪烁、隐含两种连接，这是两种规定图形对象可见性的连接。单击任一按钮弹出相应的连接对话框。

6. 滑动杆输入连接

所有的图形对象都可以定义两种滑动杆输入连接中的一种，它使被连接对象在运行时为触敏对象。当 TouchVew 运行时，触敏对象周围出现反显的矩形框，用鼠标左键拖动有滑动杆输入连接的图形对象可以改变数据库中变量的值。

7. 命令语言连接

所有的图形对象都可以定义三种命令语言连接中的一种，命令语言连接使被连接对象在运行时成为触敏对象。当 TouchVew 运行时，触敏对象周围出现反显的矩形框，可用鼠标或键盘选中。按 SPACE 键、ENTER 键或单击鼠标，就会执行定义命令语言连接时用户输

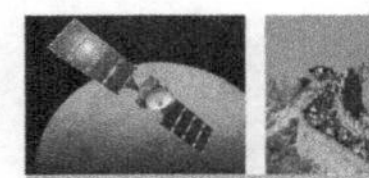

入的命令语言程序。单击任一按钮弹出相应的命令语言对话框。

任务实施

任务要求

（1）创建“运料小车运行监控”画面，利用“工具箱”进行各种图素的设计与制作。

（2）对画面中的图素进行动画连接，实现“运料小车运行监控”画面的动画显示。

实施步骤

1. “运料小车运行监控”画面的创建

（1）在工程浏览器左侧的“工程目录显示区”中选择“画面”选项，在右侧图中双击“新建”图标，如图 2-31 所示，弹出“画面属性”对话框，如图 2-32 所示。

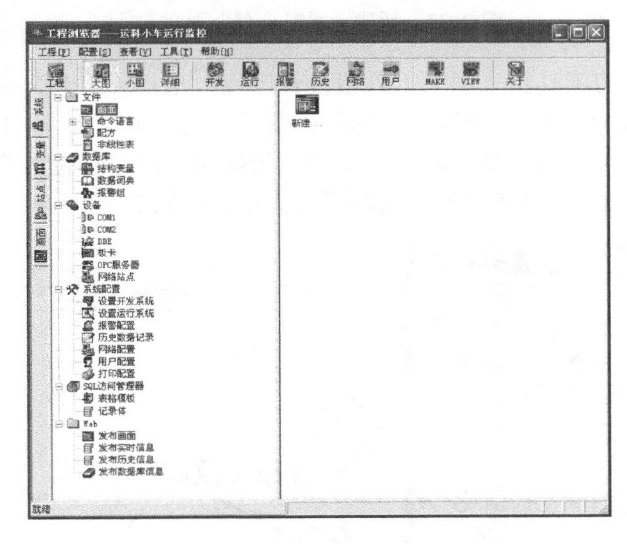

图 2-31　工程浏览器

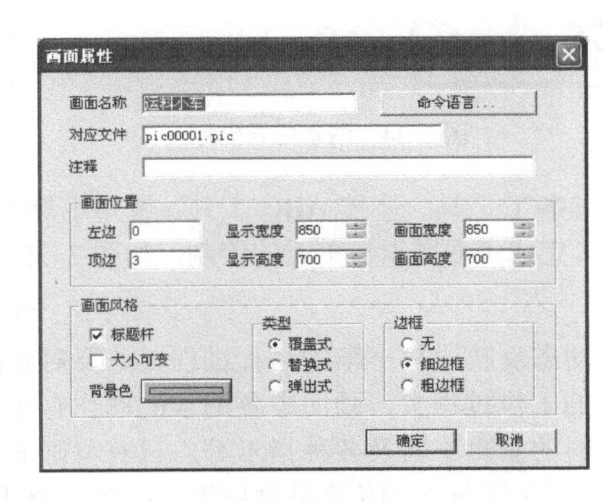

图 2-32　“画面属性”对话框及设置

（2）在对话框中设置画面属性，单击“确定”按钮，TouchMak 按照指定风格产生出一幅名为“运料小车”的画面，如图 2-33 所示。

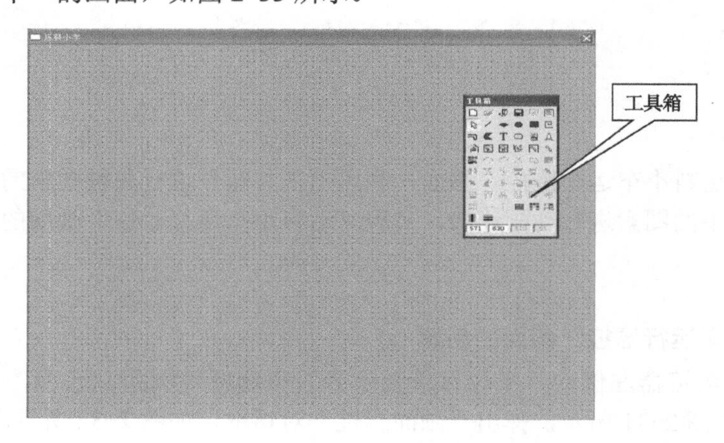

图 2-33　新建“运料小车”画面

（3）利用画面中的工具箱（如果工具箱没有出现，选择“工具”菜单中的“显示工具箱”或按 F10 键将其打开），新建画面中的各种图素，其位置与大小可以根据工具箱底部的坐标数值来确定，该坐标数值是以画面左上角为坐标原点的，单位为像素，前两个数值表示所选图素的位置，后两个数值表示所选图素的大小，如图 2-34 所示。

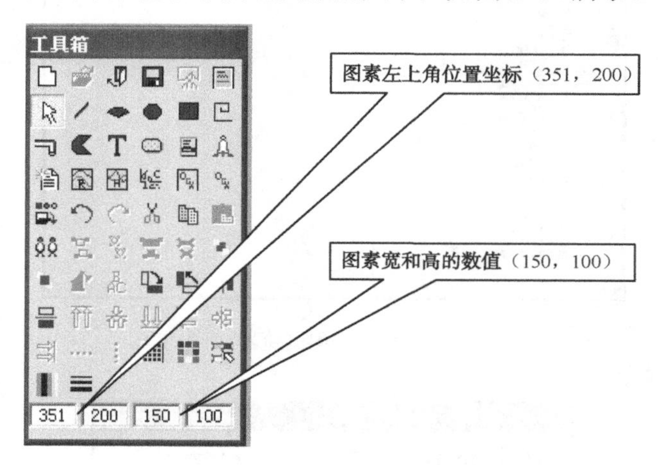

图 2-34　图素位置坐标

（4）使用工具箱中的文本 T 工具、字体 ABC 工具、圆角矩形工具、多边形工具、椭圆工具、直线工具和按钮工具完成画面图素与单元的绘制，如图 2-35 所示。

2．动画连接

为了使监控界面能够动态反映运料小车的运行过程，还要对画面中的图素进行动画设计。在运料小车一个周期的工作过程中，画面中各图素的动作有小车车厢水平移动、车轮的转动、料斗盖的开合、料的垂直下落及各种指示等。只有将画面中的图素与设置的相关变量连接起来，在系统运行时才能够得到仿真动画效果，如图 2-36 所示。

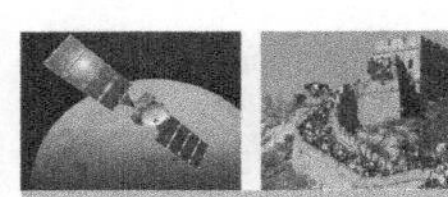

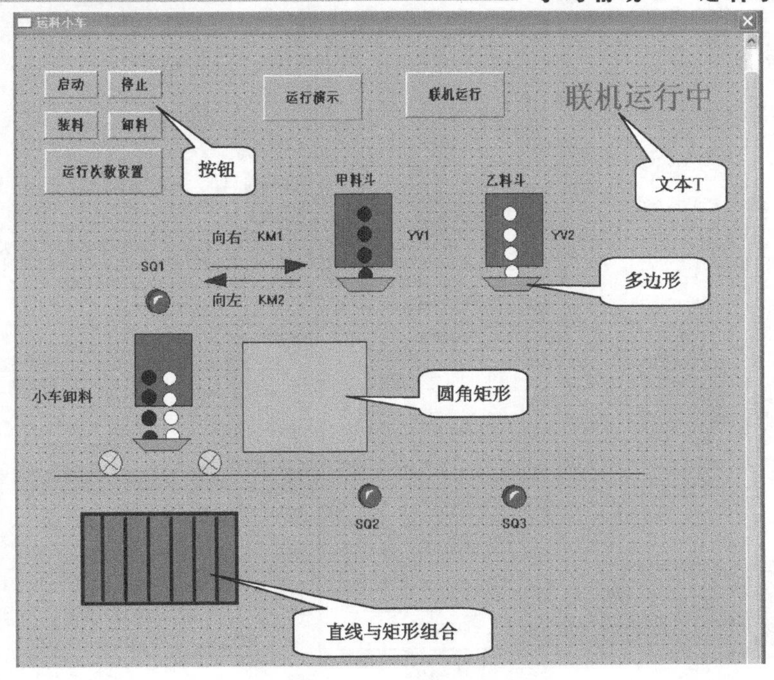

图 2-35 绘制“运料小车”画面

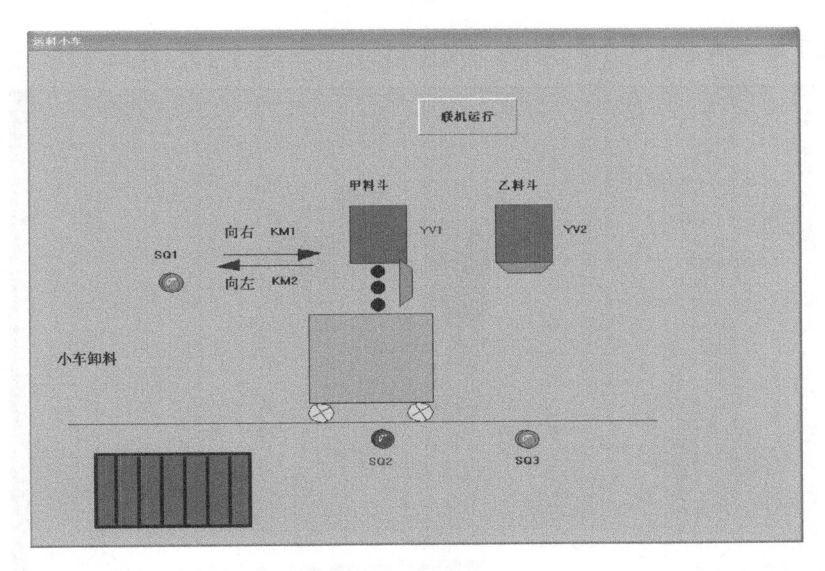

图 2-36 动画效果

1）水平移动动画设置（如图 2-37 所示）

在画面上双击“小车车厢”图素，弹出该对象的“动画连接”对话框，单击“水平移动”按钮，弹出“水平移动连接”对话框，连接变量 B2，单击“确定”按钮，完成“小车车厢”的动画连接。用同样的方法设置双料小球、两个车轮、车内料斗的水平移动动画连接，连接变量都为 B2。

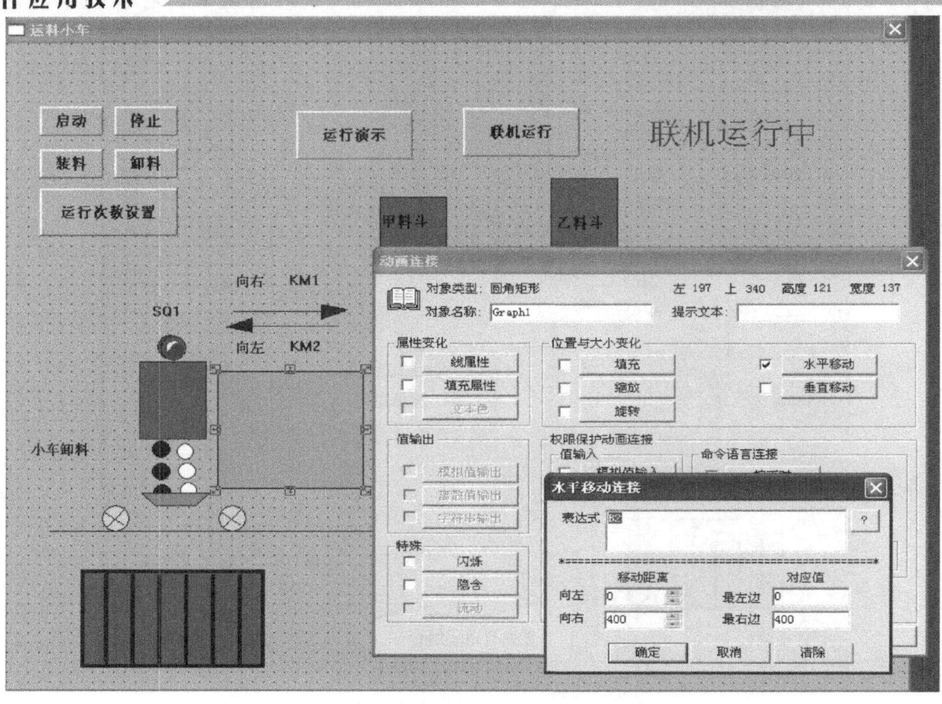

图 2-37 水平移动动画设置

2）垂直下落动画设置（如图 2-38 所示）

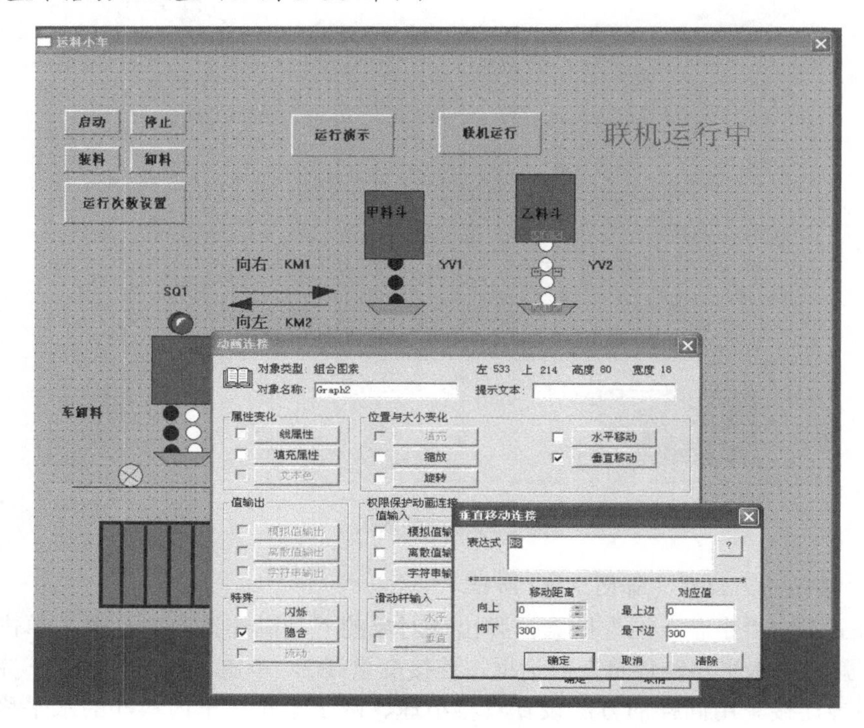

图 2-38 垂直移动动画设置

在画面上双击“白色料球”图素，弹出该对象的“动画连接”对话框，单击“垂直移动”按钮，弹出“垂直移动连接”对话框，连接变量 B8，单击“确定”按钮，完成“白色料球”的垂直动画连接。用同样的方法对应各自的变量，设置“双色料球”及“黑色料球”图素的垂直动画连接。

3）旋转动画设置

车轮的转动效果及斗盖的开合效果，都是由图素的旋转动画设置实现的。在画面上双击“车轮”图素，单击“旋转”按钮，填写对话框如图 2-39 所示，实现车轮的转动效果；在画面上双击“斗盖”图素，单击“旋转”按钮，填写对话框如图 2-40 所示，实现斗盖的开合效果。

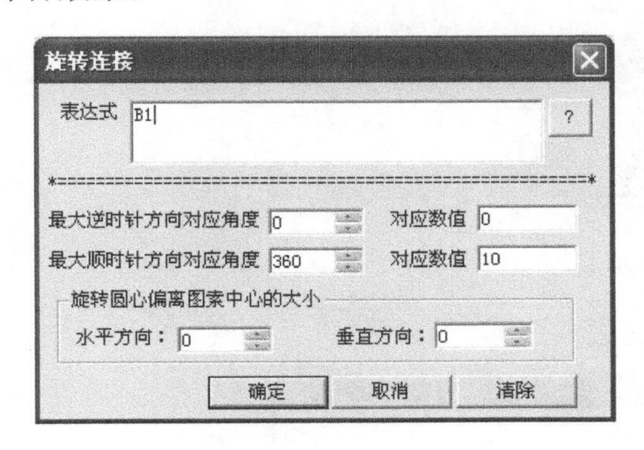

图 2-39 “车轮”的旋转动画设置

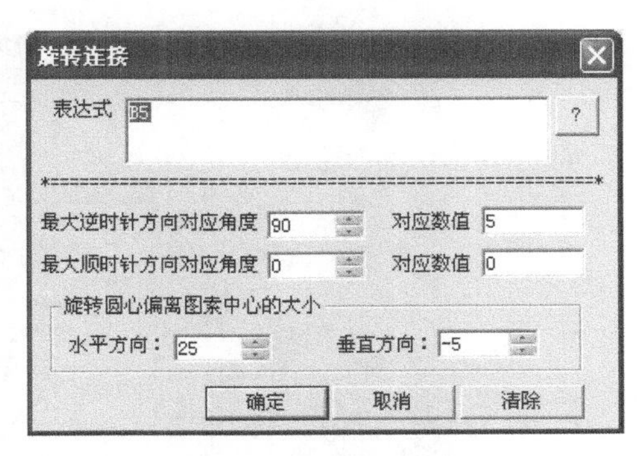

图 2-40 “斗盖”的旋转动画设置

4）图素的指示设置

在画面运行过程中，小车到位后指示灯变亮、文本变红的显示设置如图 2-41 所示。

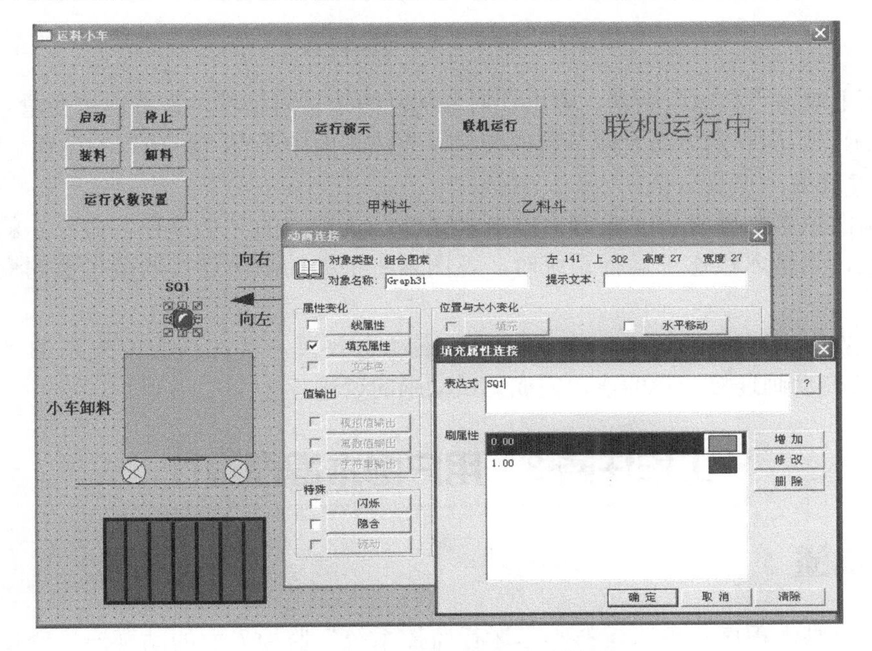

图 2-41 “指示灯”等的动画设计

在画面上双击“指示灯”图素，弹出该对象的动画连接对话框，单击“填充属性”按钮，弹出连接对话框，连接变量 SQ1，设定亮时为红色。用同样的方法对应各自的变量，完成画面中所有“指示灯”及文本 KM、YV 的适时指示。

5）显示与隐含设置

在画面运行过程中，甲、乙料球只有在装料时才显示，进入小车后隐藏；双料小球与小车车厢一起水平移动时隐藏，卸料时才显示。具体设置如图 2-42 所示。

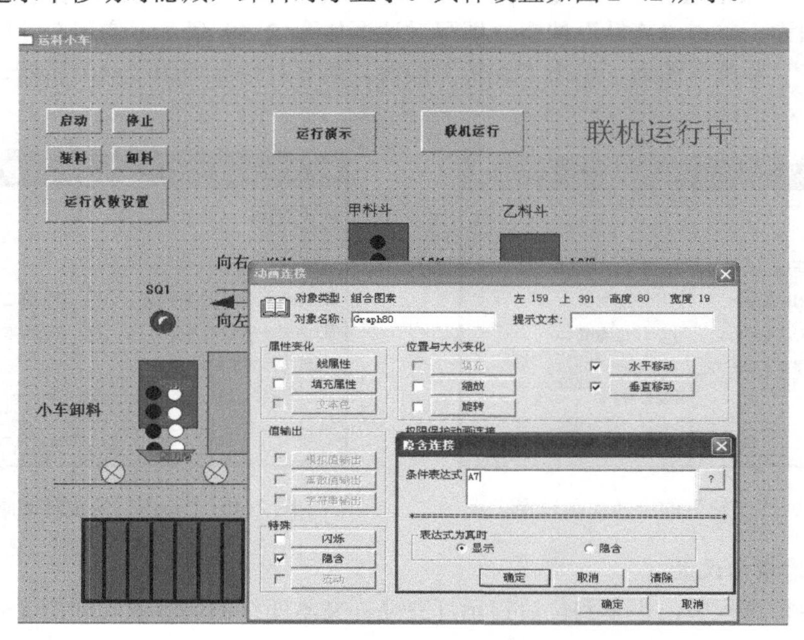

图 2-42　隐藏与显示的动画设计

在画面上双击“料球”图素，弹出该对象的动画连接对话框，设置连接变量 A7,表达式 A7=1 时显示。用同样的方法对应各自的变量，完成画面中所有“料球”的设置。

6）保存设置

每个画面图素动画设置完成后，单击“文件”菜单中的“全部存”命令，就将所用设置保存下来，当进入组态王运行系统时，各图素将根据动画所连接的变量值的变化进行动画显示。

通常，在动画连接设置中，为了调试图素动态效果，常在画面中先添加“按钮”或“游标”来改变动画连接变量的值，完成调试动画的过程。

工作任务 3　用户脚本程序设计

任务描述

编写用户脚本程序实现“运料小车运行监控系统”监控界面的动画连接变量与计算机（IPC）采集现场数据保持一致，将现场的运行状况直观地反映到计算机的屏幕上。

知识分解

2.7　命令语言类型

组态王中的命令语言是一种在语法上类似C语言的程序，工程人员可以利用这些程序来增强应用程序的灵活性，处理一些算法和操作等。

命令语言都是靠事件触发执行的，如定时、数据的变化、键盘按键的按下、鼠标的点击等，根据事件和功能的不同，包括应用程序命令语言、热键命令语言、事件命令语言、数据改变命令语言、自定义函数命令语言、动画连接命令语言和画面命令语言等，具有完备的词法语法查错功能和丰富的运算符、数学函数、字符串函数、控件函数、SQL 函数和系统函数。各种命令语言通过“命令语言编辑器”编辑输入，在组态王运行系统中被编译执行。

2.7.1　应用程序命令语言

在工程浏览器的目录显示区，选择 “文件\命令语言\应用程序命令语言”，则在右边的内容显示区出现“请双击这儿进入<应用程序命令语言>对话框...”图标，如图 2-43 所示。双击图标，则弹出“应用程序命令语言”对话框，如图 2-44 所示。

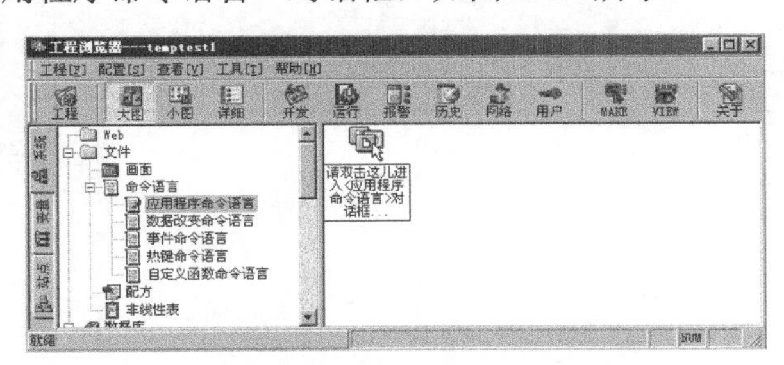

图 2-43 “选择应用程序命令语言”对话框

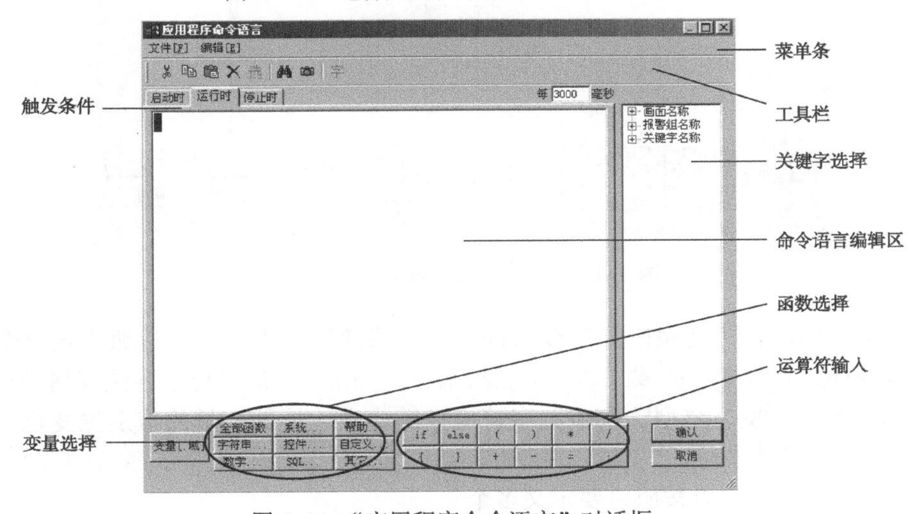

图 2-44 “应用程序命令语言”对话框

注意： 在输入命令语言时，除汉字外，其他关键字，如标点符号必须以西文状态输入。

应用程序命令语言是指在组态王运行系统应用程序启动时、运行期间和程序退出时执行的命令语言程序。如果是在运行系统运行期间，该程序按照指定时间间隔定时执行。

当选择“运行时”标签时，会有输入执行周期的编辑框“每……毫秒”。输入执行周期，则组态王运行系统运行时，将按照该时间周期性地执行这段命令语言程序，无论打开画面与否。

选择“启动时”标签，在该编辑器中输入命令语言程序，该段程序只在运行系统程序启动时执行一次。

选择“停止时”标签，在该编辑器中输入命令语言程序，该段程序只在运行系统程序退出时执行一次。

2.7.2 数据改变命令语言

在工程浏览器中选择“命令语言\数据改变命令语言”，在浏览器右侧双击“新建...”图标，弹出数据改变命令语言编辑器，如图 2-45 所示。数据改变命令语言触发的条件为连接的变量或变量的域的值发生了变化。

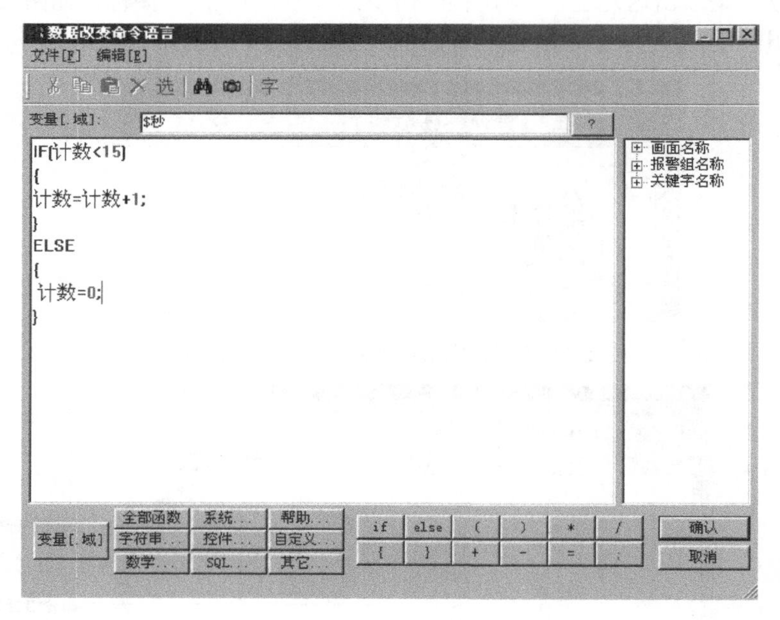

图 2-45 数据改变命令语言编辑器

在命令语言编辑器“变量[.域]”编辑框中输入或通过单击“？”按钮来选择变量名称（如“原料罐液位”）或变量的域（如“原料罐液位.Alarm”）。这里可以连接任何类型的变量和变量的域，如离散型、整型、实型、字符串型等。当连接的变量的值发生变化时，系统会自动执行该命令语言程序。

数据改变命令语言可以按照需要定义多个。

2.7.3　事件命令语言

事件命令语言是指当规定的表达式条件成立时执行的命令语言。如某个变量等于定值或某个表达式描述的条件成立。在工程浏览器中选择“命令语言/事件命令语言”，在浏览器右侧双击“新建...”图标，弹出事件命令语言编辑器，如图 2-46 所示。事件命令语言有以下三种类型。

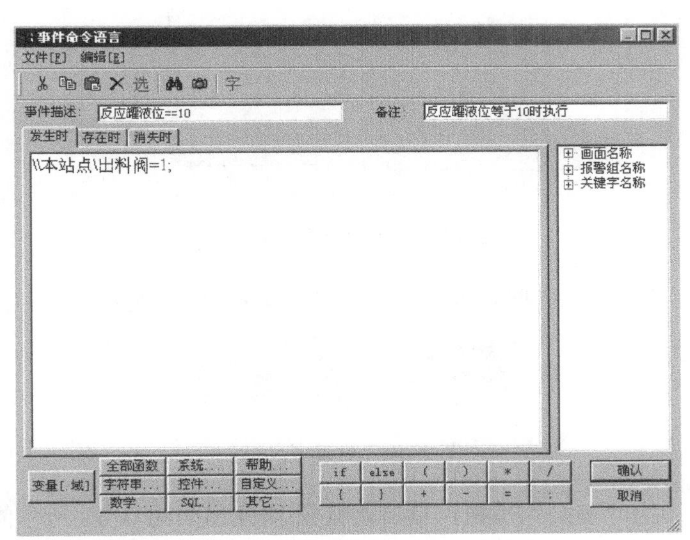

图 2-46　事件命令语言编辑器

① 发生时：事件条件初始成立时执行一次。

② 存在时：事件存在时定时执行，在“每……毫秒”编辑框中输入执行周期，则当事件条件成立存在期间周期性地执行命令语言，如图 2-47 所示。

③ 消失时：事件条件由成立变为不成立时执行一次。

“事件描述”框中输入命令语言执行的条件。

“备注”框中输入对该命令语言的一些说明性文字。

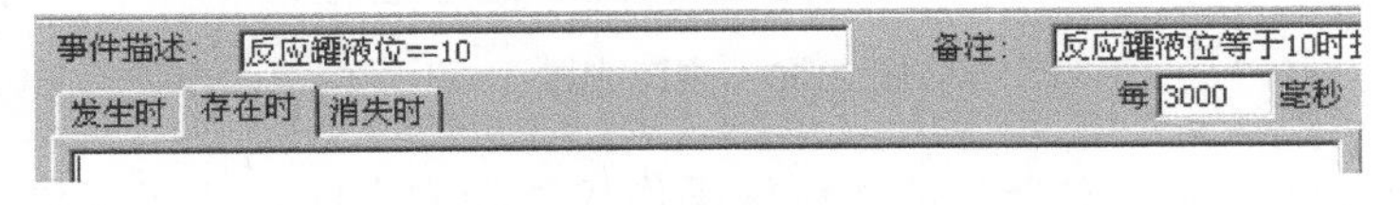

图 2-47　事件命令语言“存在时”类型

2.7.4　热键命令语言

热键命令语言链接到工程人员指定的热键上，软件运行期间，工程人员随时按下键盘上相应的热键都可以启动这段命令语言程序。热键命令语言可以指定使用权限和操作安全区。输入热键命令语言时，在工程浏览器的目录显示区选择“文件\命令语言\热键命令语言”，在浏览器右侧双击“新建...”图标，弹出热键命令语言编辑器，如图 2-48 所示。

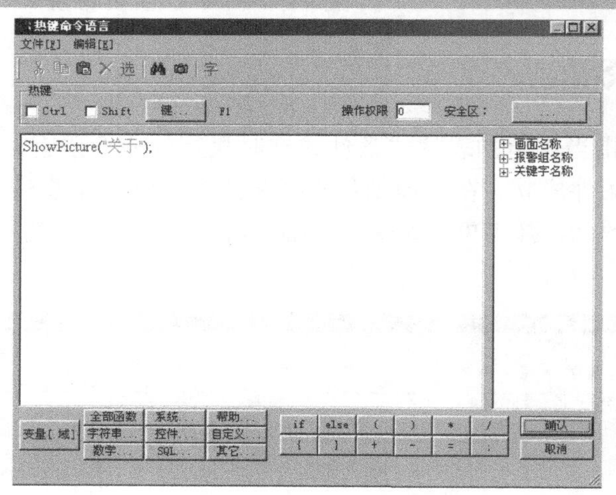

图 2-48　热键命令语言编辑器

当选中“Ctrl”或“Shift”时，表示此键有效，如图 2-49 所示。

图 2-49　热键定义

热键定义的右边为“键...”按钮，单击此按钮,则弹出如图 2-51 所示的对话框。在此对话框中选择一个键，则此键被定义为热键，还可以与 Ctrl 键或 Shift 键形成组合键。

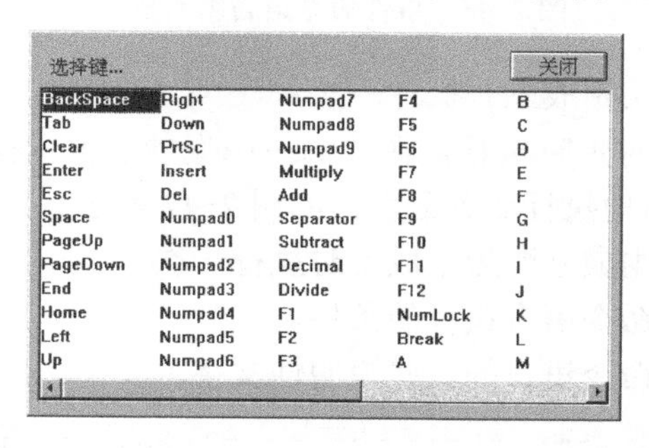

图 2-50　热键选择

热键命令语言可以定义安全管理，包括操作权限和安全区，两者可单独使用，也可合并使用，如图 2-51 所示。比如，设置操作权限为 918，则只有操作权限大于等于 918 的操作员登录后按下热键时，才会激发命令语言的执行。

图 2-51　热键的安全管理定义

当很多命令语言里需要一段同样的程序时，可以定义一个自定义函数，在命令语言中调用，这样减少了手工的输入量，减小了程序的规模，同时也使得程序的修改和调试变得

更为简明、方便。

除了用户自定义函数外，组态王提供了三个报警预置自定义函数，利用这些函数，可以方便地在报警产生时进行一些处理。

2.7.5　画面命令语言

画面命令语言就是与画面显示与否有关系的命令语言程序。画面命令语言定义在画面属性中。打开一个画面，选择菜单“编辑/画面属性”，或右击画面，在弹出的快捷菜单中选择“画面属性”菜单项，或按下 Ctrl 键+W 键，打开画面属性对话框，单击“命令语言…”按钮，弹出画面命令语言编辑器，如图 2-52 所示。

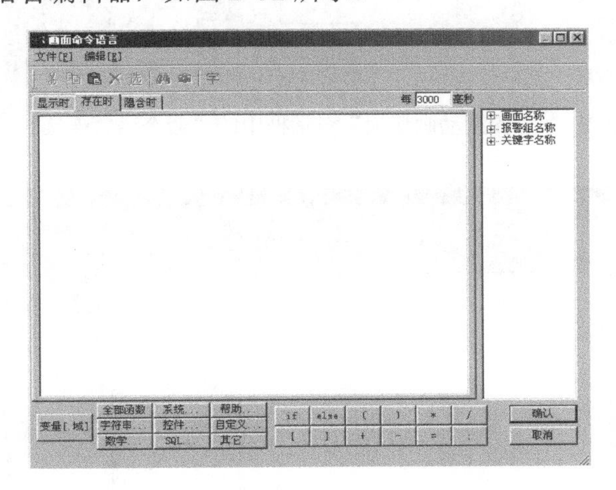

图 2-52　画面命令语言编辑器

画面命令语言分为以下三部分。

① 显示时：打开或激活画面为当前画面，或画面由隐含变为显示时执行一次。

② 存在时：画面在当前显示时，或画面由隐含变为显示时周期性地执行，可以定义指定执行周期，即在“存在时”中的“每……毫秒”编辑框中输入执行的周期。

③ 隐含时：画面由当前激活状态变为隐含时或被关闭时执行一次。

只有画面被关闭或被其他画面完全遮盖时，画面命令语言才会停止执行。

只与画面相关的命令语言可以写到画面命令语言里，如画面上动画的控制等，而不必写到后台命令语言中，如应用程序命令语言等，这样可以减轻后台命令语言的压力，提高系统运行的效率。

2.7.6　动画连接命令语言

对于图素，有时一般的动画连接表达式无法实现功能，而需要单击一下画面上的按钮等图素才执行，如单击一个按钮，执行一连串的动作，或执行一些运算、操作等。这时可以使用动画连接命令语言。该命令语言是针对画面上图素的动画连接的，组态王中的大多数图素都可以定义动画连接命令语言。例如，在画面上放置一个按钮，双击该按钮，弹出“动画连接”对话框，如图 2-53 所示，图素动画连接命令语言编辑器如图 2-54 所示。

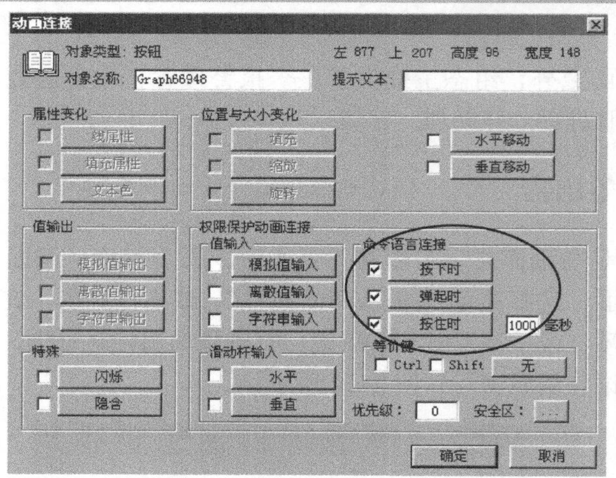

图 2-53 “图素动画连接”对话框中的“命令语言连接”

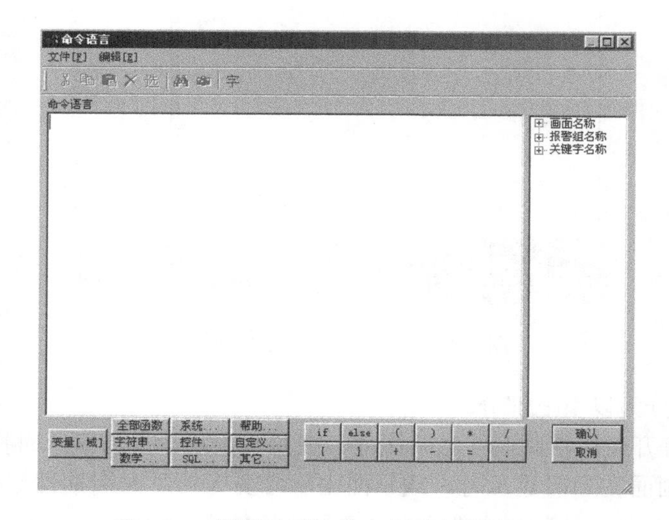

图 2-54 图素动画连接命令语言编辑器

在“命令语言连接”选项中包含以下三个选项。

① 按下时：当鼠标在该按钮上按下时，或与该连接相关联的热键按下时执行一次。

② 弹起时：当鼠标在该按钮上弹起时，或与该连接相关联的热键弹起时执行一次。

③ 按住时：当鼠标在该按钮上按住，或与该连接相关联的热键按住，没有弹起时周期性地执行该段命令语言。按住时命令语言连接可以定义执行周期，在按钮后面的“毫秒”编辑框中输入按钮被按住时命令语言执行的周期即可。

2.8 命令语言语法

命令语言程序的语法与一般 C 程序的语法没有大的区别，每一程序语句的末尾用“;”结束，在使用 if…else…、while（）等语句时，其程序要用“{}”括起来。

2.8.1　运算符

用运算符连接变量或常量可以组成简单的命令语言语句，运算符有以下几种：

～	取补码，将整型变量变成“2”的补码；
*	乘法；
/	除法；
%	模运算；
＋	加法；
－	减法（双目）；
&	整型量按位与；
|	整型量按位或；
^	整型量异或；
&&	逻辑与；
||	逻辑或；
<	小于；
>	大于；
<=	小于或等于；
>=	大于或等于；
==	等于（判断）；
!=	不等于；
=	等于（赋值）。

2.8.2　运算符的优先级

命令语言中运算符的运算次序如下：首先计算最高优先级的运算符，再依次计算较低优先级的运算符；同一行的运算符有相同的优先级。

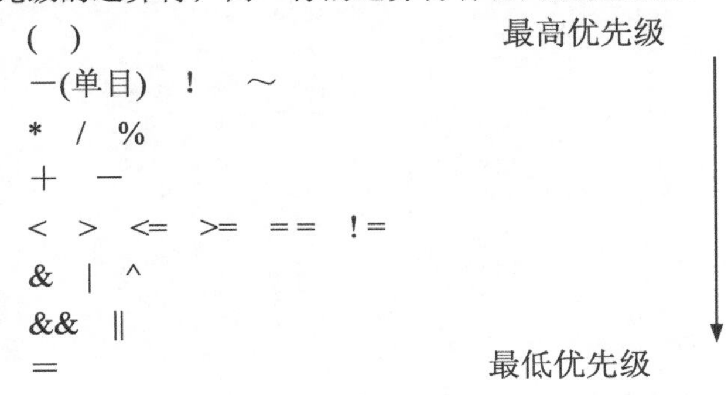

2.8.3 赋值语句

给一个变量或变量的域赋值，语法如下：

```
变量（变量的可读写域）＝表达式；
```

2.8.4 if-else 语句

if-else 语句用于按表达式的状态有条件地执行不同的程序，语法如下：

```
if(表达式)
{
一条或多条语句；
}
else
{
一条或多条语句；
}
```

注意：if-else 语句里如果是单条语句可省略“{ }”，而多条语句必须在一对“{ }”中，else 分支可以省略。

例 1：

```
    if (step = = 3)
        颜色=“红色”;
```

表示当变量 step 与数字 3 相等时，将变量颜色置为“红色”（变量“颜色”为内存字符串变量）。

例 2：

```
if (step= =3)
{
    颜色=“红色”;
  反应罐温度.priority=1;
  }
else
{
    颜色=“黑色”;
    反应罐温度.priority=3;
}
```

表示当变量 step 与数字 3 相等时，将变量颜色置为“红色”（变量“颜色”为内存字符

串变量)，反应罐温度的报警优先级设为 1；否则变量颜色置为“黑色”，反应罐温度的报警优先级设为 3。

2.8.5 while ( ) 语句

while（）语句用于当 while（）括号中的表达式条件成立时，循环执行后面“{ }”内的程序。语法如下：

```
while(表达式)
{
一条或多条语句(以“；”结尾)
}
```

注意： while 里的语句若是单条语句，可省略“{ }”，若是多条语句则必须在一对“{ }”中。这条语句要慎用，否则会造成死循环。

例如：

```
while (循环<=10)
{
    ReportSetCellvalue("实时报表",循环, 1, 原料罐液位);
        循环=循环+1;
}
```

当变量“循环”的值小于等于 10 时，向报表第一列的 1~10 行添入变量“原料罐液位”的值。应该注意使 whlie 表达式条件满足，然后退出循环。

2.8.6 命令语言程序的注释

命令语言程序添加注释，有利于程序的可读性，也方便程序的维护和修改。组态王的所有命令语言中都支持注释。注释的方法分为单行注释和多行注释两种。注释可以在程序的任何地方进行。

单行注释是在注释语句的开头加注释符“//”；例如：

```
//设置装桶速度
if(游标刻度>=10)   //判断液位的高低
装桶速度=80;
```

多行注释是在注释语句前加“/*”，在注释语句后加“*/”。多行注释也可以用在单行注释上。例如：

```
/*判断液位的高低
改变装桶的速度*/
if(游标刻度>=10)
```

```
{装桶速度=80;}
else
装桶速度=60;
```

2.9 变量值的跟踪

命令语言一旦执行，往往看到的是最终的结果，如果结果出现差错，就需要查看命令语言的执行过程——调试命令语言。组态王提供了一个函数 Trace（），可以将规定的信息发送到组态王信息窗口中，类似于程序的调试，根据这些信息，用户可以了解到命令语言执行的过程和期间变量的值。该函数可以添加到命令语言程序中任何需要跟踪的位置，当命令语言调试完成后，可以将其删除。

2.10 自定义变量的使用

自定义变量是指在组态王的命令语言里单独指定类型的变量，这些变量的作用域为当前的命令语言，在命令语言里，可以参加运算、赋值等。当该命令语言执行完成后，自定义变量的值随之消失，相当于局部变量。自定义变量不被计算在组态王的点数之中。适用于应用程序命令语言、事件命令语言、数据改变命令语言、热键命令语言、自定义函数、画面命令语言、动画连接命令语言、控件事件函数等。自定义变量功能的提供极大地方便了用户编写程序。

自定义变量的类型有 bool（离散型）、long（长整型）、float（实数型）、string（字符串型）和自定义结构变量类型。其在命令语言语言中的使用方法与组态王变量相同。

注意：

（1）自定义变量在使用之前必须要先定义。

（2）自定义变量没有“域”的概念，只有变量的值。

任务实施

任务要求

（1）编写程序实现：小车启动右行（KM1 变红）——SQ2 到位（指示灯亮）——甲料斗盖开（YV1 变红）——装甲料（料球下落）——甲料斗盖合（YV1 变绿）——小车继续右行（KM 变红）——SQ3 到位（指示灯亮）——乙料斗盖开（YV2 变红）——装乙料（料球下落）——乙料斗盖合（YV2 变绿）——小车左行（KM2 变红）——SQ1 到位（指示灯亮）——车底料斗盖开——卸料（双料球下落）一系列动作连续运行的“运行演示”动画效果。

（2）编写程序实现“运料小车运行监控”界面与现场数据“联机运行”动画效果。

实施步骤

（1）“运料小车运行监控”系统中为实现 FX2-48MR 型 PLC 与计算机（IPC）的正常通信，必须在 PLC 中运行如图 2-55 所示的 PLC 通信参数设置程序，将通信参数设置为：波特率 9600bps，7 位数据位，1 位停止位，偶校验，站号为 0。

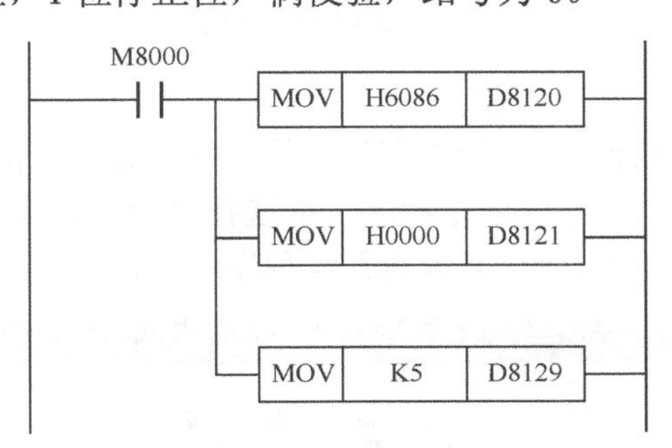

图 2-55　PLC 通信参数设置程序

（2）编写监控界面“运行演示”、“联机运行”按钮动画连接程序的脚本程序。

在画面上双击“运行按钮”图素，弹出该对象的动画连接对话框，单击命令语言连接项中“弹起时”按钮，弹出动画连接命令语言编辑器对话框，编写如图 2-56 所示程序段。

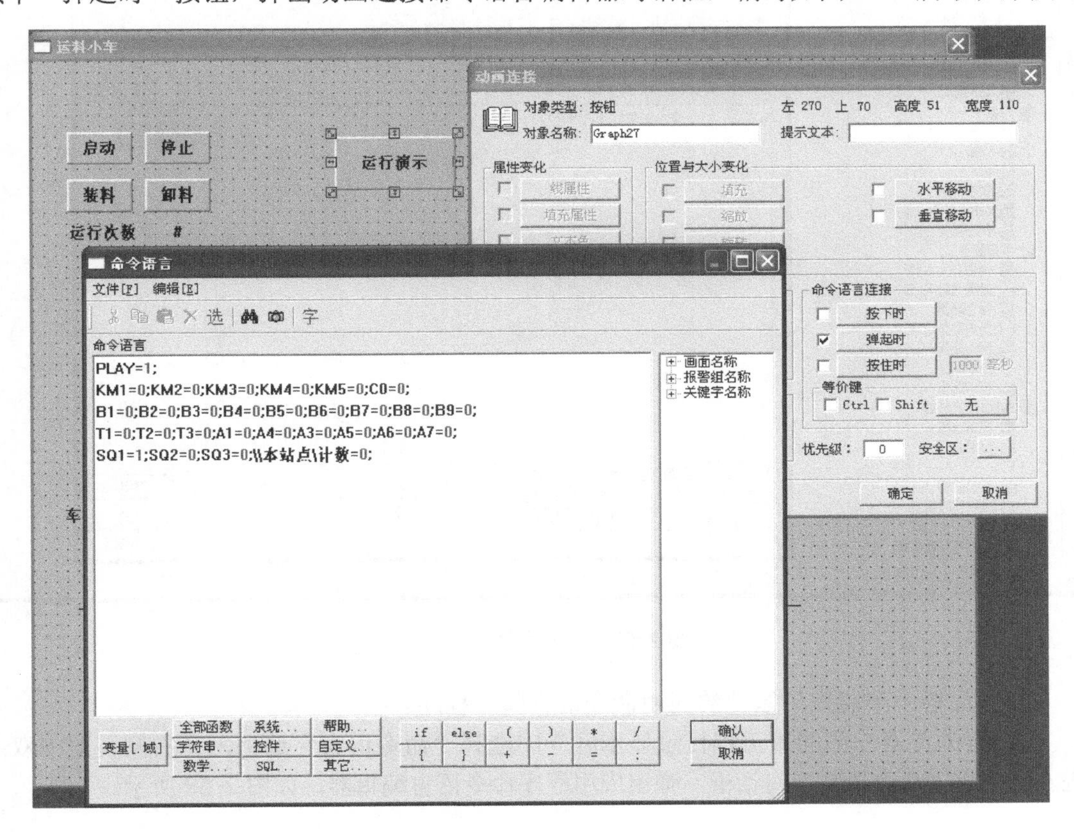

图 2-56　程序设计（一）

用同样的方法设置“联机运行”按钮动画连接命令语言如下：

```
PLAY=0;
KM1=0;KM2=0;KM3=0;KM4=0;KM5=0;
B1=0;B2=0;B3=0;B4=0;B5=0;B6=0;B7=0;B8=0;B9=0;
T1=0;T2=0;T3=0;A1=0;A4=0;A3=0;A5=0;A6=0;A7=0;
SQ1=0;SQ2=0;SQ3=0;
```

（3）实现监控界面中运行演示运行周期计数的“事件命令语言”脚本程序。

在工程浏览器左侧的“工程目录显示区”中选择“命令语言”选项，在右侧视图中双击“新建...”图标，弹出事件命令语言编辑器及程序语句，如图 2-57 所示。

图 2-57　程序设计（二）

（4）“运料小车监控”系统的应用命令语言脚本程序。

在工程浏览器左侧的“工程目录显示区”中选择“命令语言”选项，在右侧视图中双击“进入应用程序命令语言”对话框，弹出应用程序命令语言编辑器，如图 2-58 所示。

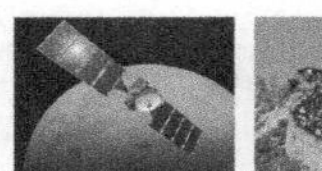

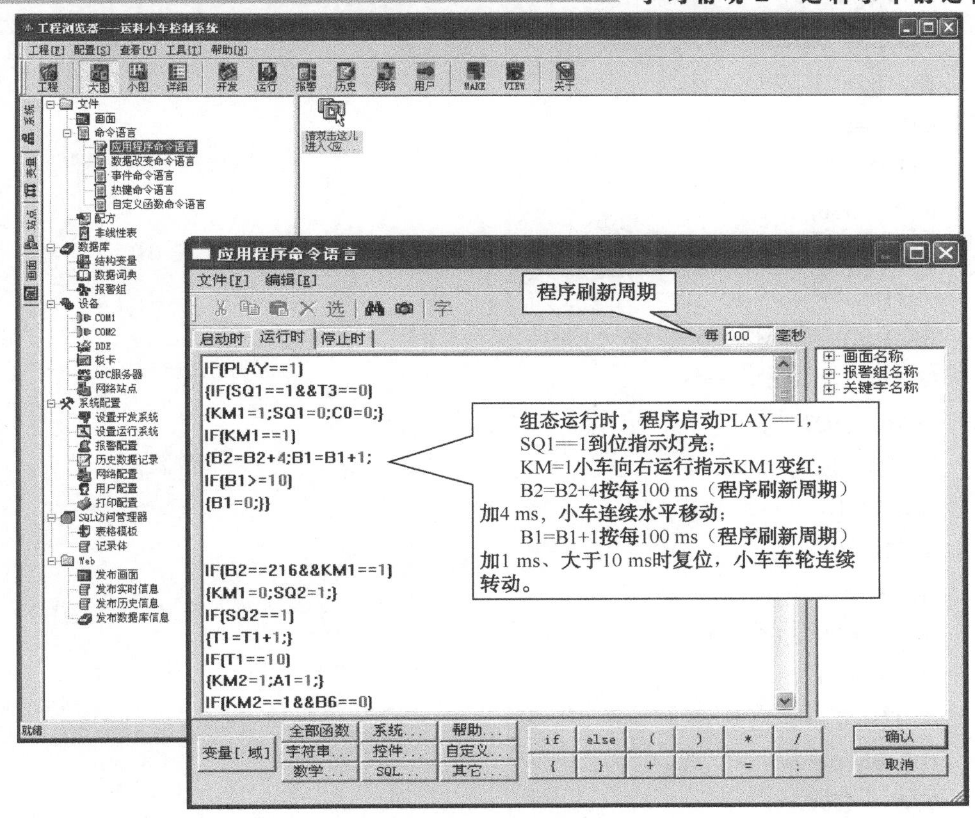

图 2-58　程序设计（三）

运行演示用户应用程序命令语言脚本程序段如下：

```
IF(PLAY==1)
{IF(SQ1==1&&T3==0)
{KM1=1;SQ1=0;C0=0;}
IF(KM1==1)
{B2=B2+4;B1=B1+1;
IF(B1>=10)
{B1=0;}}

IF(B2==216&&KM1==1)
{KM1=0;SQ2=1;}
IF(SQ2==1)
{T1=T1+1;}
IF(T1==10)
{KM2=1;A1=1;}
```

```
IF(KM2==1&&B6==0)
{B5=B5+1;}
IF(B5==5)
{B6=B6+8;}
IF(B6==136)
{B5=B5-1;A1=0;}
IF(T1==40)
{SQ2=0;T1=0;KM2=0;B6=0;B5=0;KM1=1;}
IF(B2==372&&KM1==1)
{KM1=0;SQ3=1;}
IF(SQ3==1)
{T2=T2+1;}
IF(T2==10)
{KM3=1;A4=1;}
IF(KM3==1&&B8==0)
{B7=B7+1;}
IF(B7==5)
{B8=B8+8;}
IF(B8==136)
{B7=B7-1;A4=0;}
IF(T2==40)
{SQ3=0;T2=0;KM3=0;B8=0;B7=0;KM4=1;}
IF(KM4==1)
{B2=B2-4;B1=B1-1;
IF(B1<=0)
{B1=10;}}
IF(B2==0)
{T3=T3+1;KM4=0;SQ1=1;}
IF(T3==10)
{KM5=1;A3=1;A7=1;}
IF(KM5==1&&B3==0)
{B4=B4+1;}
IF(B4==5)
{B3=B3+8;}
IF(B3==136)
{B4=B4-1;A3=0;A7=0;}
```

```
IF(T3==40)
{T3=0;KM5=0;B4=0;B3=0;}


}
```

联机运行用户应用程序命令语言脚本程序段如下：

```
IF(PLAY==0)
{
IF(B2==0)
{X2=1;SQ1=1;}
IF(B2!=0)
{SQ1=0;}
IF(B2==176&&KM1==1)
{SQ2=1;X3=1;}
IF(B2==188)
{SQ2=0;}
IF(B2==304&&KM1==1)
{SQ3=1;X4=1;}
IF(B2==300)
{SQ3=0;}
KM1=Y0;
IF(KM1==1)
{B2=B2+4;B1=B1+1;
IF(B1==10)
{B1=0;}}
KM2=Y1;
IF(KM2==1&&B6==0)
{B5=B5+1;}
IF(B5==5)
{B6=B6+10;A1=1;}
IF(B6==130&&B5!=0)
{B5=B5-1;A1=0;}
IF(KM2==0)
{B6=0;}
KM3=Y2;
IF(B7==5)
```

```
{B8=B8+10;A4=1;}
IF(B8==130&&B7!=0)
{B7=B7-1;A4=0;}
IF(KM3==0)
{B8=0;}
KM4=Y3;
IF(KM4==1)
{B2=B2-4;B1=B1-1;
IF(B1<=0)
{B1=10;}}
KM5=Y4;
IF(KM5==1&&B3==0)
{B4=B4+1;}
IF(B4==5)
{B3=B3+10;
IF(A6==0)
{A7=1;A3=1;}
IF(A6==1)
{IF(A5==0)
{A3=1;A7=0;}
ELSE{A7=1;A3=0;}}}
IF(B3==130&&B4!=0)
{B4=B4-1;A3=0;}
IF(KM5==0)
{B3=0;}
IF(B2<176&&KM1==1)
{A5=X5;A6=X6;}
}
```

知识总结与梳理

本学习情境通过工作任务的实施，学习变量设计、动画连接、脚本程序设计等内容，重点掌握变量的定义、设置；动画连接的涵义、图库使用及动画连接的设置；用户脚本程序设计的语法、规则及使用方法。具体知识总结与梳理如下所示：

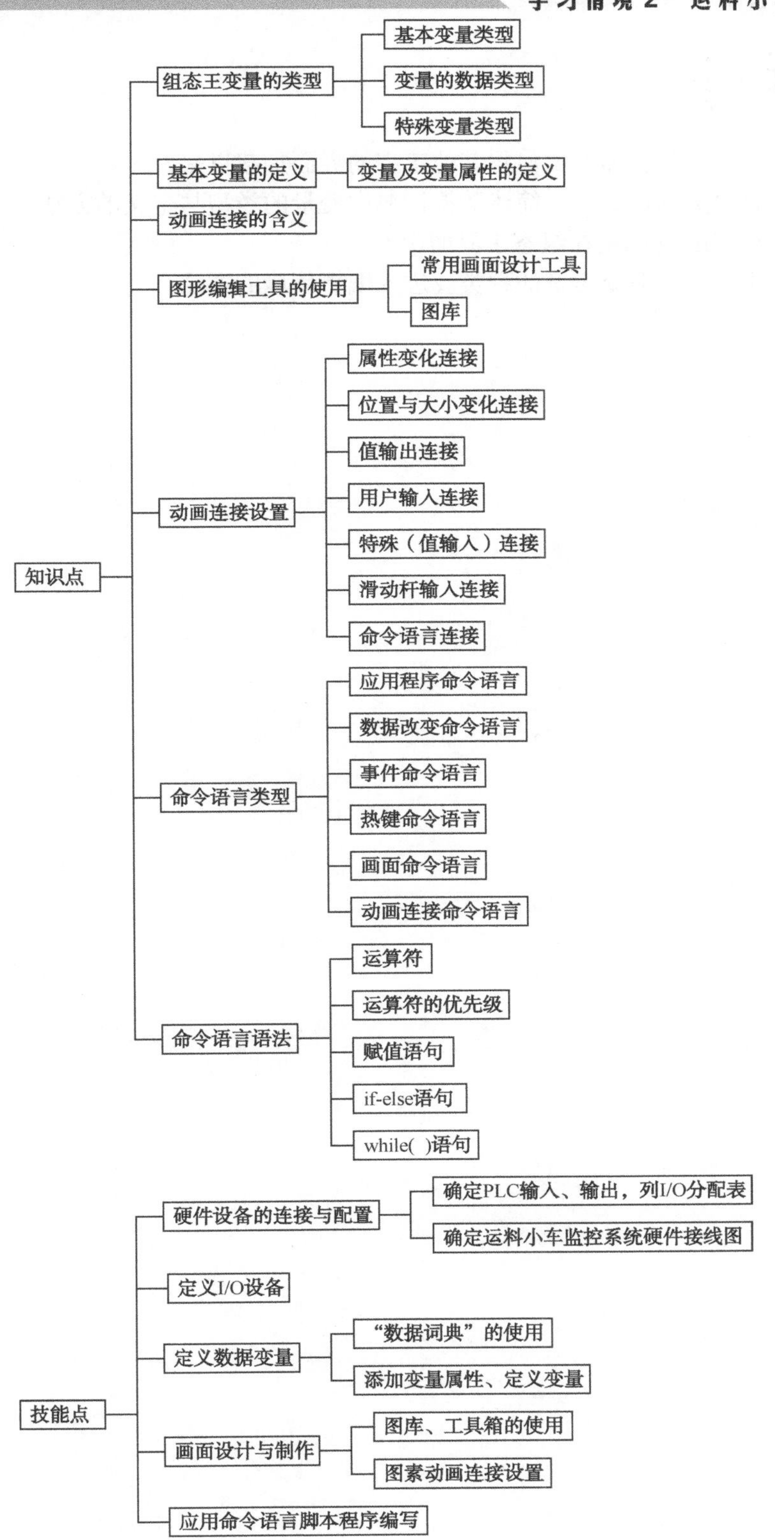
知识点
组态王变量的类型
基本变量类型
变量的数据类型
特殊变量类型
基本变量的定义
变量及变量属性的定义
动画连接的含义
图形编辑工具的使用
常用画面设计工具
图库
动画连接设置
属性变化连接
位置与大小变化连接
值输出连接
用户输入连接
特殊（值输入）连接
滑动杆输入连接
命令语言连接
命令语言类型
应用程序命令语言
数据改变命令语言
事件命令语言
热键命令语言
画面命令语言
动画连接命令语言
命令语言语法
运算符
运算符的优先级
赋值语句
if-else语句
while( )语句
技能点
硬件设备的连接与配置
确定PLC输入、输出，列I/O分配表
确定运料小车监控系统硬件接线图
定义I/O设备
定义数据变量
“数据词典”的使用
添加变量属性、定义变量
画面设计与制作
图库、工具箱的使用
图素动画连接设置
应用命令语言脚本程序编写

思考题 2

2.1　如何复制运行界面？如何将其他工程的界面加载进来？

2.2　什么是“数据词典”？简述数据词典中变量的类型与定义的方法。

2.3　如何将 GIF 动画用在组态王界面中？

2.4　简述组态王中命令语言的种类及进入编辑环境的方法。

学习情境3

反应车间监测系统

学习目标

知识目标	1. 了解趋势曲线的相关知识，掌握历史趋势曲线和实时趋势曲线的使用。 2. 了解报表系统、报表内部函数的相关知识，掌握报表的创建与设置。 3. 了解报警和事件的相关知识，掌握报警设置及报警窗口输出的方法。
能力目标	1. 能够根据工程开发的要求建立运行系统历史趋势曲线和实时趋势曲线。 2. 能够根据工程需要创建报表系统，实现数据查询。 3. 能够根据工程需要配置报警，并熟练设置和使用报警窗口。

工作任务1　趋势曲线的应用

任务描述

在石油、化工过程监控领域，人们常常需要对液位、压力、温度等数据信号进行实时采集与分析，通过对学习情境“反应车间监测系统”监测界面的设计，深入学习组态王图库的使用，建立与运行实时趋势曲线和历史趋势曲线。

知识分解

3.1　关于曲线

组态王的实时数据和历史数据除了在画面中以值输出的方式和以报表形式显示外，还可以曲线形式显示。组态王的曲线有趋势曲线、温控曲线和X-Y曲线。

趋势分析是控制软件必不可少的功能，组态王对该功能提供了强有力的支持和简单的控制方法。趋势曲线有实时趋势曲线和历史趋势曲线两种。曲线外形类似于坐标纸，X轴代表时间，Y轴代表变量值。

温控曲线反映了实际测量值按设定曲线变化的情况。在温控曲线中，纵轴代表温度值，横轴代表时间的变化，同时将每一个温度采样点显示在曲线中，主要适用于温度控制、流量控制等。

3.1.1　实时趋势曲线

1. 实时趋势曲线定义

在组态王开发系统中制作画面时，选择菜单“工具\实时趋势曲线”或单击工具箱中的“画实时趋势曲线”按钮，此时鼠标在画面中变为“+”形，在画面中用鼠标画出一个矩形，实时趋势曲线就在这个矩形中绘出，如图3-1所示。

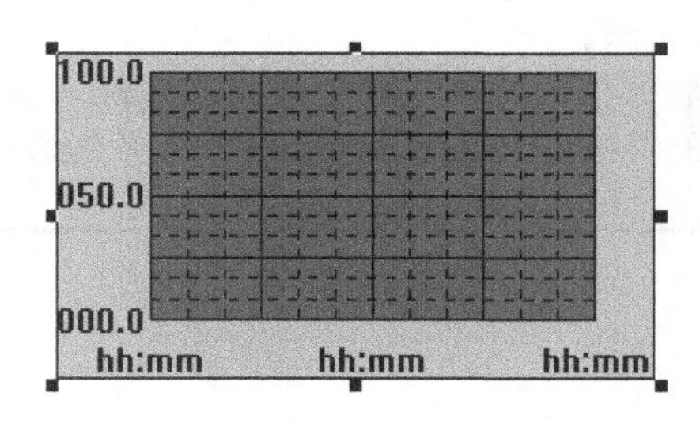

图3-1　实时趋势曲线对象

实时趋势曲线对象的中间有一个带有网格的绘图区域，表示曲线将在这个区域中绘出，网格左方和下方分别是X轴（时间轴）和Y轴（数值轴）的坐标标注。可以通过选中

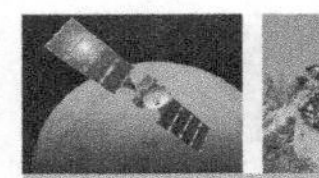

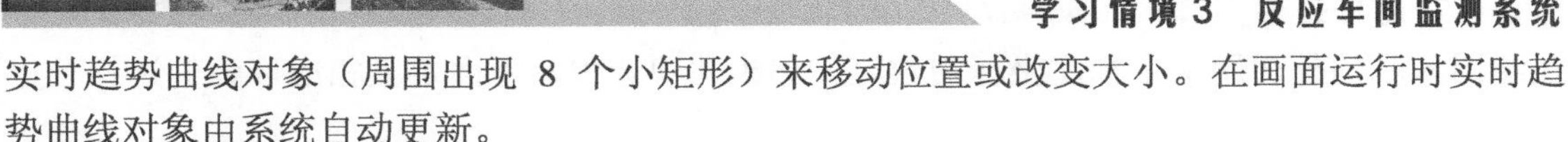

实时趋势曲线对象（周围出现 8 个小矩形）来移动位置或改变大小。在画面运行时实时趋势曲线对象由系统自动更新。

2. 实时趋势曲线对话框

在生成实时趋势曲线对象后，双击此对象，弹出“实时趋势曲线”对话框，如图 3-2 所示，其中有两个卡片：“曲线定义”和“标识定义”。

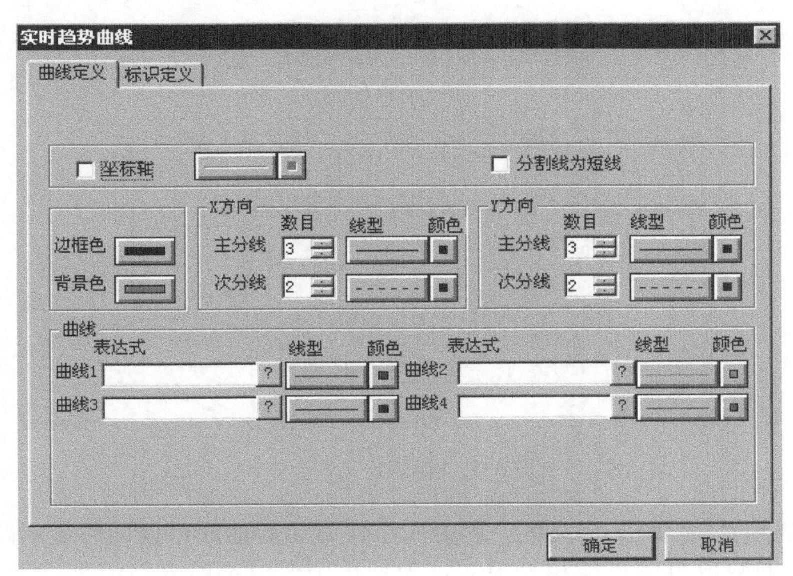

图 3-2　定义实时趋势曲线

1）“曲线定义”卡片选项

（1）坐标轴：目前此项无效。

（2）分割线为短线：选择分割线的类型。选中此项后在坐标轴上只有很短的主分割线，整个图纸区域接近空白状态，没有网格，同时下面的“次分线”选择项变灰。

（3）边框色、背景色：分别规定绘图区域的边框和背景（底色）的颜色。单击这两个按钮后的效果与坐标轴按钮类似，弹出的浮动对话框也大致相同，只是没有线型选项。

（4）X 方向、Y 方向：X 方向和 Y 方向的“主分线”将绘图区划分成矩形网格，“次分线”将再次划分主分线划分出来的小矩形。这两种线都可改变线型和颜色。分割线的数目可以通过小方框右边的加减按钮增加或减少，也可通过编辑区直接输入。工程人员可以根据实时趋势曲线的大小决定分割线的数目，分割线最好与标识定义（标注）相对应。

（5）曲线：定义所绘的 1～4 条曲线 Y 坐标对应的表达式，实时趋势曲线可以实时计算表达式的值，因此它可以使用表达式。实时趋势曲线名的编辑框中可输入有效的变量名或表达式，表达式中所用变量必须是数据库中已定义的变量。

2）“标识定义”卡片选项（如图 3-3 所示）

（1）标识X轴——时间轴、标识Y轴——数值轴：选择是否为X轴或Y轴加标识，即

在绘图区域的外面用文字标注坐标的数值。如果此项选中，下面定义相应标识的选择项也由灰变加亮。

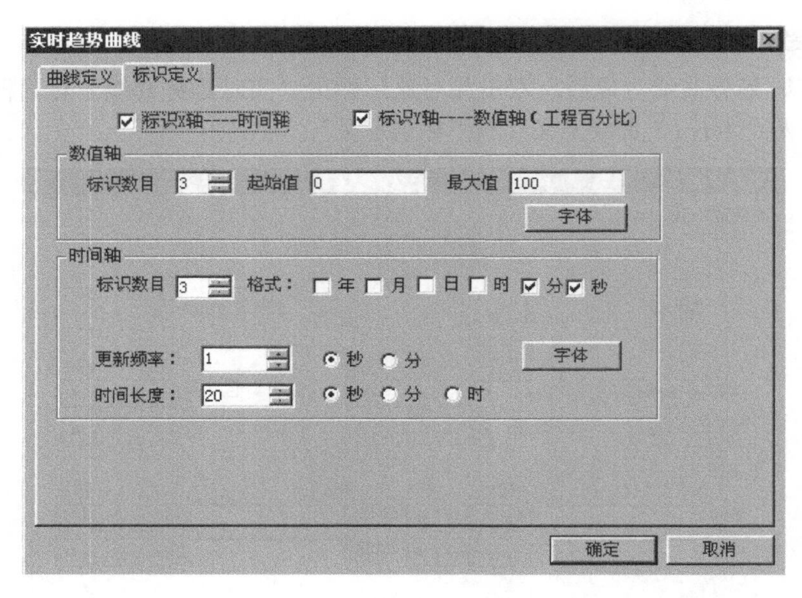

图 3-3 “标识定义”卡片

(2)“数值轴”（Y 轴）定义区：因为一个实时趋势曲线可以同时显示四个变量的变化，而各变量的数值范围可能相差很大，为使每个变量都能表现清楚，“组态王”中规定，变量在 Y 轴上以百分数表示，即以变量值与变量范围（最大值与最小值之差）的比值表示。

- ◆ 标识数目：数值轴标识的数目，这些标识在数值轴上等间隔。
- ◆ 起始值：规定数值轴起点对应的百分比值，最小为 0。
- ◆ 最大值：规定数值轴终点对应的百分比值，最大为 100。
- ◆ 字体：规定数值轴标识所用的字体。

(3)“时间轴”定义区。

- ◆ 标识数目：时间轴标识的数目，这些标识在数值轴上等间隔。在组态王开发系统中，时间是以 yy:mm:dd:hh:mm:ss 的形式表示的，在 TouchVew 运行系统中，显示实际的时间。
- ◆ 格式：时间轴标识的格式，选择显示哪些时间量。
- ◆ 更新频率：是指自动重绘一次实时趋势曲线的时间间隔。与历史趋势曲线不同，它不需要指定起始值，因为其时间始终在当前时间到（当前时间－时间长度）之间。
- ◆ 时间长度：时间轴所表示的时间范围。
- ◆ 字体：规定时间轴标识所用的字体。与数值轴的字体选择方法相同。

3.1.2 历史趋势曲线

组态王的历史趋势曲线分以下三种形式。

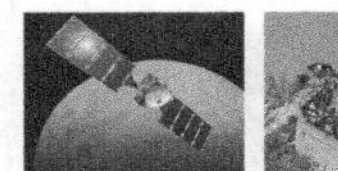

第一种是从图库中调用已经定义好各功能按钮的历史趋势曲线。对于这种历史趋势曲线，用户只需要定义几个相关变量，适当调整曲线外观即可完成历史趋势曲线的复杂功能，使用简单方便。该曲线控件最多可以绘制 8 条曲线，但无法实现曲线打印功能。

第二种是调用历史趋势曲线。这种历史趋势曲线功能很强大，使用比较简单。通过该曲线控件，不但可以实现组态王历史数据的曲线绘制，还可以实现 ODBC 数据库中数据记录的曲线绘制，而且在运行状态下，可以实现在线动态增加/删除曲线、曲线图表的无级缩放、曲线的动态比较、曲线的打印等。

第三种是从工具箱中调用历史趋势曲线。对于这种历史趋势曲线，用户需要对曲线的各个操作按钮进行定义，即建立命令语言连接才能操作历史曲线。对于这种形式，用户使用时自主性较强，能画出个性化的历史趋势曲线。该曲线控件最多可以绘制 8 条曲线，也无法实现曲线打印功能。

无论使用哪一种历史趋势曲线，都要进行相关配置，包括变量属性配置和历史数据文件存放位置配置。

1．与历史趋势曲线有关的其他必配置项

1）定义变量范围

由于历史趋势曲线数值轴显示的数据是以百分数来显示的，因此，对于要以曲线形式来显示的变量需要特别注意变量的范围，如图 3-4 所示。如果变量定义的范围很大，而实际变化范围很小，曲线数据的百分比数值就会很小，在曲线图表上就会出现看不到该变量曲线的情况。

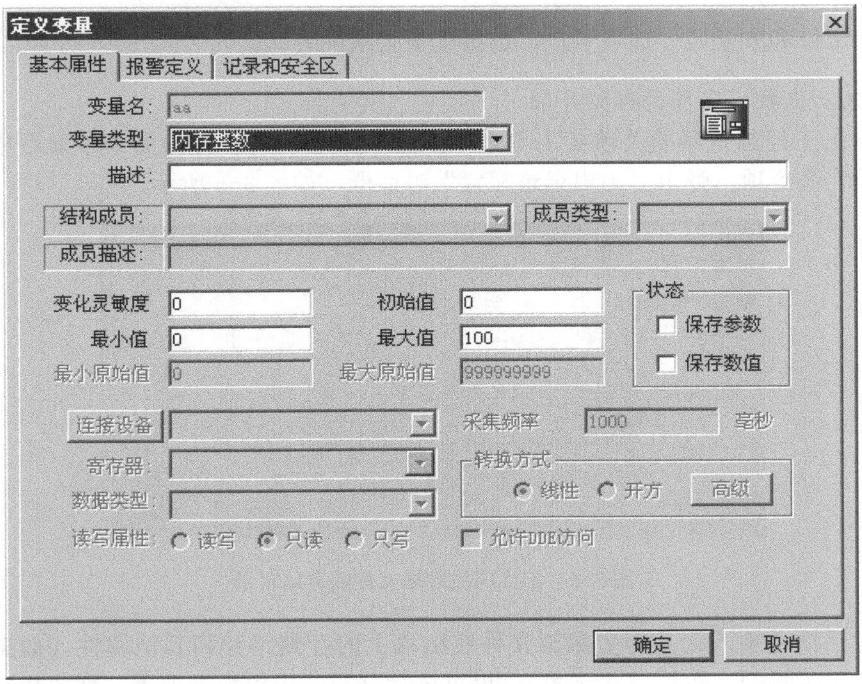

图 3-4　定义变量范围

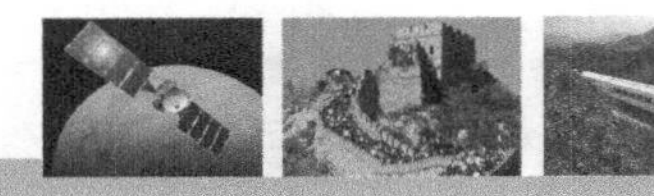

2）对变量作记录

对于要以历史趋势曲线形式显示的变量，都需要对变量作记录。在组态王工程浏览器中单击“数据库”项，再选择“数据词典”项，选中要作历史记录的变量，双击该变量，则弹出“定义变量”对话框，如图 3-5 所示。

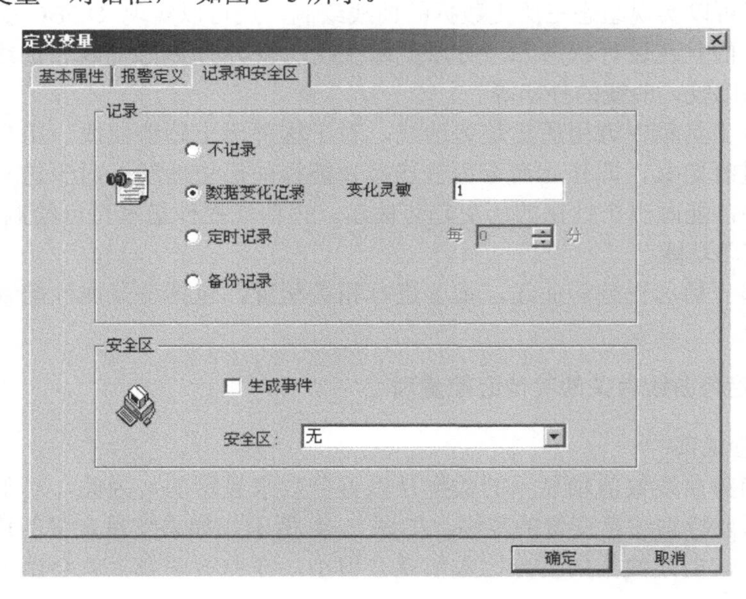

图 3-5　记录定义

选中“记录和安全区”选项卡片，选择变量记录的方式。

3）定义历史数据文件的存储目录

在组态王工程浏览器的菜单条上单击“配置”菜单，再从弹出的菜单命令中选择“历史数据记录”命令项，弹出“历史记录配置”对话框，如图 3-6 所示。

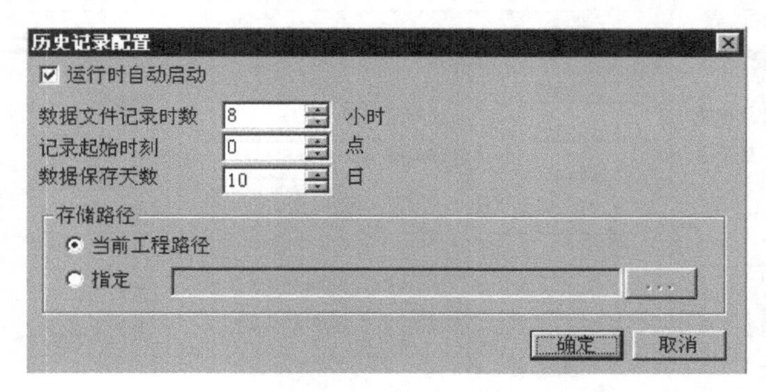

图 3-6　定义历史数据文件的存储目录

在此对话框中输入记录历史数据文件在磁盘上的存储路径和其他属性（数据文件记录时数、记录起始时刻、数据保存天数），也可进行分布式历史数据配置，使本机节点中的组态王能够访问远程计算机的历史数据。

4）重启历史数据记录

在组态王运行系统的菜单条上单击“特殊”菜单项，再从弹出的菜单命令中选择“重启历史数据记录”，可重新启动历史数据记录。当没有空闲磁盘空间时，系统就自动停止历史数据记录，并显示信息框通知工程人员，工程人员将数据转移到其他地方后，空出磁盘空间，再选用此命令重启历史数据记录。

2. 通用历史趋势曲线

1）历史趋势曲线的定义

在组态王开发系统中制作画面时，选择菜单“图库\打开图库”项，弹出图库管理器，单击其中的“历史曲线”，在图库窗口内双击历史曲线（如果图库窗口不可见，请按 F2 键激活），然后图库窗口消失，鼠标在画面中变为直角形，将鼠标移动到画面上的适当位置，单击左键，历史曲线就复制到画面上了，如图 3-7 所示。可以任意移动、缩放历史曲线。

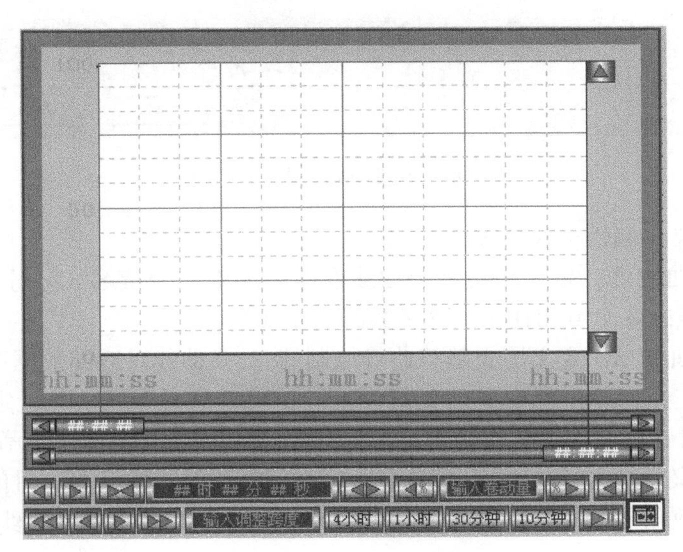

图 3-7　历史趋势曲线

历史趋势曲线对象的上方有一个带有网格的绘图区域，表示曲线将在这个区域中绘出，网格下方和左方分别是 X 轴（时间轴）和 Y 轴（数值轴）的坐标标注。

曲线的下方是指示器和两排功能按钮。可以通过选中历史趋势曲线对象（周围出现 8 个小矩形）来移动位置或改变大小。通过定义历史趋势曲线的属性可以定义曲线、功能按钮的参数，改变趋势曲线的笔属性和填充属性等。笔属性是趋势曲线边框的颜色和线型，填充属性是边框和内部网格之间的背景颜色和填充模式。

2）“历史曲线向导”对话框

生成历史趋势曲线对象后，在对象上双击，弹出“历史曲线向导”对话框，由“曲线定义”、“坐标系”和“操作面板和安全属性”三个属性卡片组成，如图 3-8 所示。

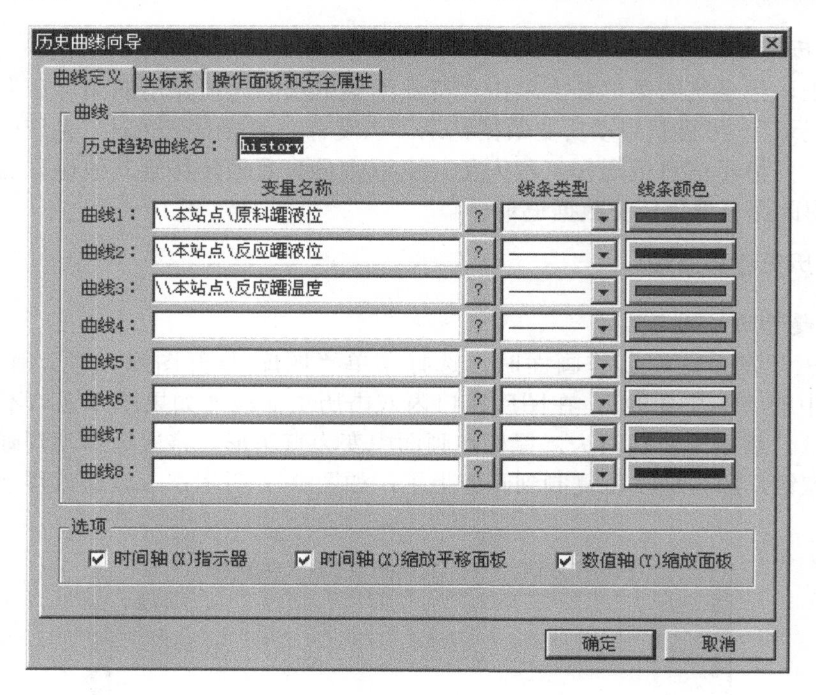

图 3-8 “历史曲线向导”对话框

（1）“曲线定义”属性卡片选项

◆ 历史趋势曲线名：定义历史趋势曲线在数据库中的变量名（区分大小写），引用历史趋势曲线的各个域和使用一些函数时需要此名称。

◆ 曲线 1～曲线 8：定义历史趋势曲线绘制的 8 条曲线对应的数据变量名。数据变量名必须是在数据库中已定义的变量，不能使用表达式和域，并且定义变量时在“定义变量”对话框中选中了“是否记录”，因为组态王只对这些变量作历史记录。

◆ 选项：定义历史趋势曲线是否需要显示时间轴（X）指示器、时间轴（X）缩放平移面板和数值轴（Y）缩放面板。这三个面板中包含对历史曲线进行操作的各种按钮。

（2）“坐标系”属性卡片选项（如图 3-9 所示）

① 边框颜色、背景颜色：分别规定网格区域的边框颜色和背景颜色。按下相应按钮，弹出浮动调色板，选择所需的颜色，操作方法同曲线的“线条颜色”。

② 绘制坐标轴：选择是否在网格的底边和左边显示带箭头的坐标轴线。选中“绘制坐标轴”表示需要坐标轴线，同时下面的“轴线类型”下拉列表和“轴线颜色”按钮加亮，可选择轴线的颜色和线型。

③ 分割线：选择分割线的类型。选中“为短线”后在坐标轴上只有很短的主分割线，整个图纸区域接近空白状态，没有网格，同时下面的“次分割线”选择项变灰。

X 方向和 Y 方向的“主分割线”将绘图区划分成矩形网格，“次分割线”将再次划分主分割线划分成的小矩形。这两种线都可在右侧选择各自分割线的颜色和线型。分割线的数目可以通过小方框右边的“加减”按钮增加或减少，也可通过编辑区直接输入。

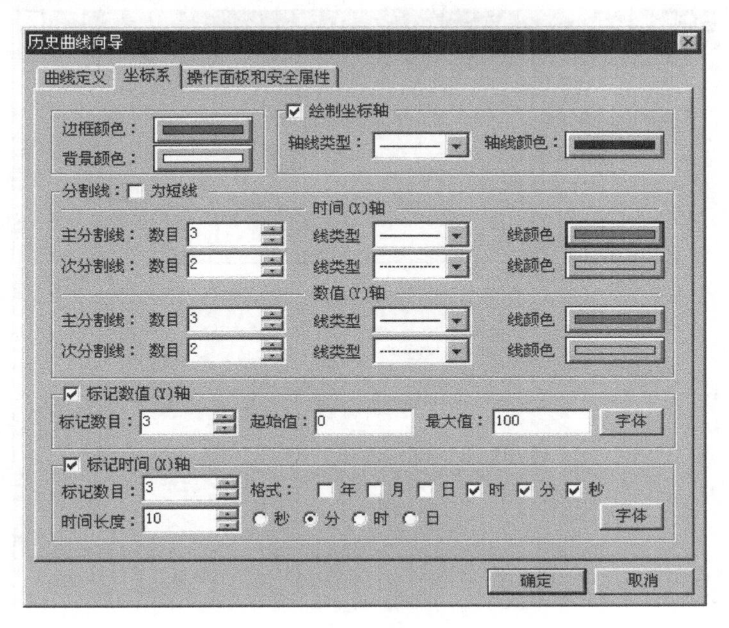

图 3-9 “坐标系”属性卡片

④ 标记数值（Y）轴、标记时间（X）轴：选择是否为 X 或 Y 轴加标记，即在绘图区域的外面用文字标注坐标的数值。如果此项选中，下面定义相应标记的选择项也加亮。

A. 标记数值（Y）轴。因为一个历史趋势曲线可以同时显示 8 个变量的变化，而各变量的数值范围可能相差很大，为使每个变量都能表现清楚，组态王中规定，变量在 Y 轴上以百分数表示，即以变量值与变量范围（最大值与最小值之差）的比值表示。因此，Y 轴的范围是 0（0%）至 1（100%）。

◆ 标记数目：数值轴标记的数目，这些标记在数值轴上等间隔设置。

◆ 起始值：规定数值轴起点对应的百分比值，最小为 0。

◆ 最大值：规定数值轴终点对应的百分比值，最大为 100。

◆ 字体：规定数值轴标记所用的字体。

B. 标记时间（X）轴。

◆ 标记数目：时间轴标记的数目，这些标记在数值轴上等间隔。在组态王开发系统制作系统中，时间以 yy:mm:dd:hh:mm:ss 的形式表示，在 TouchVew 运行系统中，显示实际的时间。

◆ 格式：时间轴标记的格式，可选择显示哪些时间量。

◆ 时间长度：时间轴所表示的时间范围。运行时通过定义命令语言连接来改变此值。

◆ 字体：规定时间轴标记所用的字体，与数值轴的字体选择方法相同。

(3)“操作面板和安全属性”卡片选项（如图 3-10 所示）

① 操作面板关联变量：定义时间（X）轴缩放平移的参数，即操作按钮对应的参数，包括调整跨度和卷动百分比。

◆ 调整跨度：历史趋势曲线可以向左或向右平移一个时间段，利用该变量来改变平移时间段的大小。该变量是一个整型变量，需要预先在数据词典中定义。

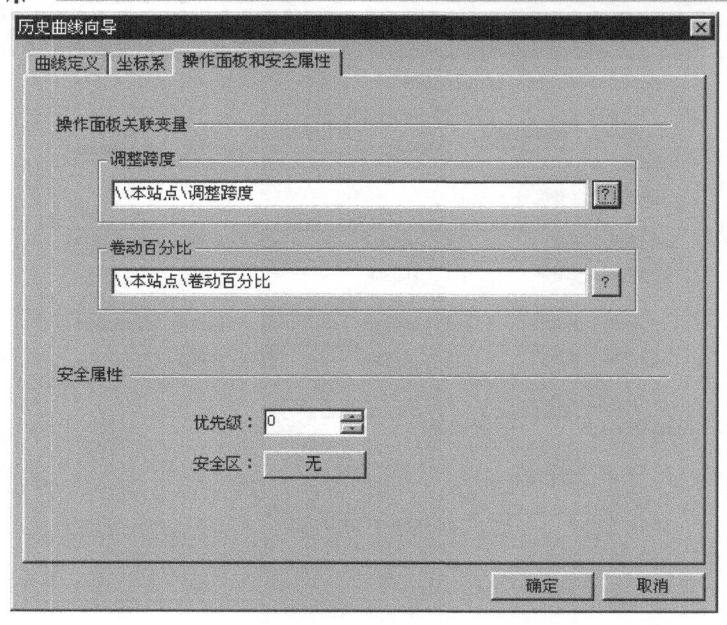

图 3-10 “操作面板和安全属性”卡片

◆ 卷动百分比：历史趋势曲线的时间轴可以左移或右移一个时间百分比，百分比是指移动量与趋势曲线当前时间轴长度的比值，利用该变量来改变该百分比值的大小。该变量是一个整型变量，需要预先在数据词典中定义。

对于调整跨度和卷动百分比这两个变量，用户只需要在数据词典中定义好即可，历史曲线的操作按钮上已经建立好了命令语言连接。

② 安全属性。

3）历史趋势曲线操作按钮（如图 3-11 所示）

因为画面运行时不自动更新历史趋势曲线图表，所以需要为历史趋势曲线建立操作按钮，时间轴缩放平移面板提供了一系列建立好命令语言连接的操作按钮，可完成查看功能。

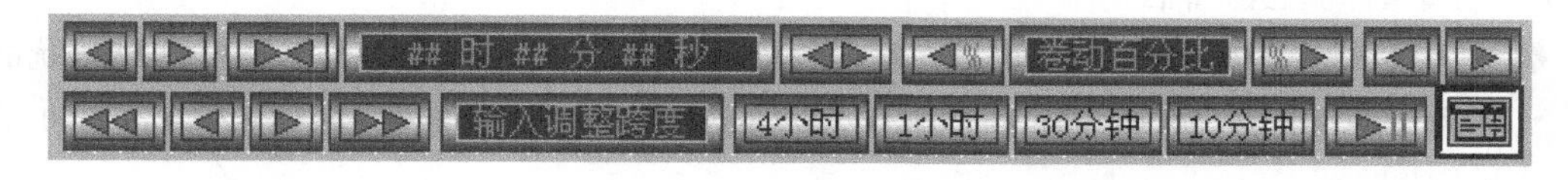

图 3-11 历史趋势曲线操作按钮

任务实施

任务要求

（1）建立“反应车间监测系统”工程，确定外部设备为亚控仿真 PLC，定义数据变量，构建数据词典。

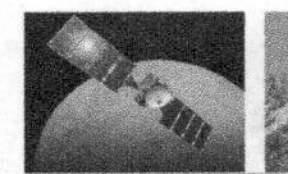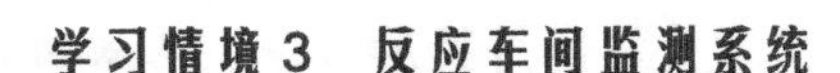

（2）利用组态王“图库”工具完成“反应车间监测中心”监控画面的绘制和动画连接。

（3）完成原料油罐压力与油位实时趋势曲线的设置与运行。

（4）创建罐体油位数据的历史趋势曲线画面，设置与运行历史趋势曲线。

实施步骤

1. 建立“反应车间监控”工程，定义外部设备和数据变量

1）定义亚控仿真 PLC 设备

在组态王工程浏览器中使用“设备安装向导”为监控系统配置亚控仿真 PLC，如图 3-12 所示。

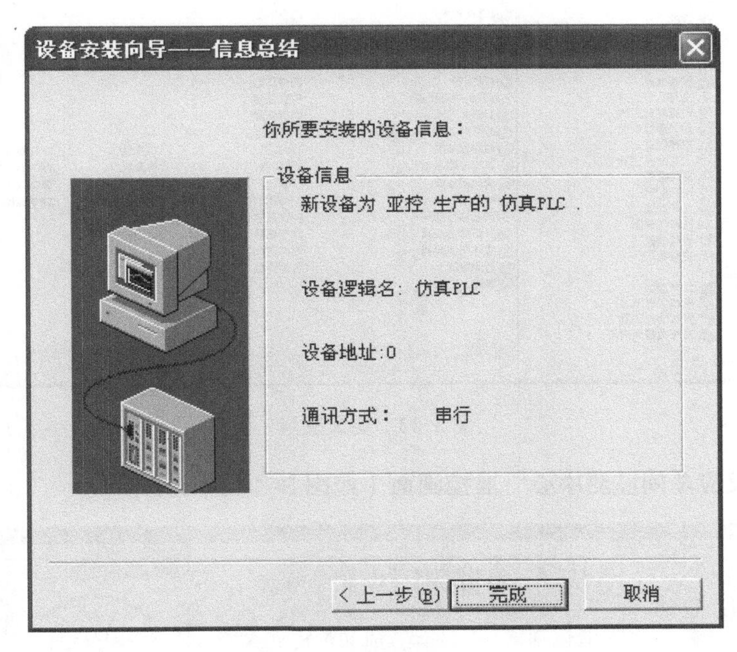

图 3-12 定义仿真 PLC

2）定义数据变量

我们需要从下位机采集原料油的液位、原料油罐的压力、催化剂液位和成品油液位，因此需要在数据库中定义以下四个 I/O 变量：

◆ 原料油液位（变量名：原料油液位，最大值为 100，整型数据）；

◆ 原料油罐压力（变量名：原料油罐压力，最大值为 100，整型数据）；

◆ 催化剂液位（变量名：催化剂液位，最大值为 100，整型数据）；

◆ 成品油液位（变量名：成品油液位，最大值为 100，数据）。

此外，由于演示工程的需要还需建立以下五个内存变量：

◆ 原料油出油阀（变量类型：离散变量）；

◆ 催化剂出料阀（变量类型：离散变量）；

◆ 成品油出油阀（变量类型：离散变量）；

◆ 控制水流（变量类型：整型变量，初始值为 100）；

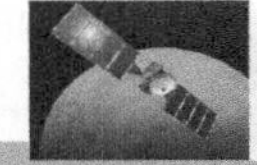

◆ 报表数据查询（变量类型：字符串变量，初始值为空）。

使用工程浏览器中的“数据词典”定义变量，如图 3-13 所示。

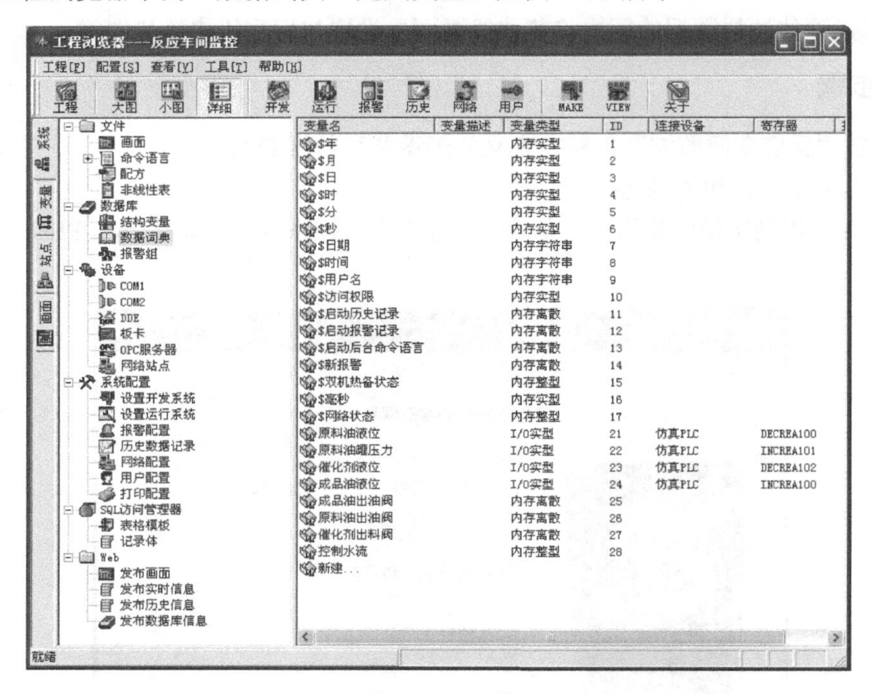

图 3-13　定义变量

2. 绘制“反应车间监测中心”监控画面（如图 3-14 所示）

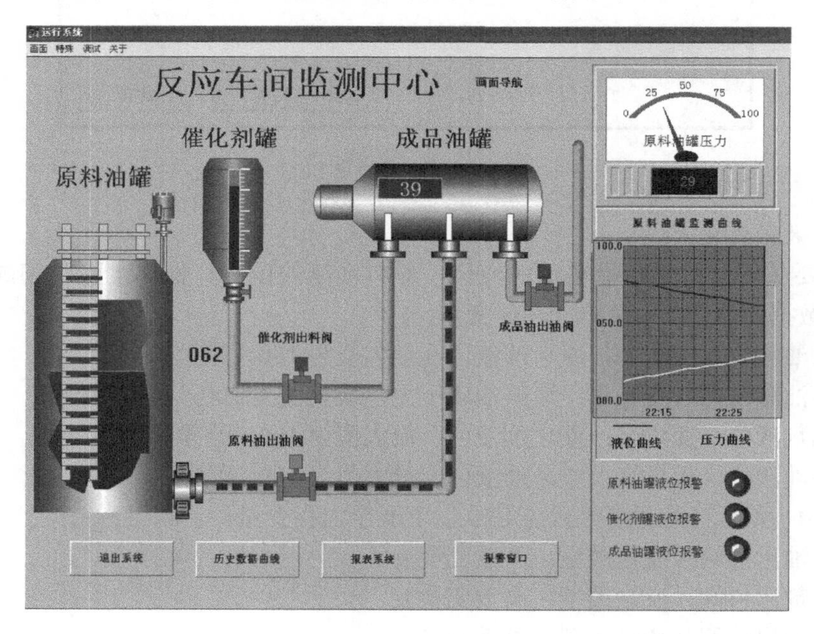

图 3-14　画面设计（一）

1）新建“反应车间监控”画面

属性设置如图 3-15 所示。

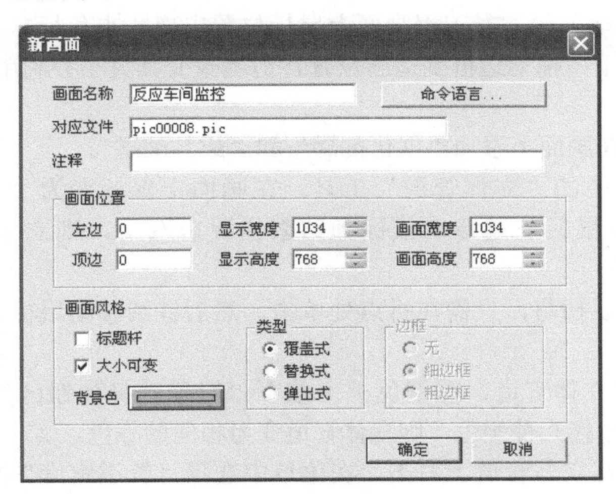

图 3-15　画面设计（二）

2）在“反应车间监控”画面中利用“图库”工具绘制图形

（1）选择“图库”菜单中的“打开图库”命令或按 F2 键打开图库管理器，如图 3-16 所示。

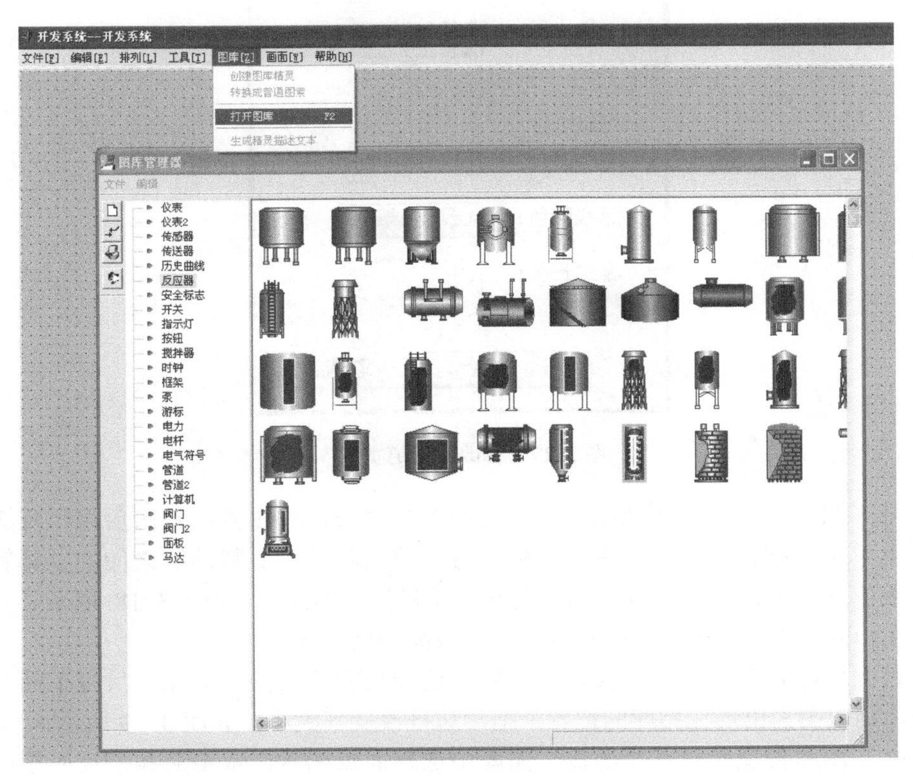

图 3-16　画面设计（三）

（2）在图库管理器左侧的图库名称列表中，选择图库名称“反应器”，选中相应罐体后双击，图库管理器自动关闭；在工程画面上鼠标位置出现一小角标志，在画面上单击，该图素就被放置在画面上；拖动边框到适当位置，适当改变其大小并利用“T”工具标注此罐为“原料油罐”。

重复以上的操作在画面上添加“催化剂罐”和“成品油罐”。

（3）选择工具箱中的“立体管道”工具，在画面上鼠标变为“+”形，选定立体管道的起始位置，按住鼠标左键移动鼠标到结束位置后双击，则立体管道在画面上显示出来。

如果立体管道需要拐弯，只需在折点处单击，然后继续移动鼠标，就可实现折线形式的立体管道绘制。

（4）选中所画的立体管道，在调色板上按下“对象选择按钮区”中的“线条色”按钮，在“选色区”中选择某种颜色，则立体管道变为相应的颜色。

选中立体管道，在立体管道上右击，在菜单中选择“管道宽度”来修改立体管道的宽度，如图 3-17 所示。

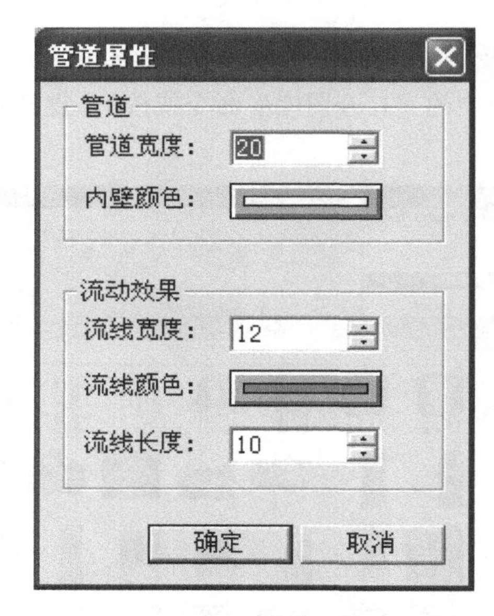

图 3-17　修改“管道宽度”

（5）打开图库管理器，在图库名称列表中选择“阀门”图素，双击后在“反应车间监控”画面上单击，则该图素出现在相应的位置，将其移动到原料油罐之间的立体管道上，拖动边框改变其大小，并在其旁边标注文本“原料油出油阀”，如图 3-18 所示。重复以上的操作，在画面上添加“催化剂出料阀”和“成品油出油阀”。

（6）打开图库管理器，在“仪表”图库中选择相应仪表图素后在“反应车间监控”画面上单击，则该图素出现在相应的位置，拖动边框改变其大小，如图 3-19 所示。

（7）打开图库管理器，在“面板”图库中选择面板图素，双击后在“反应车间监控”画面上单击，则该图素出现在相应的位置，拖动边框改变其大小，如图 3-20 所示。

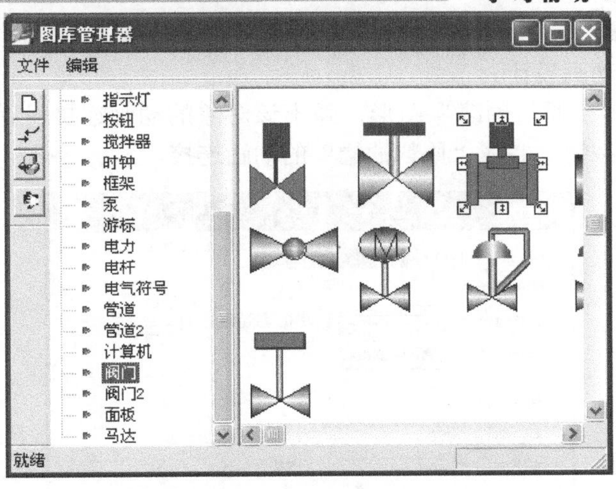

图 3-18　画面设计（四）

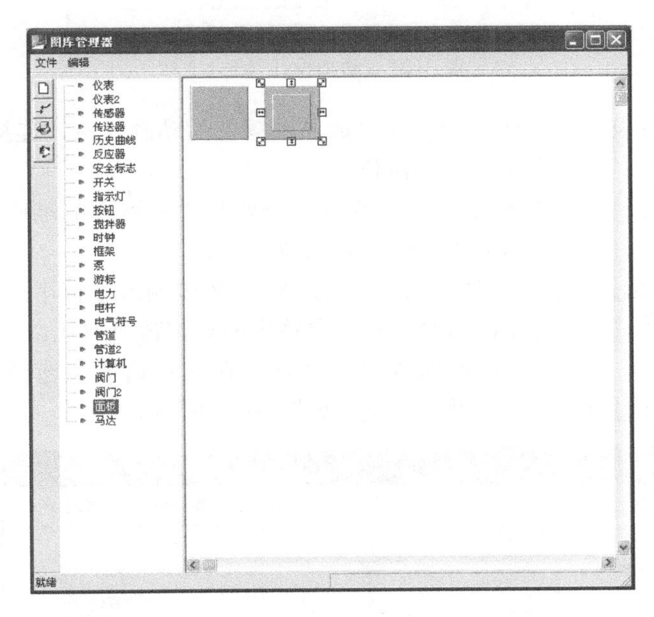

图 3-19　画面设计（五）

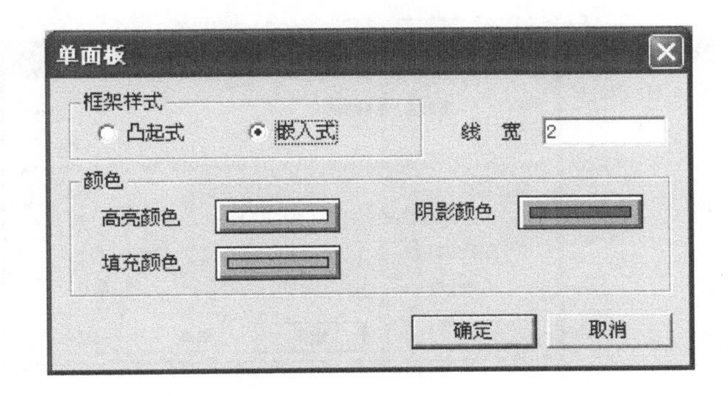

图 3-20　画面设计（六）

3）设置动画连接

（1）液位示值的动画设计

① 在画面上双击“原料油罐”图形，弹出该对象的动画连接对话框，设置如图 3-21 所示，单击“确定”按钮，完成“原料油罐”的动画连接。

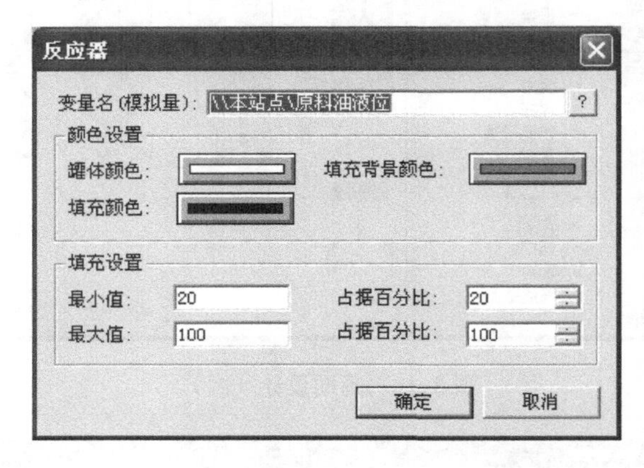

图 3-21　动画设计（一）

用同样的方法可设置“催化剂罐”和“成品油罐”的动画连接，连接变量分别为“\\本站点\催化剂液位”和“\\本站点\成品油液位”。

作为一个实际可用的监控程序，操作者可能需要知道罐液面的准确高度而不仅是形象的表示，这个动作可由“模拟值动画连接”来实现。

② 在工具箱中选择“T”工具，在“原料油罐”旁边输入字符串“#”。这个字符串是任意的，当工程运行时，字符串的内容将被需要输出的模拟值所取代。

③ 双击文本对象“#”，弹出动画连接对话框，在此对话框中选择“模拟值输出”选项，将弹出“模拟值输出连接”对话框，设置如图 3-22 所示。

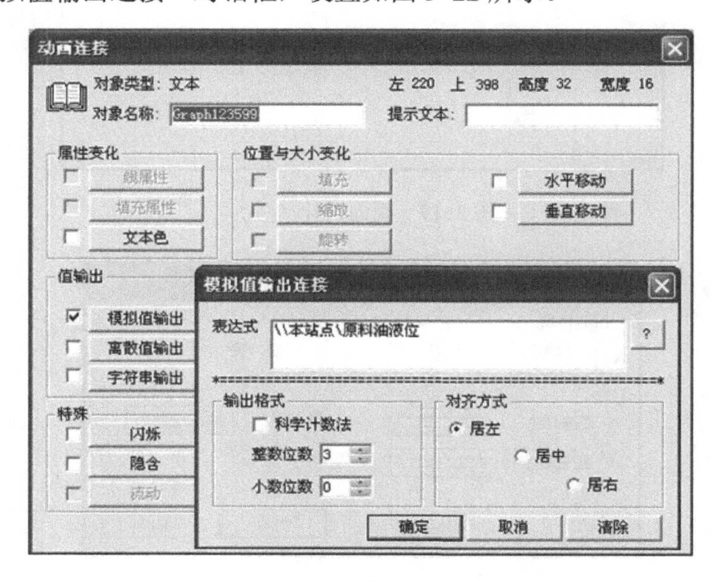

图 3-22　动画设计（二）

④ 单击“确定”按钮完成动画连接的设置。当系统处于运行状态时，文本框“#”中将显示“原料油罐”的实际液位值。

用同样的方法可设置“催化剂罐”和“成品油罐”的动画连接，连接变量分别为“\\本站点\催化剂液位”和“\\本站点\成品油液位”。

（2）阀门动画设置

① 在画面上双击“原料油出油阀”图形，弹出该对象的动画连接对话框，如图 3-23 所示。

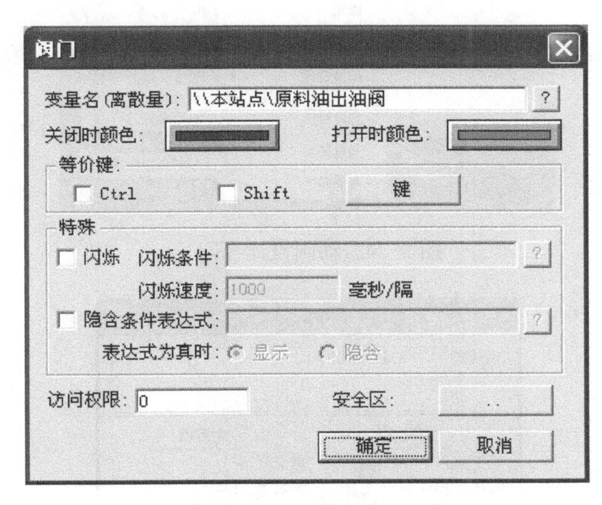

图 3-23　动画设计（三）

② 单击“确定”按钮后，“原料油出油阀”动画设置完毕。当系统进入运行环境时，单击此阀门，它将变成绿色，表示阀门已被打开，再次单击关闭阀门，从而达到了控制阀门的目的。

用同样的方法可设置“催化剂出料阀”和“成品油出油阀”的动画连接，连接变量分别为“\\本站点\催化剂出料阀”和“\\本站点\成品油出油阀”。

（3）液体流动动画设置

① 选择工具箱中的“矩形”工具，在原料油管道上画一个小方块，宽度与管道相匹配（最好与管道的颜色区分开），然后利用“编辑”菜单中的“拷贝”、“粘贴”命令复制多个小方块排成一行作为液体，选择所有方块，右击，在弹出的下拉菜单中选择“组合拆分/合成组合图素”命令将其组合成一个图素，如图 3-24 所示。

② 双击此图素弹出动画连接对话框，在此对话框中单击“水平移动”选项，弹出“水平移动连接”对话框，设置如图 3-25 所示。

③ “\\本站点\控制水流”变量是一个内存变量，在运行状态下如果不改变其值，它的值将永远为初始值（即 0）。

那么如何改变变量值，使其能够实现控制液体流动的效果呢？在画面的任一位置右击，在弹出的下拉菜单中选择“画面属性”命令，在画面属性对话框中选择“命令语言”选项，将弹出“画面命令语言”对话框，在对话框中输入如图 3-26 所示的命令语言。

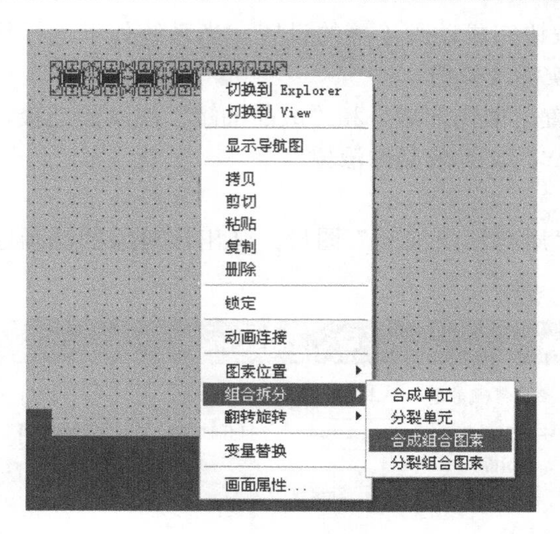

图 3-24　动画设计（四）

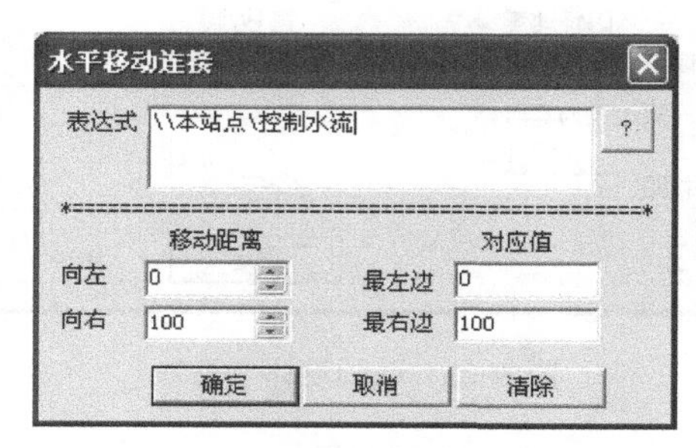

图 3-25　动画设计（五）

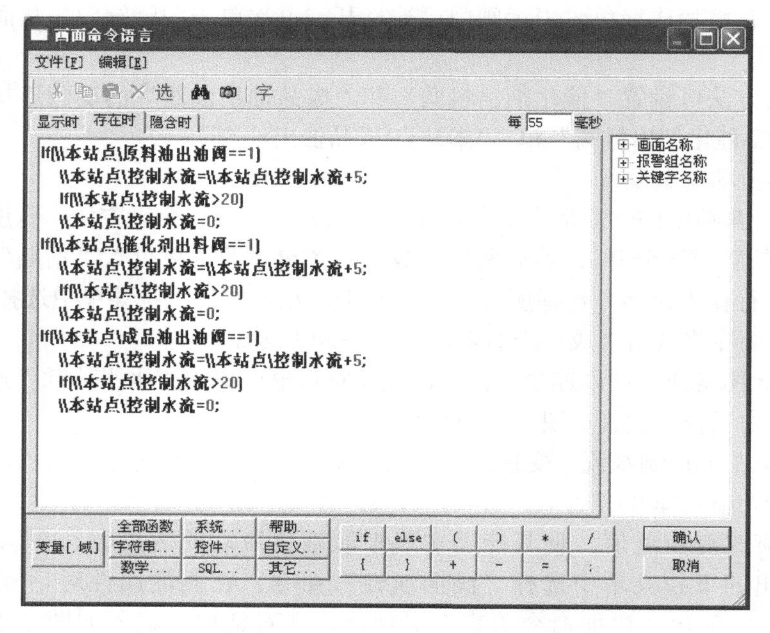

图 3-26　动画设计（六）

④ 单击“确认”按钮关闭对话框。图 3-25 中的命令语言是当“监控画面”存在时每隔 55 ms 执行一次，当“原料油出料阀”开启时，改变“\\本站点\控制水流”变量的值，达到了控制液体流动的目的。

利用同样的方法可设置“催化剂罐”和“成品油罐”管道液体流动的画面。

⑤ 单击“文件”菜单中的“全部存”命令，保存所作的设置。

⑥ 单击“文件”菜单中的“切换到 VIEW”命令，进入运行系统，在画面中可看到液位的变化值并控制阀门的开关，从而达到了监控现场的目的。

（4）实现画面切换功能

利用系统提供的“菜单”工具和 ShowPicture（）函数能够实现在主画面中切换到其他任一画面的功能。具体操作如下。

① 选择工具箱中的“菜单”工具，将鼠标放到监控画面的任一位置并按住鼠标左键画一个按钮大小的菜单对象，双击该对象将出“菜单定义”对话框，设置如图 3-27 所示。

② 菜单项输入完毕后单击“命令语言”按钮，弹出“命令语言”对话框，如图 3-28 所示，在其中输入命令语言。

③ 单击“确认”按钮关闭对话框，当系统进入运行状态时，单击菜单中的每一项，即可进入相应画面。

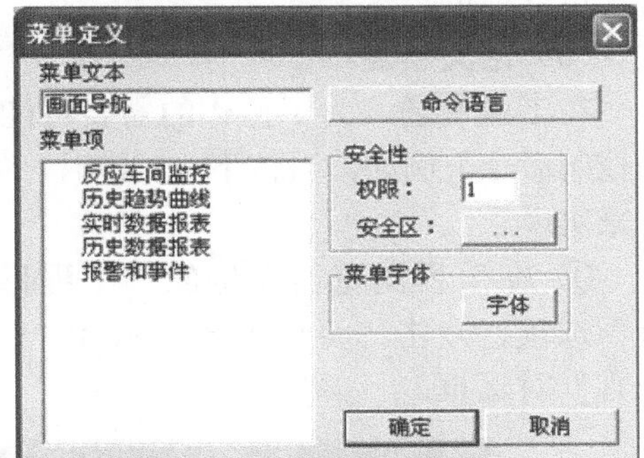

图 3-27　画面切换（一）

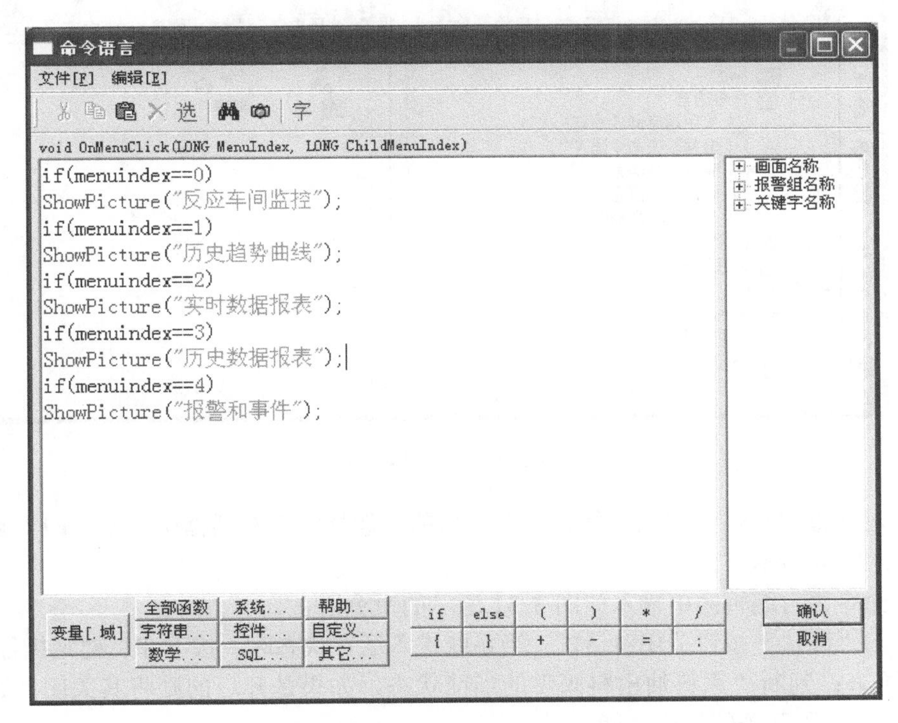

图 3-28　画面切换（二）

（5）退出系统

通过Exit()函数可以实现退出组态王运行系统，返回到Windows。

① 选择工具箱中的“按钮”工具，在画面上画一个按钮，选中按钮并右击，在弹出的下拉菜单中执行“字符串替换”命令，设置按钮文本为“系统退出”。

② 双击按钮，弹出动画连接对话框，在此对话框中选择“弹起时”选项，弹出“命令语言”对话框，在其中输入如下命令语言：

```
Exit（0）;
```

③ 单击“确认”按钮关闭对话框，当系统进入运行状态时单击此按钮，系统将退出组态王运行环境。

（6）定义热键

在工业现场，为了操作的需要可能需要定义一些热键，当某键被按下时系统执行相应的控制命令。例如，当按下 F1 键时，原料油出料阀被开启或关闭，这可以使用热键命令语言来实现。

① 在工程浏览器左侧的“工程目录显示区”选择“命令语言”下的“热键命令语言”选项，双击“目录内容显示区”的“新建”图标，如图 3-29 所示，弹出“热键命令语言”对话框。

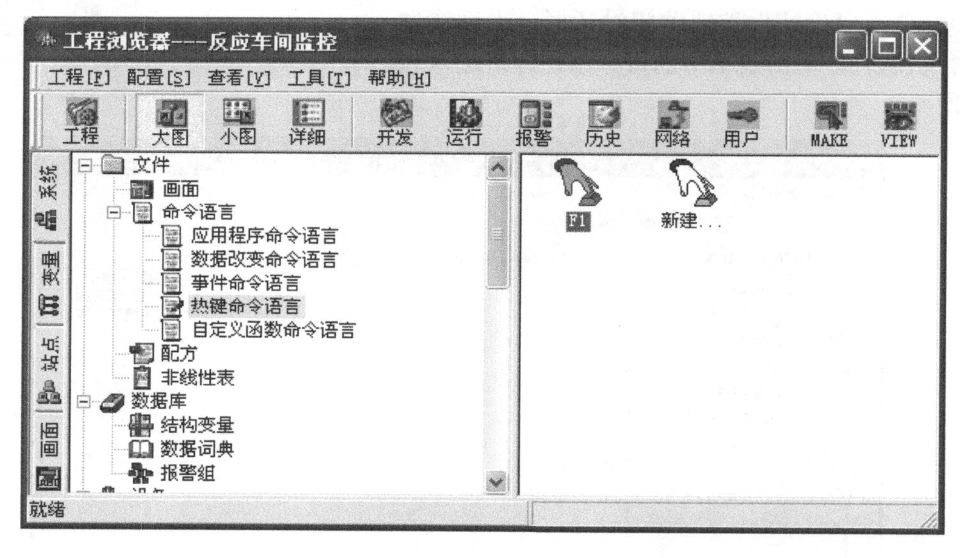

图 3-29　定义热键（一）

② 在对话框中单击“键...”按钮，在弹出的“选择键”对话框中选中“F1”后关闭对话框，如图 3-30 所示。

③ 在命令语言编辑区中输入如图 3-31 所示的命令语言。

④ 单击“确认”按钮关闭对话框。当系统进入运行状态时，按下 F1 键则执行图 3-31 中的命令语言：判断“原料油出料阀”的当前状态，如果是开启的则将其关闭，否则将其打开，从而实现了开关的切换功能。

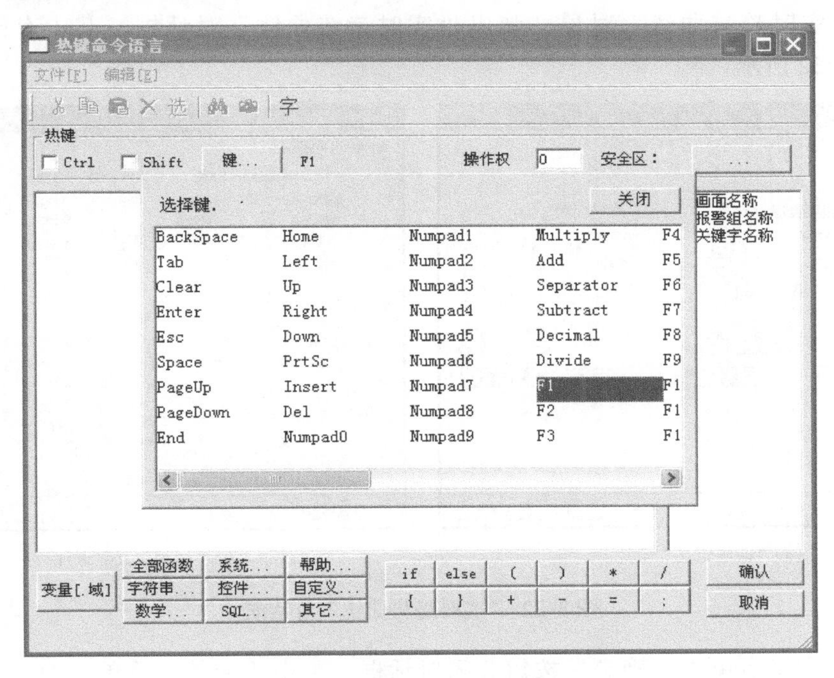

图 3-30　定义热键（二）

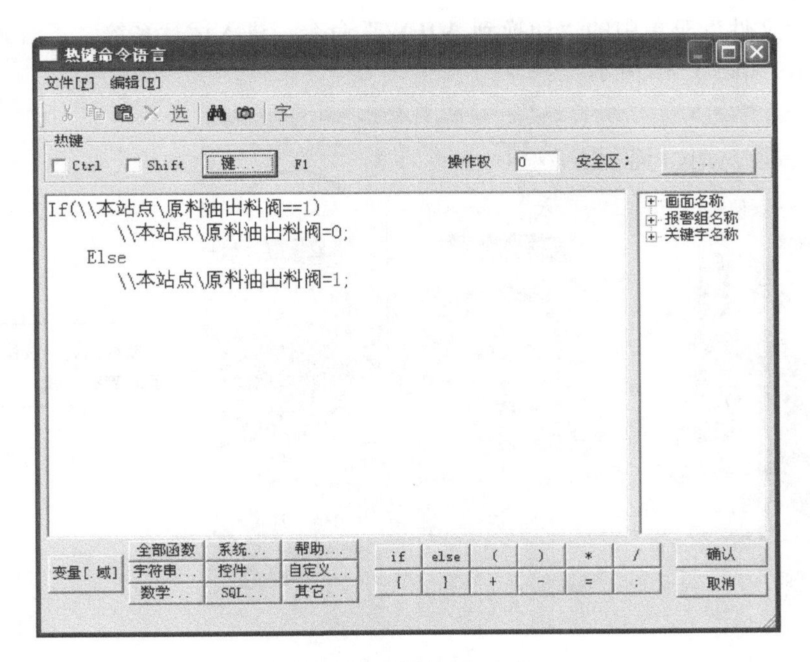

图 3-31　定义热键（三）

（7）创建“原料油罐”液位与压力实时趋势曲线

① 选择工具箱中的“T”工具，在画面上输入文字“原料油罐监测曲线”。

② 选择工具箱中的“实时趋势曲线”工具，在画面上绘制一个实时趋势曲线窗

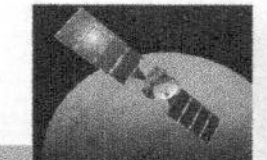

口，双击“实时趋势曲线”对象，弹出“实时趋势曲线”对话框，其中有两个属性卡片，如图 3-32 所示。

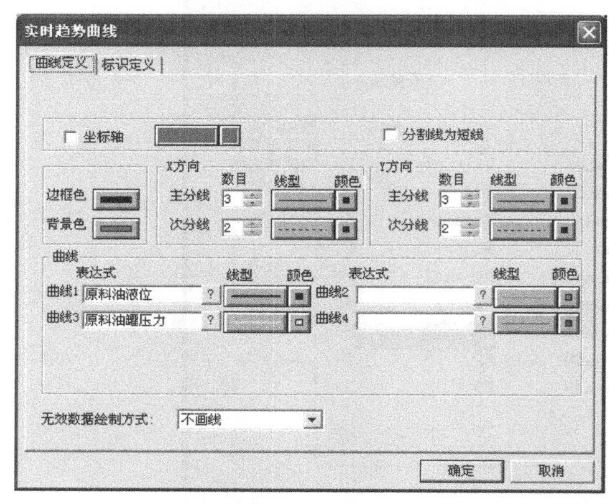

(a)“曲线定义”卡片

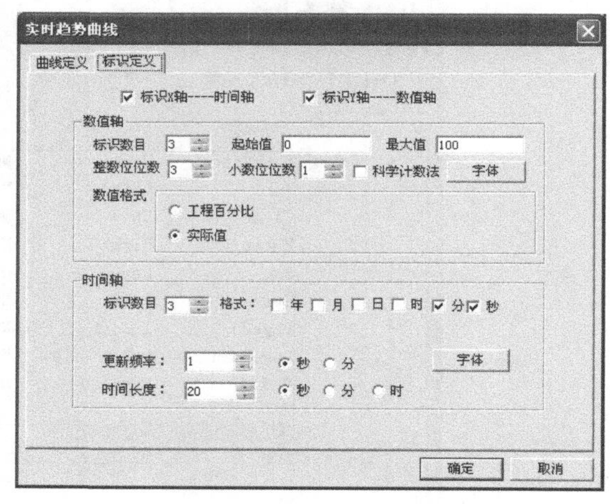

(b)“标识定义”卡片

图 3-32 “实时趋势曲线”对话框

③ 设置完毕后单击“确定”按钮关闭对话框，单击“文件”菜单中的“全部存”命令，保存所做的设置。

④ 单击“文件”菜单中的“切换到 VIEW”命令，进入运行系统，可看到连接变量的实时趋势曲线，如图 3-33 所示。

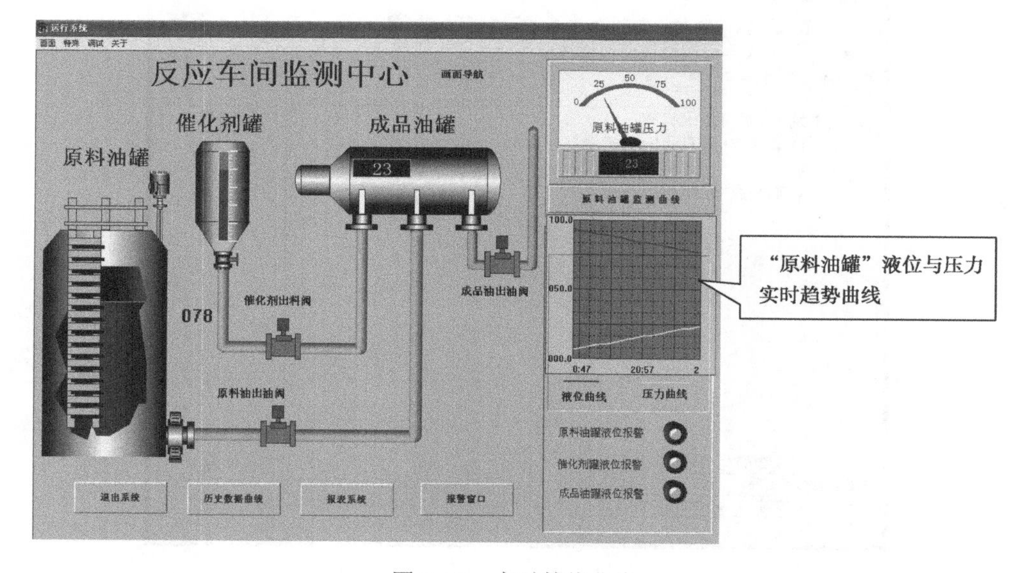

图 3-33 实时趋势曲线

4）创建“原料油罐”液位的历史趋势曲线

（1）新建一个画面，名称为“历史趋势曲线”，选择工具箱中的“T”工具，在画面上输入文字“原料油罐历史趋势曲线”。

（2）对于要以历史趋势曲线形式显示的变量，必须设置变量的记录属性和历史数据文件的存储目录，设置过程如下。

① 在工程浏览器窗口左侧的“工程目录显示区”中选择“数据库”中的“数据词典”选项，选择变量“\\本站点\原油料液位”，双击此变量，在弹出的“定义变量”对话框中单击“记录和安全区”卡片，设置如图3-34所示。

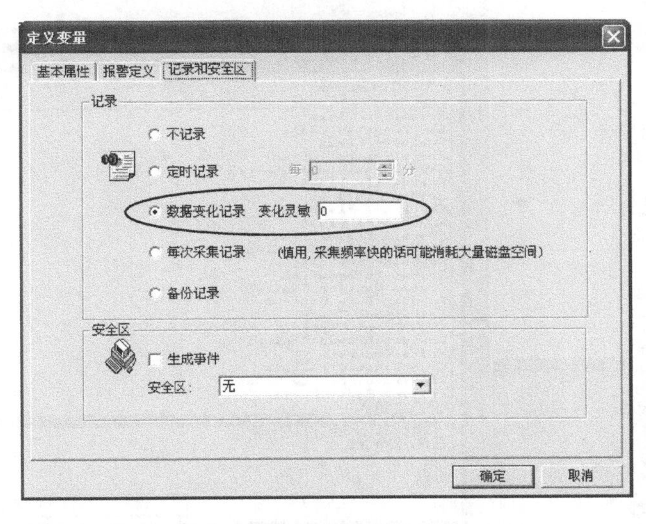

图3-34　历史趋势曲线设置（一）

② 在工程浏览器窗口左侧的“工程目录显示区”中双击“系统配置”中的“历史记录”项，弹出“历史记录配置”对话框，如图3-35所示，设置当系统进入运行环境时“历史记录服务器”自动启动，将变量的历史数据以文件的形式存储到当前工程路径下。每个文件中保存了变量24小时的历史数据，这些文件将在当前工程路径下保存2天。

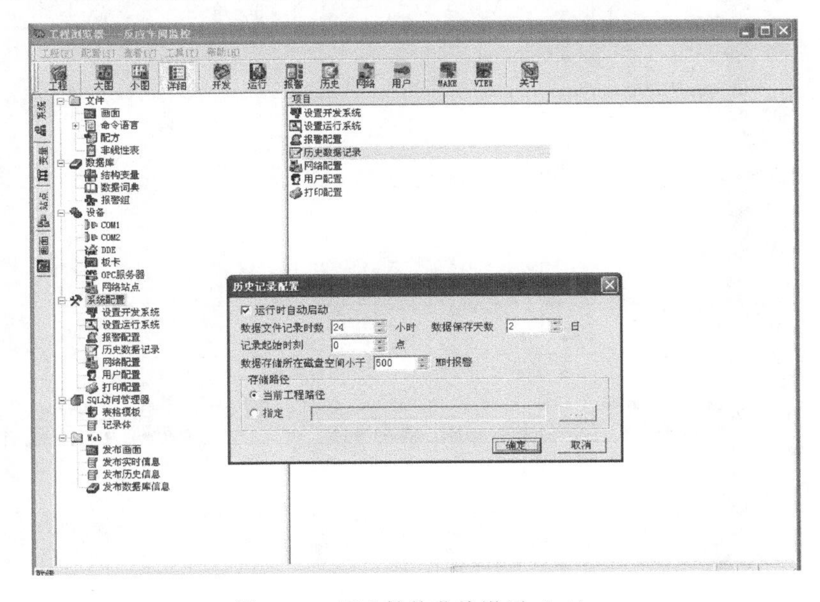

图3-35　历史趋势曲线设置（二）

用相同的方法可完成“催化剂液位”、“成品油液位”变量的设置。

（3）在“历史趋势曲线”画面中选择“编辑”菜单中的“插入通用控件”工具，选择“插入控件”窗口中的“历史趋势曲线”控件，如图 3-36 所示。

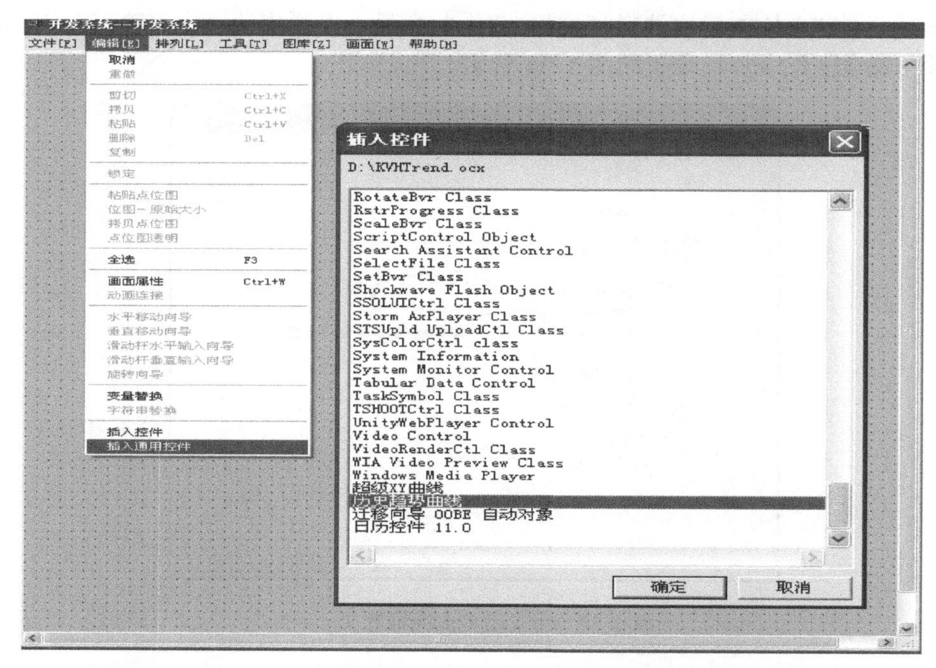

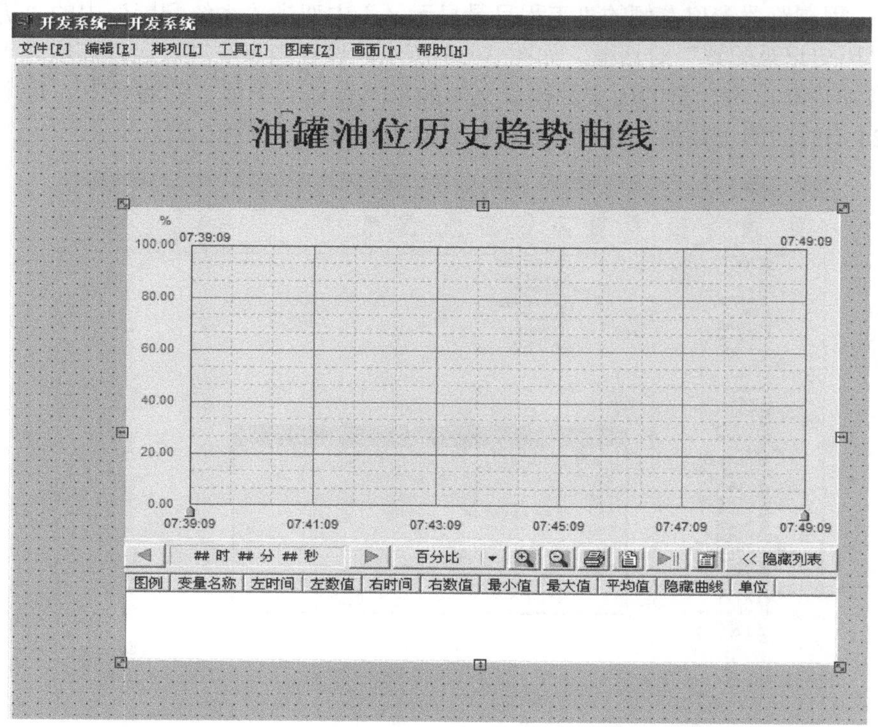

图 3-36 历史趋势曲线设置（三）

（4）选中此控件，右击，在下拉菜单中选择“控件属性”命令，弹出控件属性对话框，如图3-37所示。

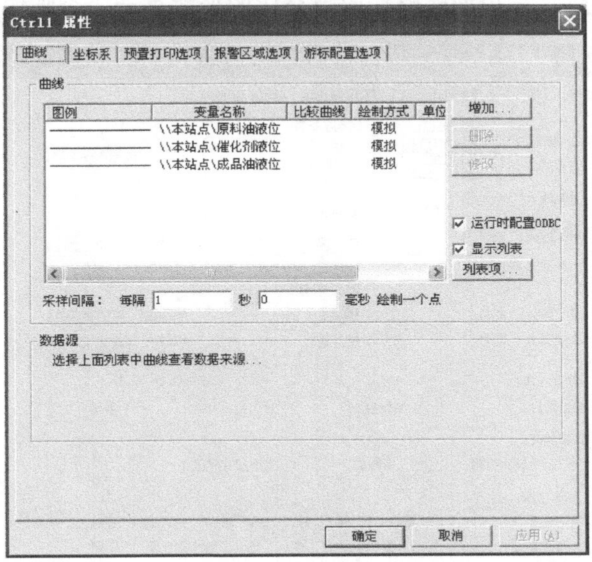

图3-37　历史趋势曲线设置（四）

历史趋势曲线属性窗口有五个选项卡片：曲线、坐标系、预置打印选项、报警区域选项、游标配置选项。

① 曲线：在此卡片中可以利用“增加...”按钮添加历史曲线变量，并设置曲线的采样间隔（即在历史曲线窗口中绘制一个点的时间间隔）。

单击此卡片中的“增加...”按钮会弹出“增加曲线”对话框，如图3-38所示。

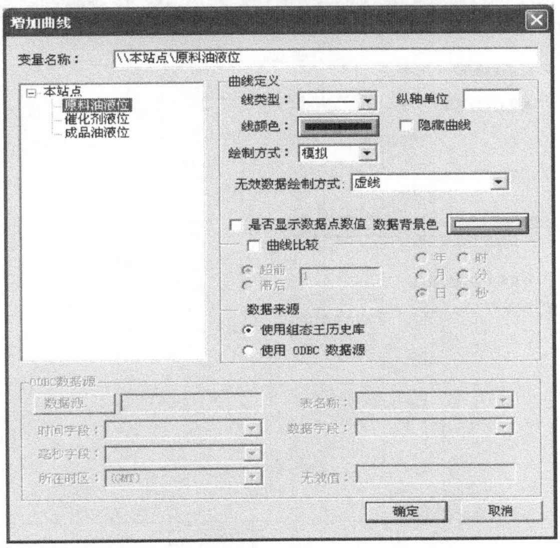

图3-38　历史趋势曲线设置（五）

② 坐标系："坐标系"卡片如图 3-39 所示，在此卡片中可以设置历史曲线的显示风格，如控件背景颜色，坐标轴的显示风格，数值轴、时间轴的显示格式等。在数值轴中如果选中"按百分比绘制"，历史曲线将按照百分比的形式显示，否则按照实际数值显示。

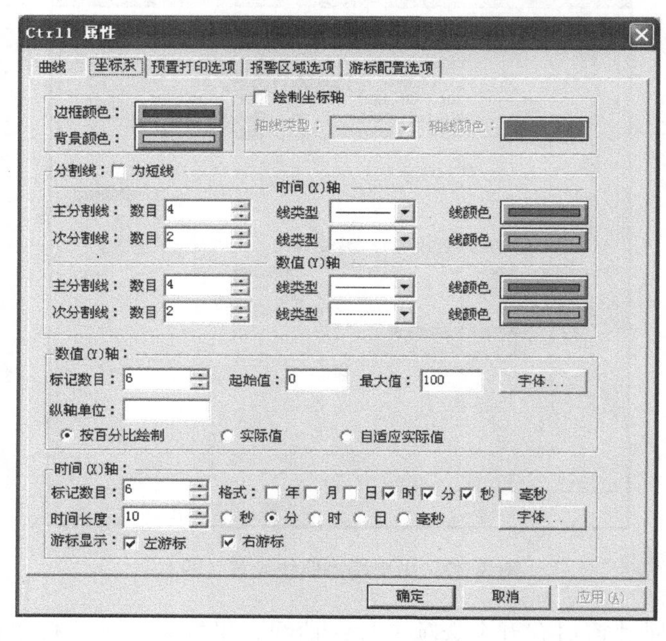

图 3-39 历史趋势曲线设置（六）

③ 预置打印选项：在此卡片中可以设置控件的打印格式及打印的边界背景颜色，如图 3-40 所示。

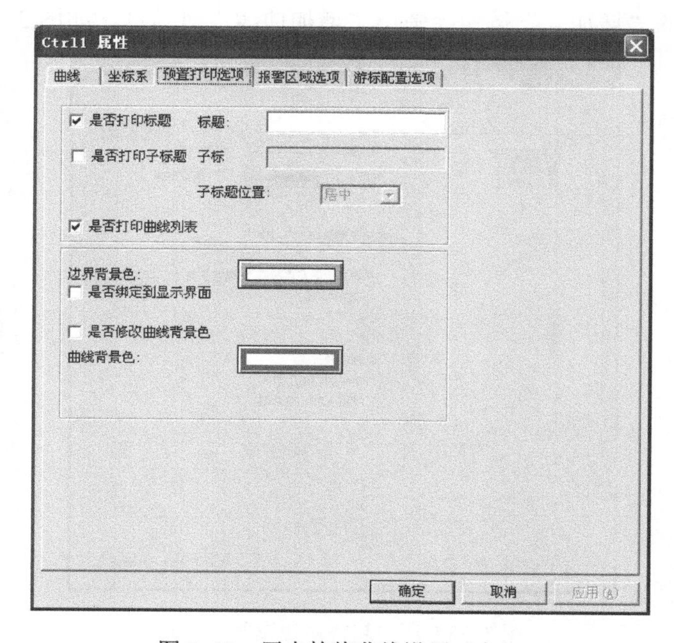

图 3-40 历史趋势曲线设置（七）

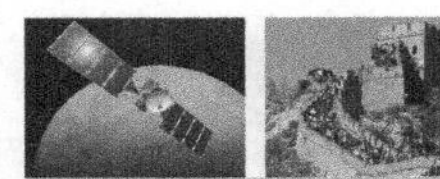

④ 报警区域选项：在此卡片中可设置历史趋势曲线窗口中报警区域显示的颜色，如图3-41所示，可使变量的报警情况一目了然。

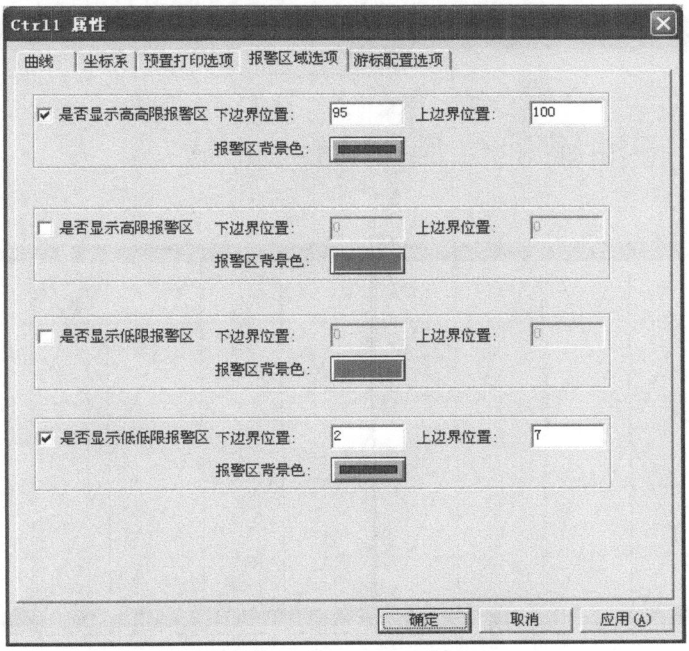

图3-41 历史趋势曲线设置（八）

⑤ 游标配置选项：卡片设置如图3-42所示。

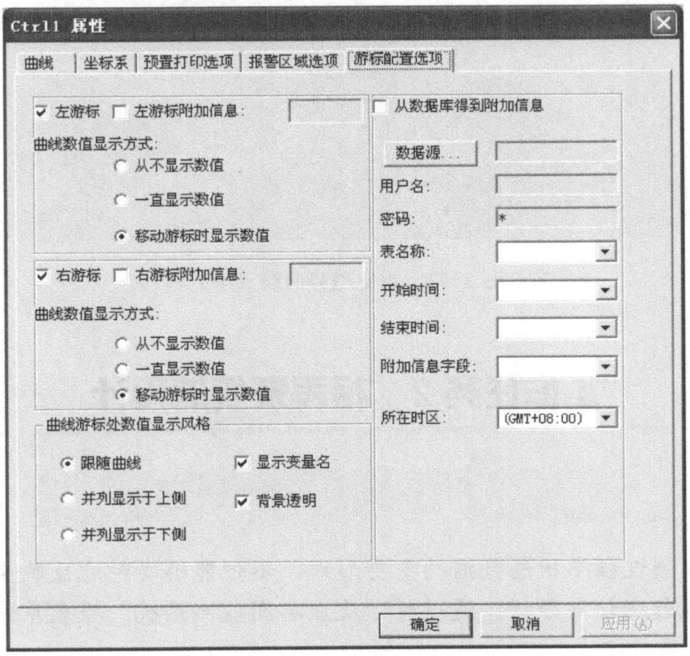

图3-42 历史趋势曲线设置（九）

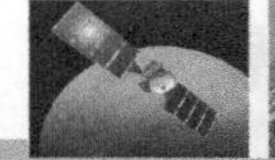

（5）单击“文件”菜单中的“全部存”命令，保存设置，单击“切换到 VIEW”命令，进入运行系统，如图 3-43 所示。

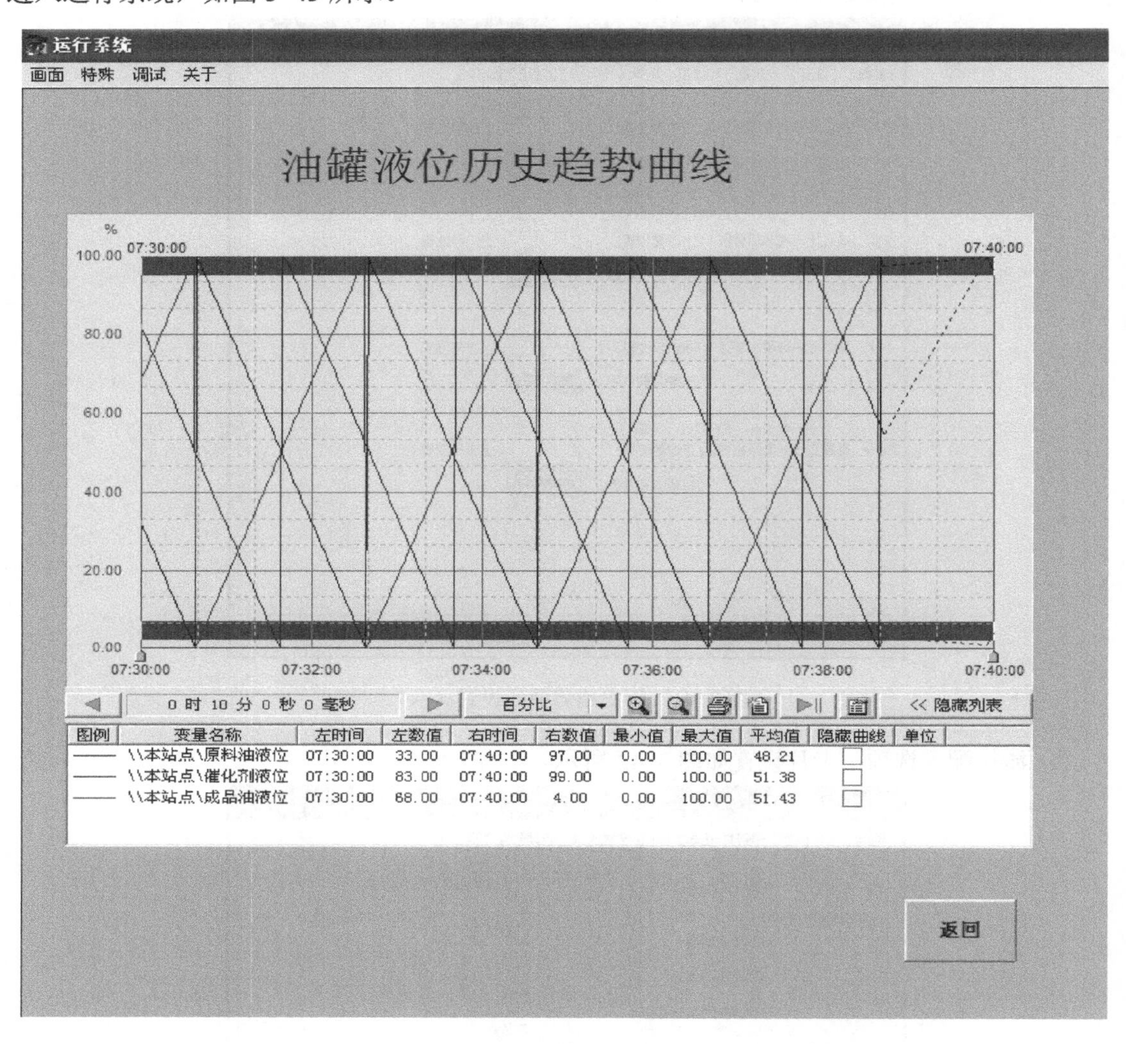

图 3-43　历史趋势曲线（十）

工作任务 2　报表系统的设计

任务描述

报表是记录监测过程中状态数据的重要形式，不但能够实时地反映生产情况，还能对长期的生产过程进行统计与分析。通过对“反应车间监测系统”报表系统的创建，完成相关数据信息的查询与打印。

知识分解

3.2　数据报表

数据报表是反映生产过程中的数据、状态等，并对数据进行记录的一种重要形式，是生产过程必不可少的一个部分。它既能反映系统实时的生产情况，也能对长期的生产过程进行统计、分析，使管理人员能够实时掌握和分析生产情况。

组态王提供内嵌式报表系统，可以任意设置报表格式，对报表进行组态。同时，组态王还提供了丰富的报表函数，实现各种运算、数据转换、统计分析、报表打印等，既可以制作实时报表，也可以制作历史报表。

3.2.1　报表窗口

进入组态王开发系统，创建一个新的画面，在组态王工具箱中单击“报表窗口”按钮，此时，鼠标箭头变为小“+”形，在画面上需要加入报表的位置按下鼠标左键并拖动，画出一个矩形，松开鼠标，报表窗口创建成功，如图 3-44 所示。将鼠标箭头移动到报表区域周边，当鼠标形状变为双“+”形箭头时，按下左键，可以拖动表格窗口，改变其在画面上的位置。将鼠标移动到报表窗口边缘带箭头的小矩形上时，鼠标箭头形状变为与小矩形内箭头方向相同，按下鼠标左键并拖动，可以改变报表窗口的大小。当在画面中选中报表窗口时，会自动弹出报表工具箱；不选择时，报表工具箱自动消失。

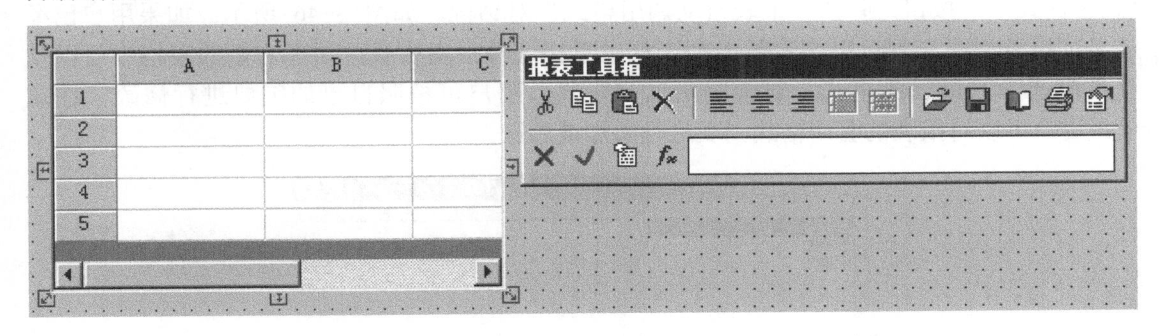

图 3-44　创建后的报表窗口

组态王中的每个报表窗口都要定义一个唯一的标识名，该标识名的定义应该符合组态王的命名规则，标识名字符串的最大长度为 31 个字符。

双击报表窗口的灰色部分（表格单元格区域外没有单元格的部分），弹出“报表设计”对话框，如图 3-45 所示。该对话框主要设置报表的名称、报表表格的行列数目及选择套用表格的样式。

图 3-45 “报表设计”对话框

“报表设计”对话框中各项的含义如下。

（1）报表名称

在“报表控件名”文本框中输入报表的名称，如“实时数据报表”。注意：报表名称不能与组态王的任何名称、函数、变量名、关键字相同。

（2）表格尺寸

在行数、列数文本框中输入所要制作的报表的大致行、列数（在报表组态期间均可以修改）。默认为 5 行 5 列，行数最大值为 2000；列数最大值为 52。行用数字 1、2、3、…表示，列用英文字母 A、B、C、…表示。单元格的名称定义为“列标+行号”，如“A1”表示第 1 行第 1 列的单元格。

（3）套用报表格式

用户可以直接使用已经定义的报表模板，而不必再重新定义相同的表格格式。单击“表格样式...”按钮，弹出“报表自动调用格式”对话框，如图 3-46 所示。如果用户已经定义过报表格式，则可以在左侧的列表框中直接选择报表格式，而在右侧的表格中可以预览当前选中的报表的格式。对于套用后的格式，用户可按照自己的需要进行修改。在这里，用户可以对报表的套用格式列表进行添加或删除。

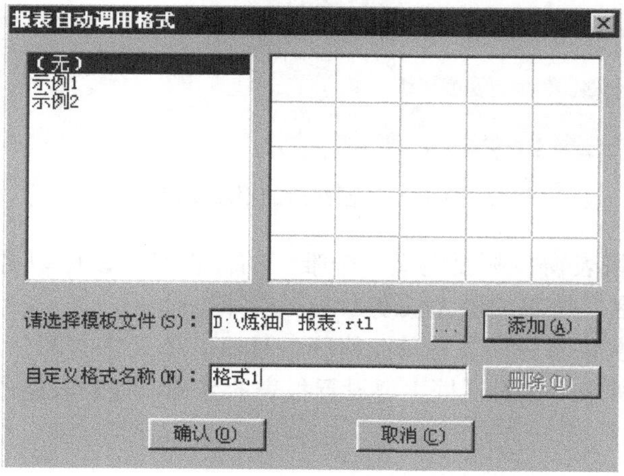

图 3-46 “报表自动调用格式”对话框

定义完成后，单击“确认”按钮完成操作，单击“取消”按钮取消当前的操作。“套用报表格式”可以将常用的报表模板格式集中在这里，供用户随时调用，而不必在使用时再去一个个查找模板。

3.2.2 报表组态

1．报表工具箱与快捷菜单

报表创建完成后，呈现的是一张空表或有套用格式的报表，还要对其进行加工——报表组态。报表组态包括设置报表格式、编辑表格中的显示内容等。进行这些操作需通过报表工具箱中的工具或右击弹出的快捷菜单来实现，如图 3-47 所示。

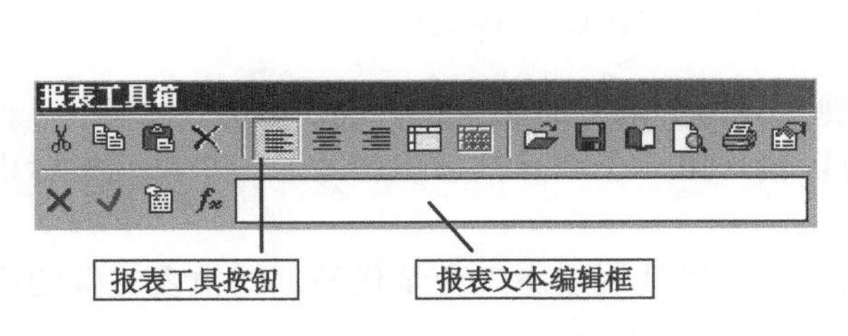

图 3-47　报表工具箱和快捷菜单

2．输入文本、公式等到单元格的方法

（1）将选择的组态王变量、报表公式、文本等输入报表工具箱的编辑框中，然后单击“输入”按钮。

（2）直接双击要编辑内容的单元格，使文本输入光标位于该单元格中，直接进行编辑。

注意：在单元格中输入组态王变量、引用函数或公式时必须在其前加“=”。

（3）插入组态王变量。在报表工具箱的编辑栏中输入“=”，然后选择该按钮，在弹出的变量选择器中选择该变量，单击“确定”按钮关闭变量选择对话框，这时报表工具箱编辑栏中的内容为“=$变量名”，单击工具箱上的“输入”按钮，则该表达式被输入当前单元格中，运行时，该单元格显示的值能够随变量的变化随时自动刷新。

（4）插入报表函数。单击该按钮将弹出“函数选择”对话框，如图 3-48 所示。

注意：报表工具箱和快捷菜单的命令只适用于报表。

3.2.3 报表内部函数

报表内部函数是指只能在报表单元格内使用的函数，有数学函数、字符串函数、统计函数等。组态王的报表函数是将报表单元格作为参数的函数，当参数为多个单元格时，引用方法如下。

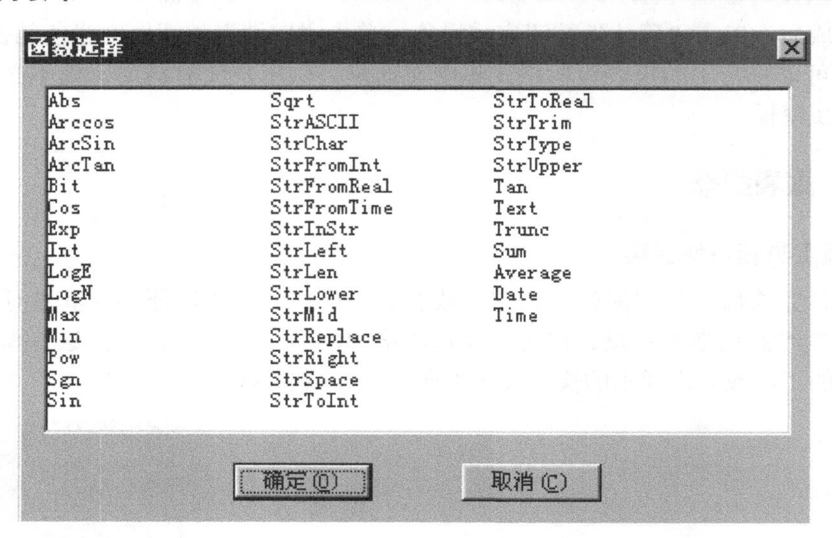

图 3-48 报表内部函数选择对话框

（1）如果是任选多个单元格，则用逗号分隔，如 a1，b3，c6，h10。

（2）如果为连续的单元格，可以输入第一个单元格标识和最后一个单元格标识，中间用冒号分隔，如 a1:c10。

（3）报表内部函数中的单元格参数可以使用组态王变量代替，即报表支持的组态王系统函数可以直接在报表中使用。

注意：

（1）在单元格中使用报表函数时，必须在函数前加“=”，否则按照字符串处理。

（2）在函数中将单元格作为参数时，单元格参数必须用单引号括起来。

（3）除特殊标明外，报表内部函数（用单元格作为参数）只能用于报表的单元格，不能用于命令语言。

3.3 实时数据报表的制作

实时数据报表可以实时显示系统变量的值，还可以按照单元格中设置的函数、公式等实时刷新单元格中的数据。

3.3.1 单元格直接引用

在单元格中输入“=变量名”，即可在运行时在该单元格中显示该变量的数值。当变量的数据发生变化时，单元格中显示的数值也会被实时刷新。例如，如图 3-49（a）所示，在单元格 B4 中要实时显示当前的登录“用户名”，可在 B4 单元格中直接输入“=\\本站点\$用户名”；切换到运行系统后，该单元格中便会实时显示登录的用户的名称，如“系统管理员”登录，则会显示“系统管理员”，如图 3-49（b）所示。

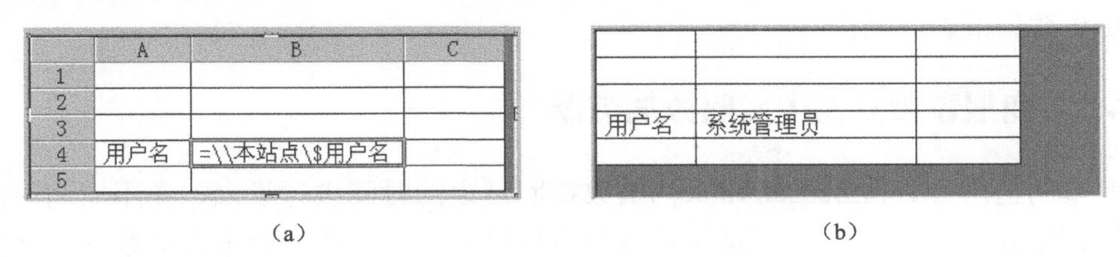

图 3-49 直接引用变量

这种方式适用于在报表单元格中显示固定变量的数据。如果单元格中要显示不同变量的数据或值的类型不固定，则最好选择单元格设置函数。

3.3.2 使用单元格设置函数

单元格设置函数有 ReportSetCellValue( )、ReportSetCellString( )、ReportSetCellValue2( )、ReportSetCellString2( )。例如，可以在 B4 中设置用户名，也可以在数据改变命令语言中使用 ReportSetCellString( )函数设置数据，如图 3-50 所示，当系统运行时，用户登录后，用户名就会被自动填充到指定单元格中。

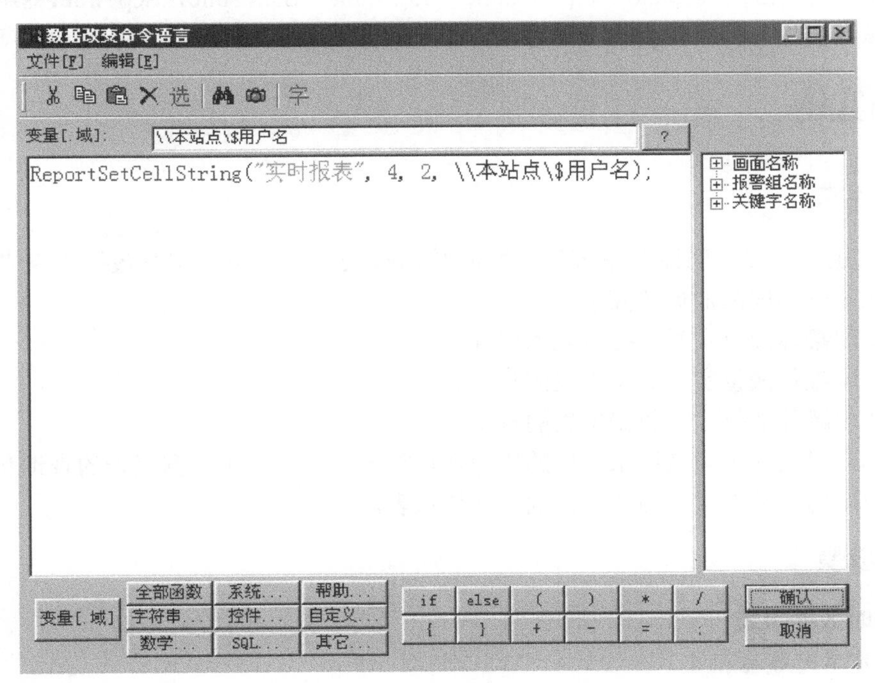

图 3-50 使用单元格设置函数

3.4 历史数据报表的制作

历史数据报表记录了以往的记录数据，对数据用户来说是非常重要的。可以用两种方

法进行历史数据报表的制作。

3.4.1　向报表单元格中实时添加数据

将变量的值用 ReportSetCellValue( )函数按照规定的时间进行设置，在不同的时间段采集到不同的单元格中，这时，报表单元格中的数据会自动刷新，而带有函数的单元格也会自动计算结果。这种制作报表的方式既可以作为实时报表观察实时数据，也可以作为历史报表保存。

3.4.2　使用历史数据查询函数

使用历史数据查询函数可以从组态王记录的历史库中按指定的起始时间和时间间隔查询指定变量的数据。如果用户在查询时希望弹出一个对话框，可以在对话框上随机选择不同的变量和时间段来查询数据，可使用函数 ReportSetHistData2（StartRow，StartCol）。

如果用户想要一个定时自动查询历史数据的报表，而不是弹出对话框，或者历史报表的格式是固定的，要求将查询到的数据添到固定的表格中，多余的查询数据不添到表中，可使用函数 ReportSetHistData（ReportName，TagName，StartTime，SepTime，szContent）。使用该函数时，用户需要指定查询的起始时间、查询间隔和变量数据的填充范围等。

任务实施

任务要求

（1）创建“反应车间监控系统”的实时数据报表，并利用该实时数据报表来监测原料油罐、催化剂罐和成品油罐的液位。

（2）实现罐体液位实时数据报表的保存。

（3）实现罐体液位实时数据报表的打印。

（4）实现罐体液位实时数据报表的查询。

（5）建立“反应车间监控系统”的历史数据报表，完成历史数据报表的查询和刷新。

（6）应用历史数据报表构建一张抽样数据报表。

实施步骤

1. 实时数据报表

1）创建实时数据报表

（1）选择新建画面，确定画面属性与风格，建立“实时数据报表”画面，选择工具箱中的“T”工具，在画面上输入文字“实时数据报表”；选择工具箱中的“报表窗口”工具，在画面上绘制实时数据报表窗口，如图 3-51 所示。报表工具箱会自动显示出来。

（2）双击窗口的灰色部分，弹出“报表设计”对话框，设置报表的一般属性，确定报表控件名、表格尺寸等，如图 3-52 所示，

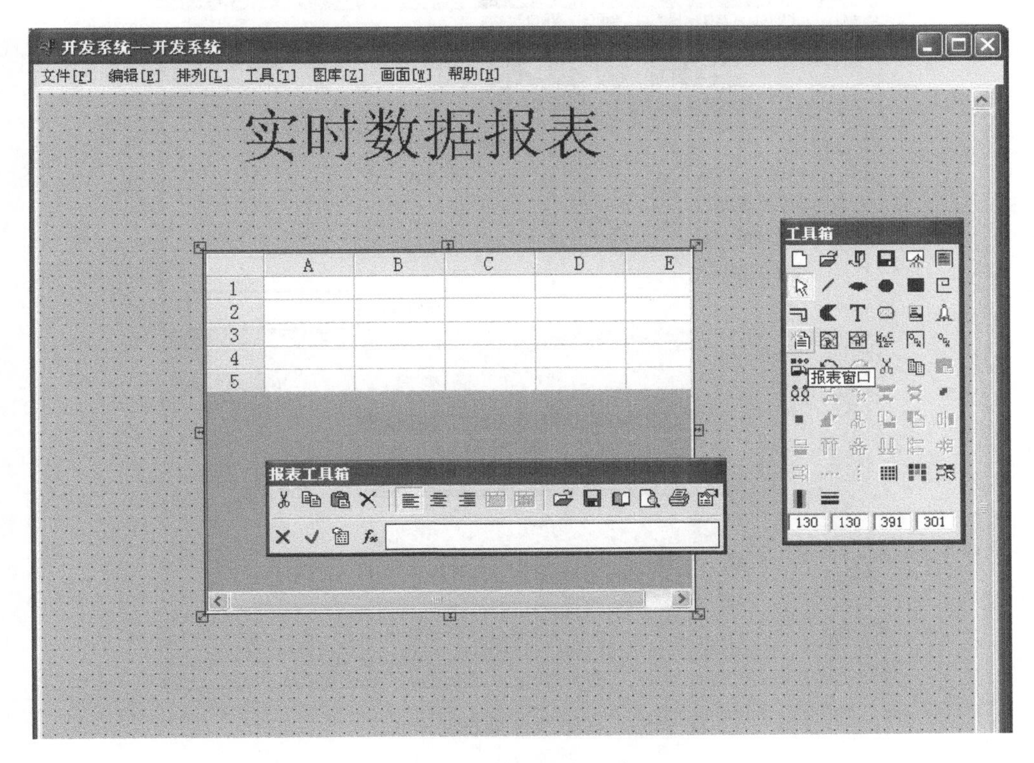

图 3-51　实时数据报表制作（一）

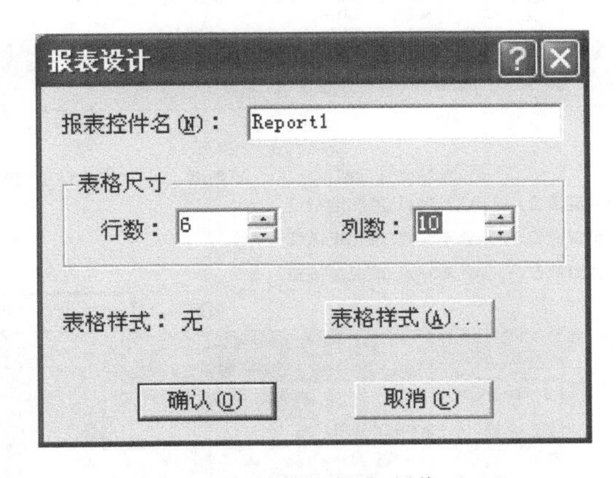

图 3-52　实时数据报表制作（二）

（3）输入静态文字。选中 A1～J1 的单元格区域，执行报表工具箱中的“合并单元格”命令，并在合并完成的单元格中输入“实时报表演示”，利用同样的方法输入其他静态文字，如图 3-53 所示。

（4）插入动态变量。在单元格 B2 中输入“=本站点\$日期”（变量的输入利用报表工具箱中的“插入变量”按钮实现），利用同样的方法输入其他动态变量，如图 3-54 所示。

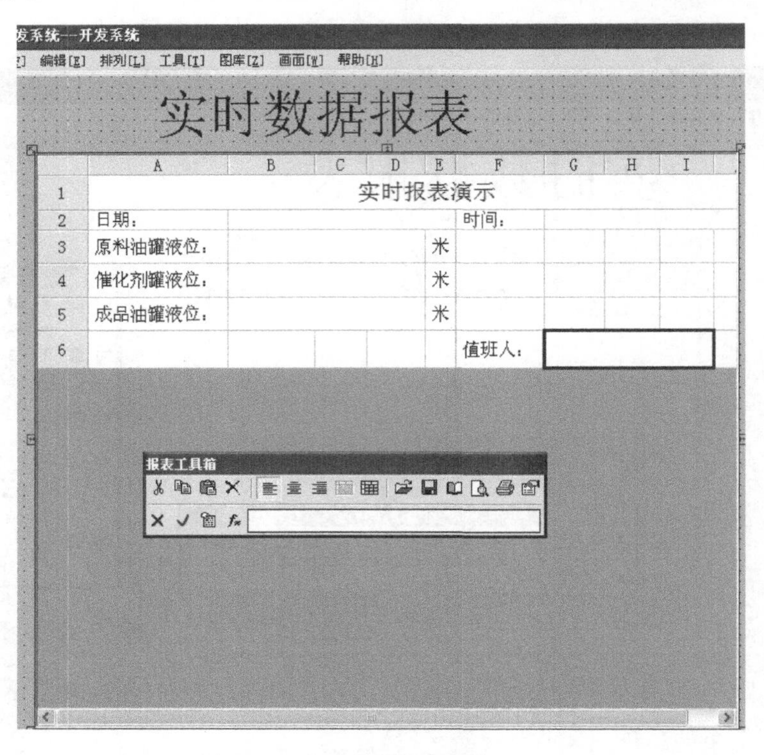

图 3-53 实时数据报表制作（三）

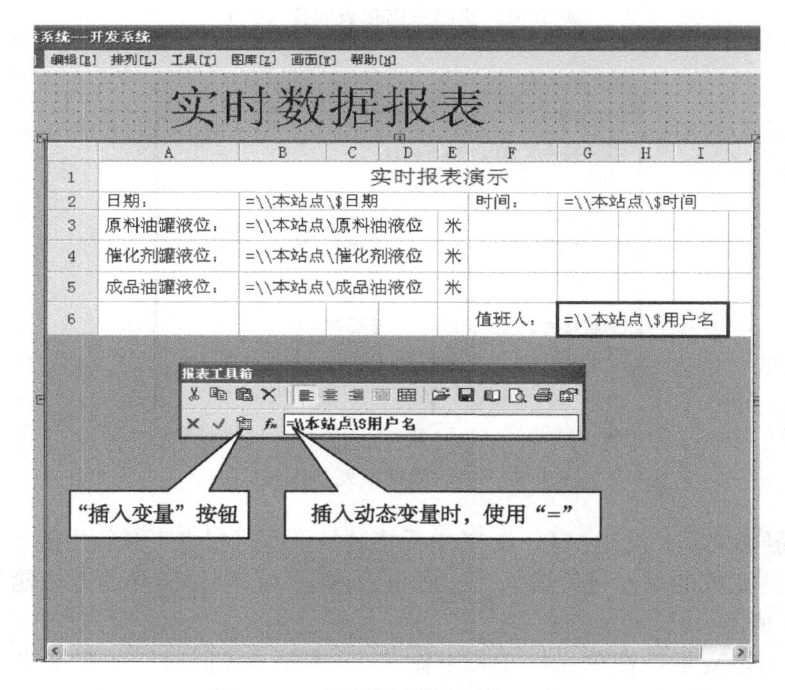

图 3-54 实时数据报表制作（四）

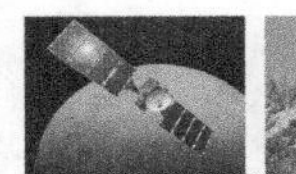

（5）单击“文件”菜单中的“全部存”命令，保存设置，单击“文件”菜单中的“切换到 VIEW”命令，进入运行系统，运行“实时数据报表”画面如图 3-55 所示。

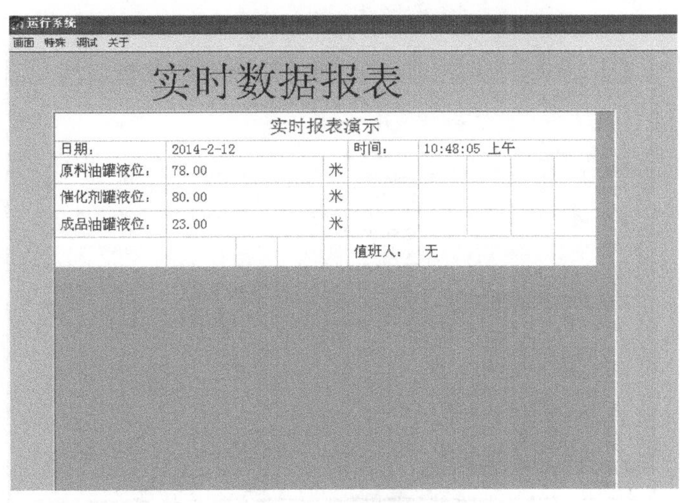

图 3-55　实时数据报表制作（五）

2）实现数据报表的保存

（1）在“实时数据报表”画面中添加“数据报表保存”按钮，在当前工程路径下建立“实时数据”文件夹，在“数据报表保存”按钮的弹起事件中编写命令语言程序，如图 3-56 所示。

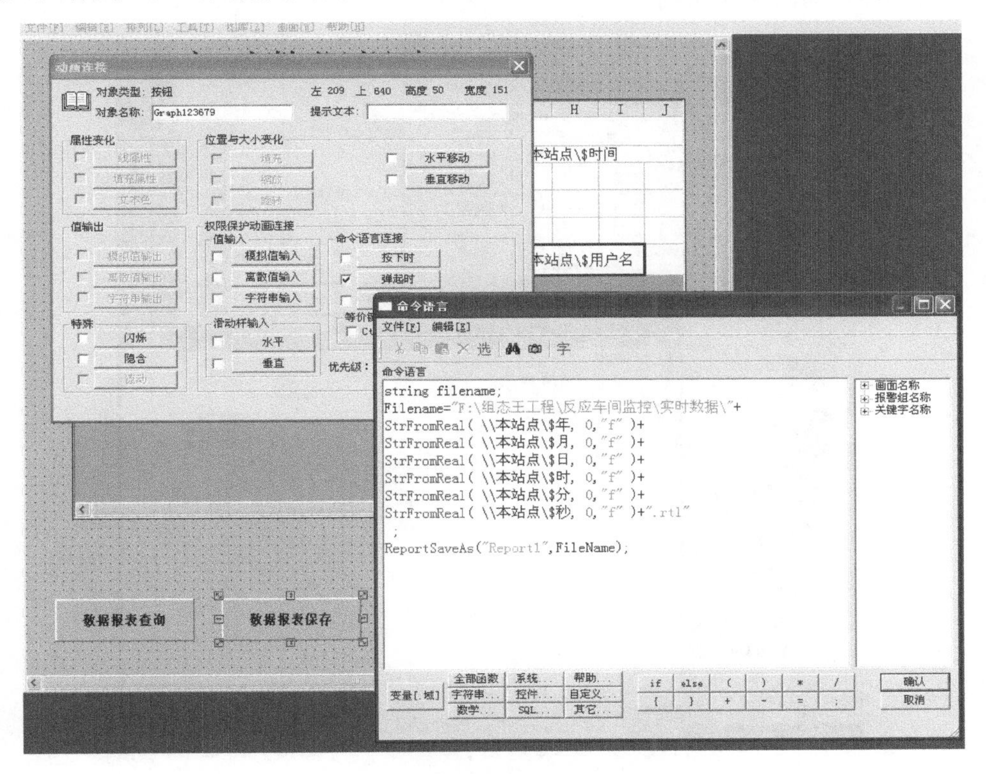

图 3-56　保存数据报表制作（一）

（2）单击“确认”按钮，关闭命令语言编辑框。当系统处于运行状态时单击此按钮，数据报表将以当前时间作为文件名保存在“当前工程\实时数据”文件夹中，如图 3-57 所示。

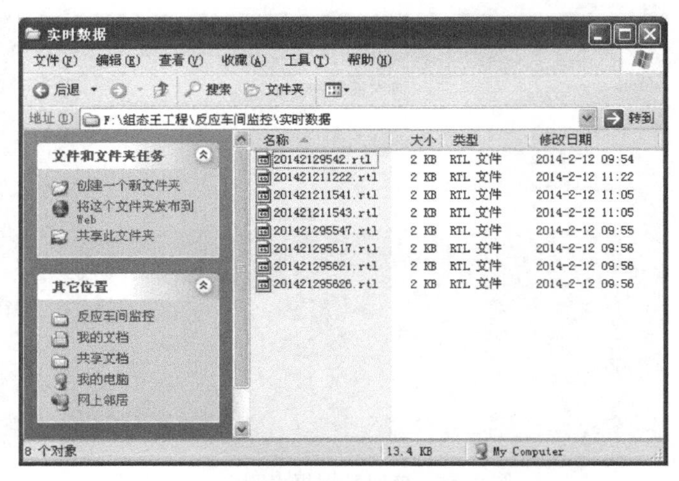

图 3-57　保存数据报表制作（二）

3）实现数据报表的打印

（1）在“实时数据报表”画面中添加“数据报表打印”按钮，在按钮的弹起事件中编写命令语言程序，如图 3-58 所示。

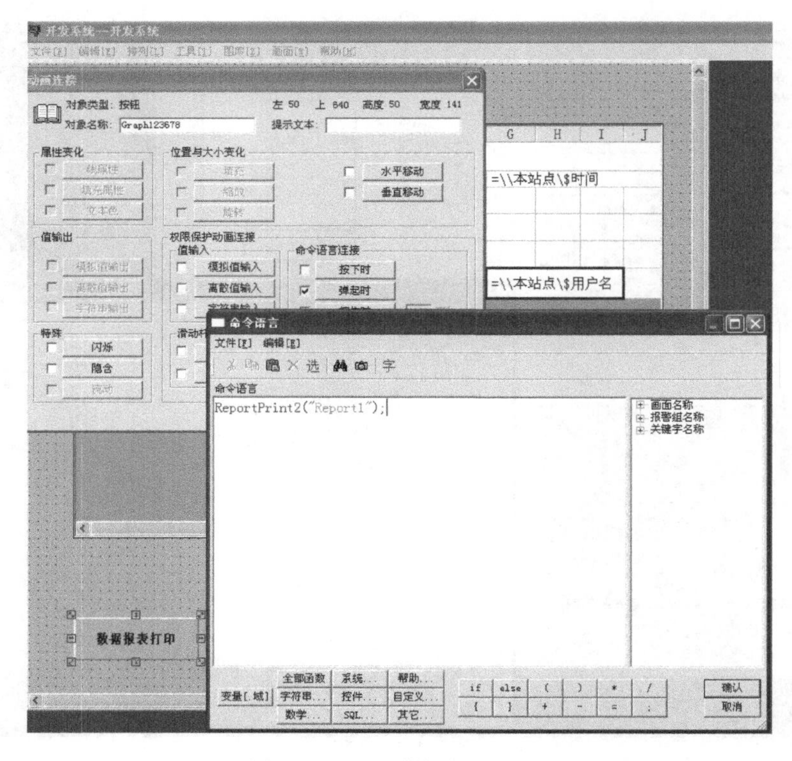

图 3-58　打印数据报表制作

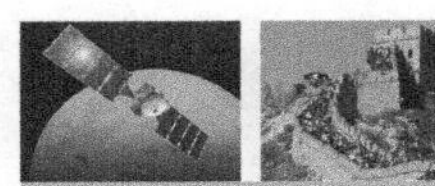

（2）单击“确认”按钮，关闭命令语言编辑框。当系统处于运行状态时单击此按钮，数据报表将打印出来，如图 3-59 所示。

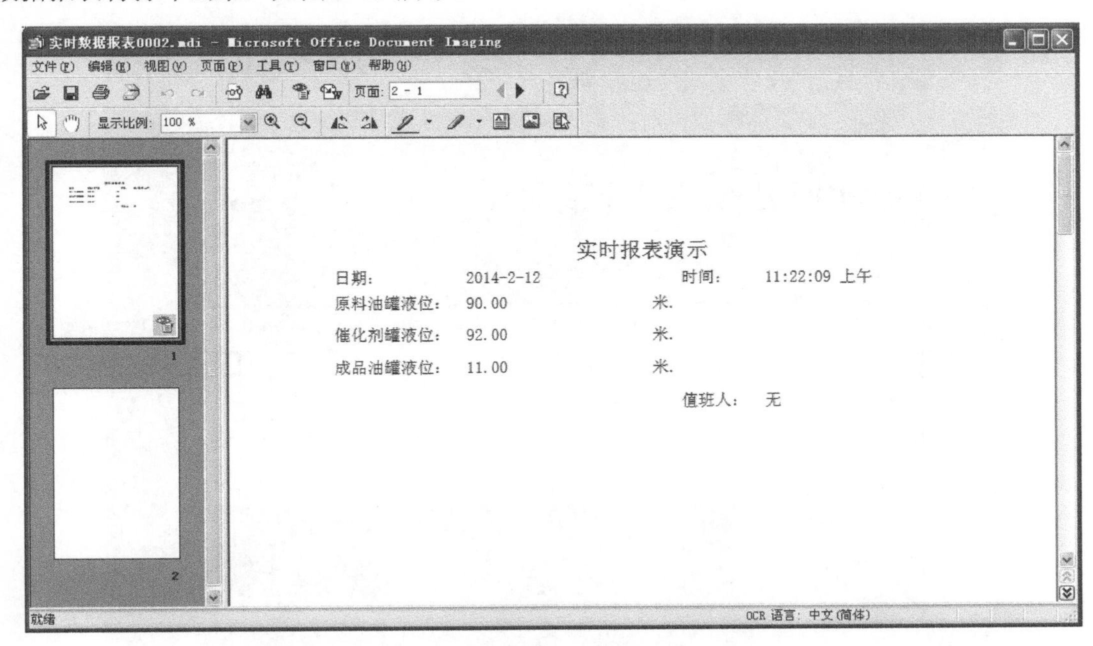

图 3-59　打印数据报表窗口

4）实现数据报表的查询

利用系统提供的命令语言可将实时数据报表以当前时间作为文件名保存在指定的文件夹中，对于已经保存到文件夹中的报表同样可以在组态王中进行查询。利用组态王提供的下拉组合框与报表窗口控件可以实现上述功能。

（1）在工程浏览器窗口的数据词典中定义一个内存字符串变量。

变量名：报表查询变量　　类型：内存字符串　　初始值：空

（2）新建“实时数据报表查询”画面，如图 3-60 所示。选择工具箱中的“T”工具，在画面上输入文字“实时数据报表记录”；选择工具箱中的“按钮”工具，添加“查询”按钮；选择“报表窗口”工具，在画面上绘制一个实时数据报表窗口，控件名称为“Report2”；选择“插入控件”工具，在画面上插入“下拉式组合框”控件，名称为“list1”。

（3）双击“Report2”控件和“list1”控件，分别弹出对话框，设置分别如图 3-61（a）、（b）所示。

（4）在画面中右击，在画面属性的命令语言中输入如图 3-62 所示命令语言，将已经保存到“F：\组态王工程\反应车间监控\实时数据”文件夹中的实时报表文件名称在下拉式组合框中显示出来。

（5）在“查询”按钮的“弹起”命令语言中编写程序语言，将下拉式组合框中选中的报表文件的数据显示在 Report2 报表窗口中，如图 3-63 所示。

图 3-60 数据报表查询制作（一）

（a）

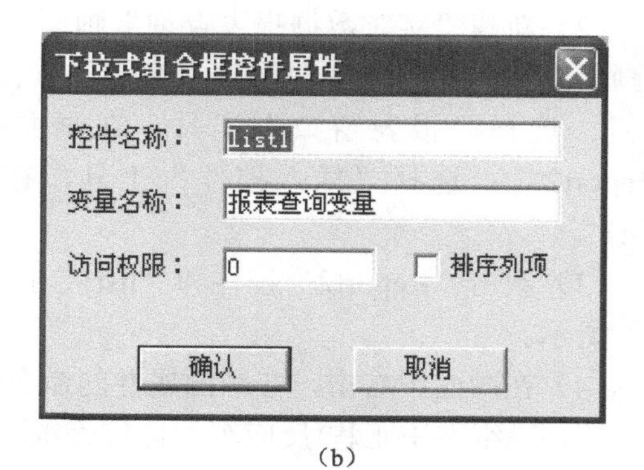

（b）

图 3-61 数据报表查询制作（二）

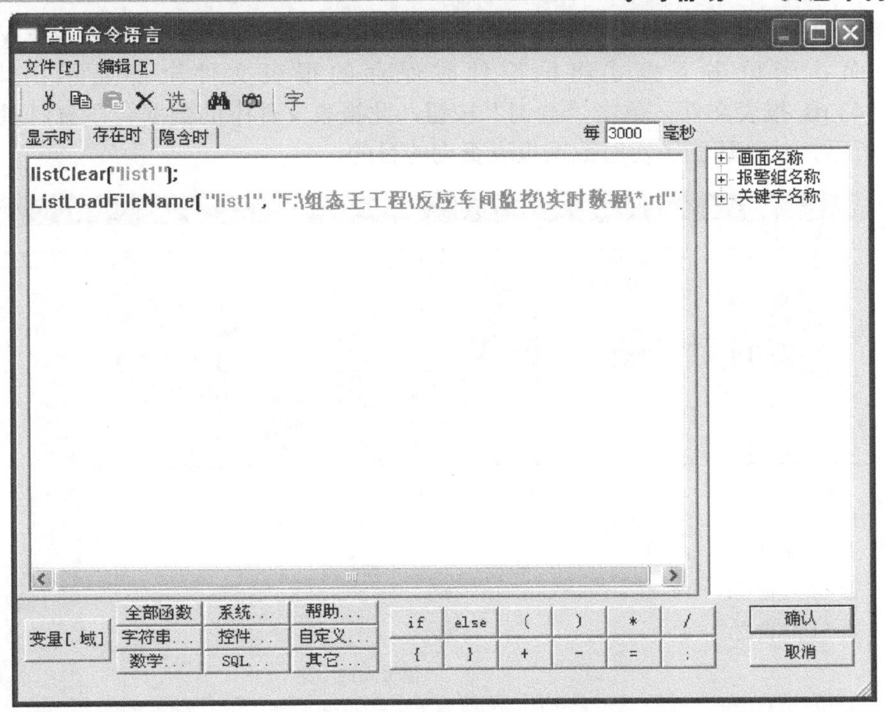

图 3-62 数据报表查询制作（三）

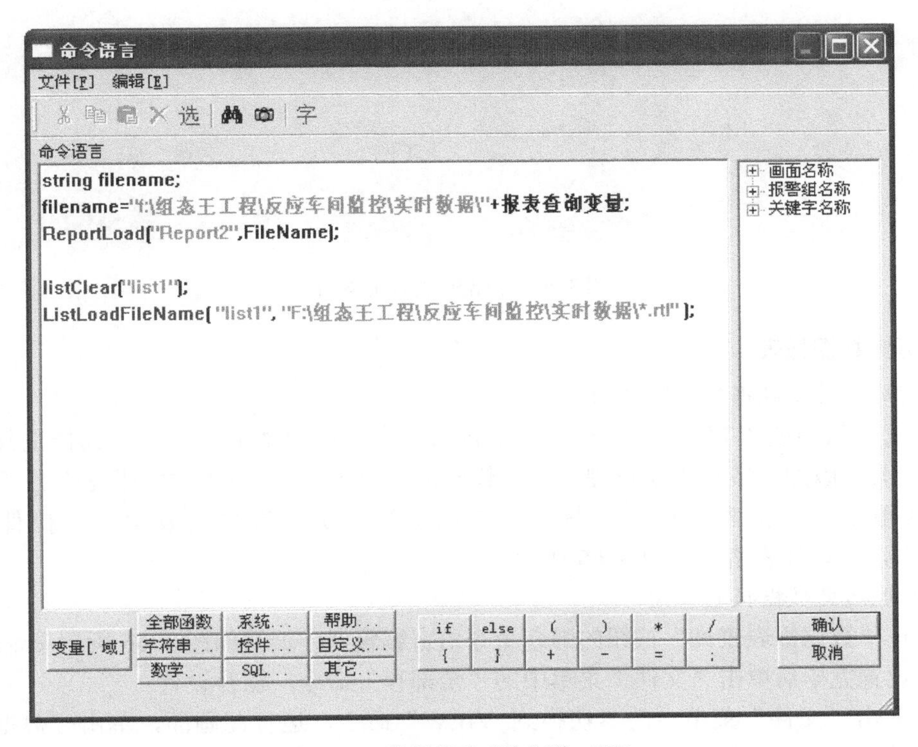

图 3-63 数据报表查询制作（四）

（6）单击“文件”菜单中的“全部存”命令，保存设置。单击“切换到 VIEW”命令，运行此画面，当单击下拉式组框控件时保存的报表文件全部显示出来，选中 201421211543.rtl 报表文件，单击“查询”按钮，此报表文件中的数据会在窗口显示出来，如图 3-64 所示，从而达到了实时数据报表查询的目的。

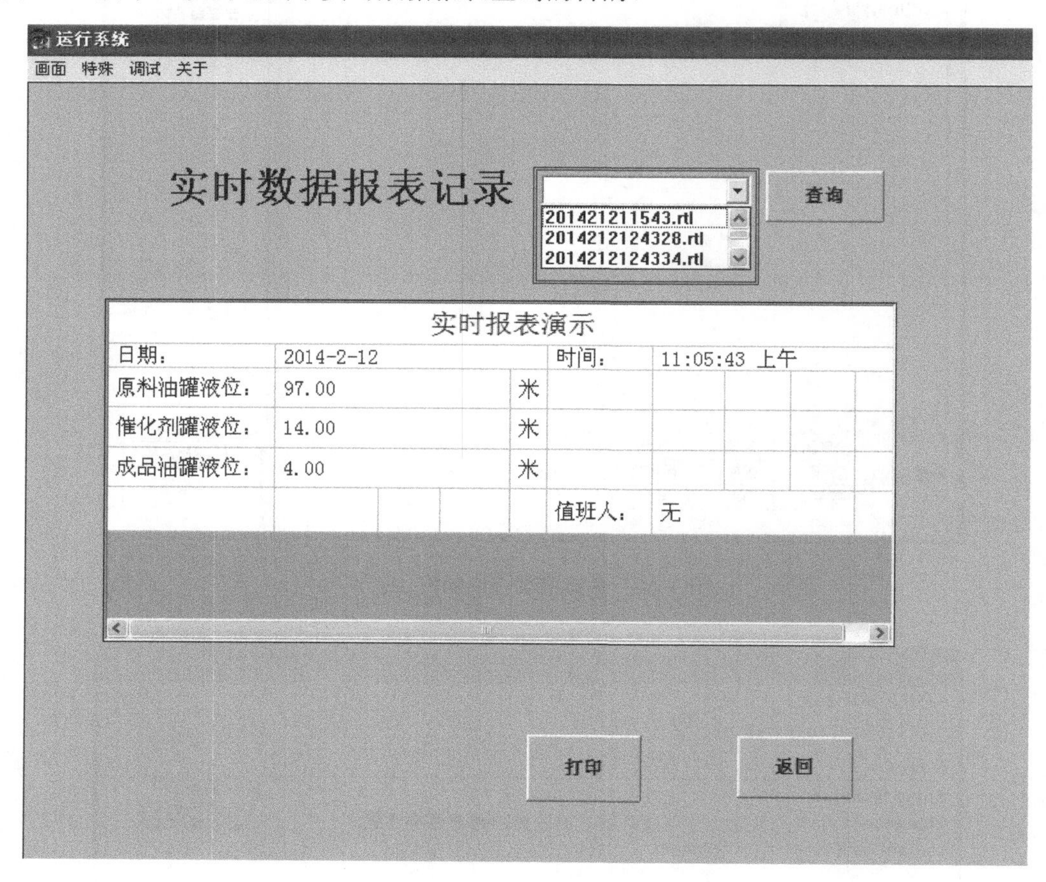

图 3-64　数据报表查询界面

2. 历史数据报表

1）创建“历史数据报表”画面

选择工具箱中的“T”工具，在画面上输入文字“历史数据报表”；选择工具箱中的“按钮”工具，添加“数据报表查询”、“数据报表刷新”、“抽样数据报表”三个按钮；选择工具箱中的“报表窗口”工具，在画面上绘制历史数据报表窗口，控件名称为“Report5”，并设计表格，如图 3-65 所示。

2）实现历史数据报表查询

（1）在“数据报表查询”按钮的弹起命令语言编辑器中编写如图 3-66 所示命令程序。

（2）设置完毕后单击“文件”菜单中的“全部存”命令，保存设置。

（3）单击“文件”菜单中的“切换到 VIEW”命令，运行此画面，单击“数据报表查询”按钮时，弹出“报表历史查询”对话框，如图 3-67 所示。

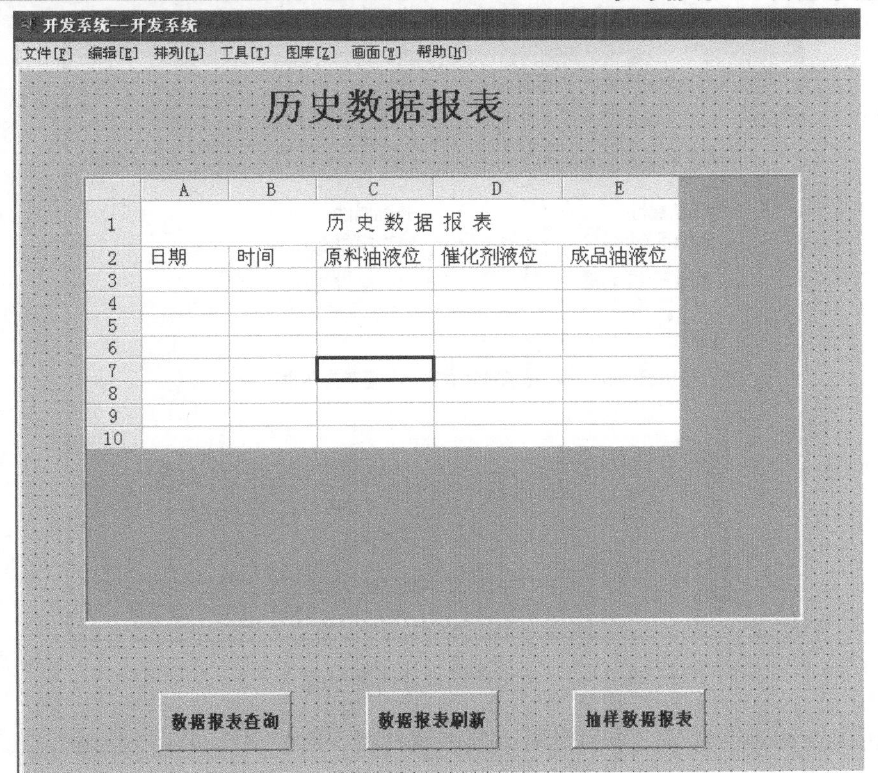

图 3-65　历史数据报表制作（一）

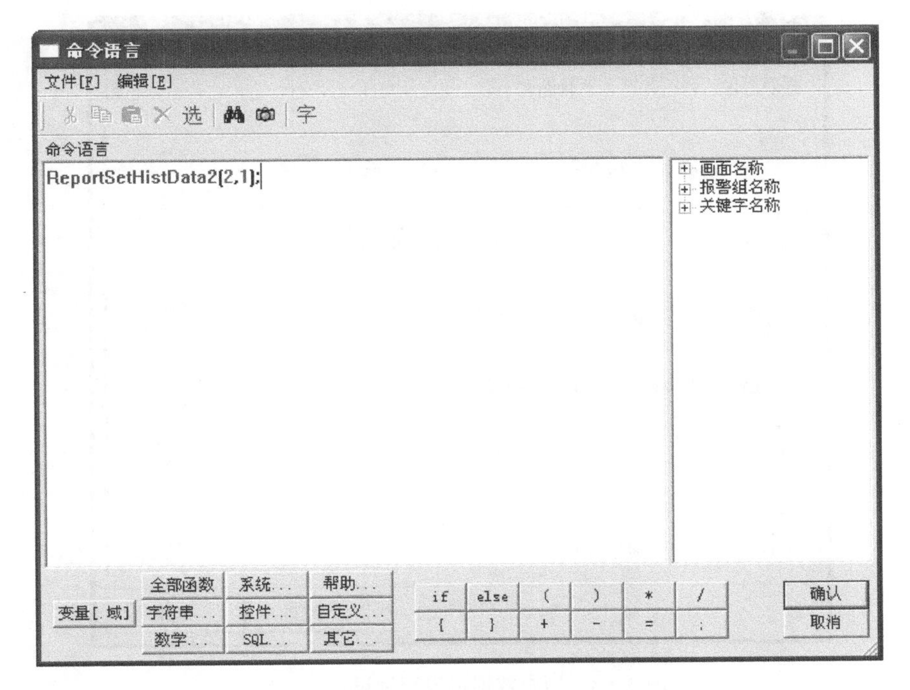

图 3-66　历史数据报表制作（二）

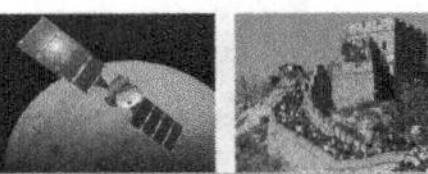

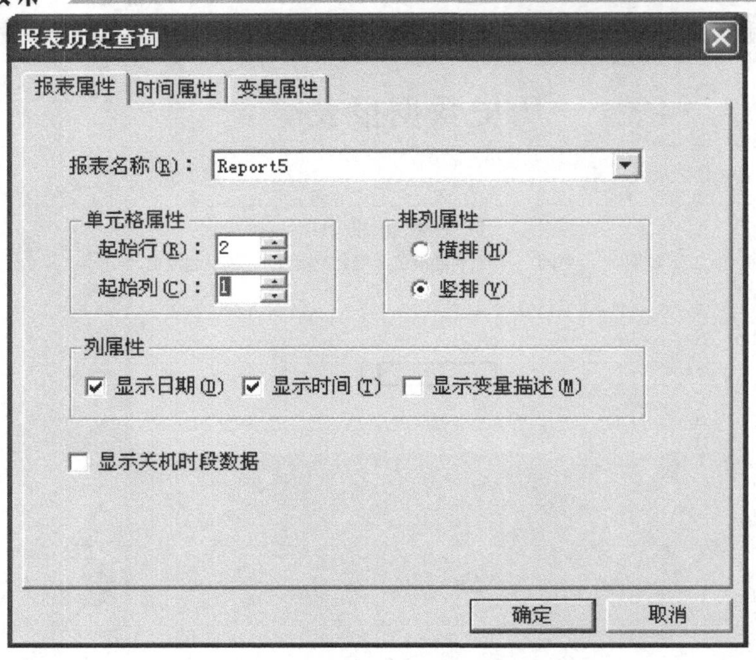

图 3-67　历史数据报表查询设置（一）

报表历史查询对话框分三个属性页：报表属性页、时间属性页、变量属性页。

① 报表属性页：设置报表查询的显示格式，如图 3-67 所示。

② 时间属性页：设置查询的起止时间以及查询的间隔时间，如图 3-68 所示。

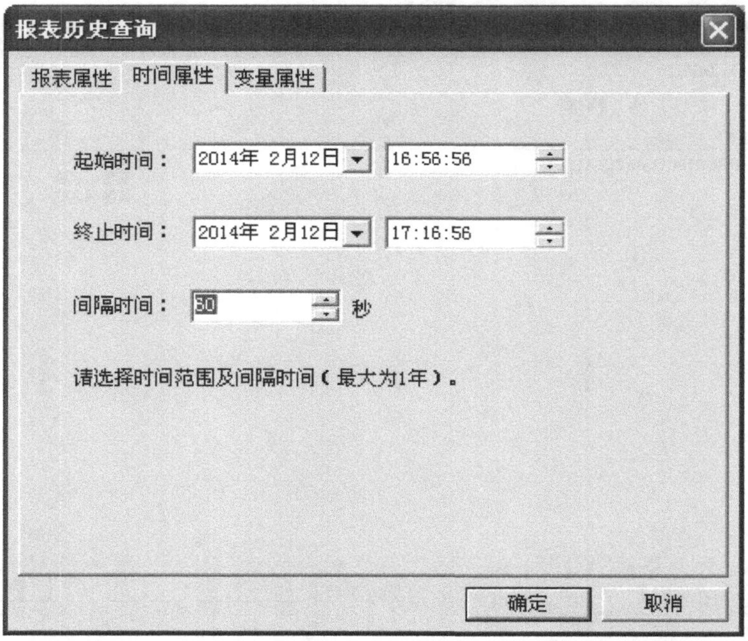

图 3-68　历史数据报表查询设置（二）

③ 变量属性页：选择欲查询历史的变量，如图 3-69 所示。

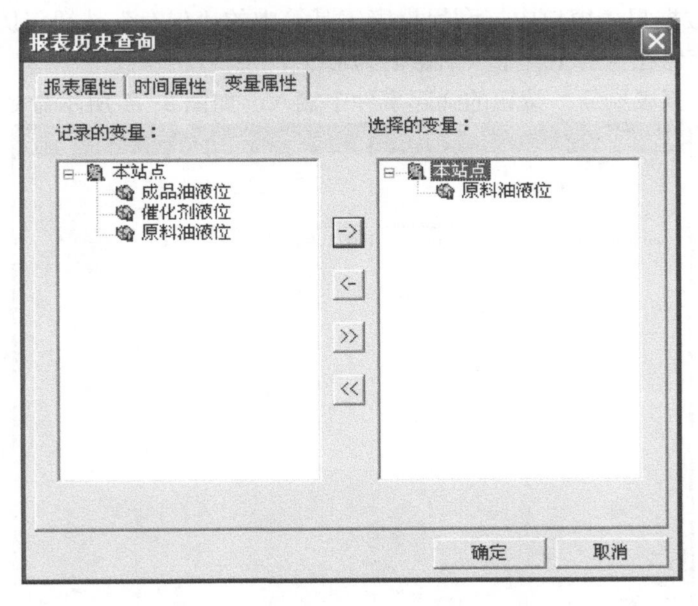

图 3-69 历史数据报表查询设置（三）

（4）设置完毕后单击“确定”按钮，“原料油液位”变量的历史数据即可显示在历史数据报控件中，从而达到了历史数据查询的目的，如图 3-70 所示。

历史数据报表

历 史 数 据 报 表

日期	时间	原料油液位	催化剂液位	成品油液位
14/0...	16:5...	---		
14/0...	16:5...	---		
14/0...	16:5...	---		
14/0...	16:5...	---		
14/0...	17:0...	85.00		
14/0...	17:0...	34.00		
14/0...	17:0...	85.00		
14/0...	17:0...	34.00		
14/0...	17:0...	85.00		
14/0...	17:0...	34.00		
14/0...	17:0...	---		
14/0...	17:0...	---		
14/0...	17:0...	---		
14/0...	17:0...	---		
14/0...	17:1...	---		
14/0...	17:1...	---		
14/0...	17:1...	---		

数据报表查询　　数据报表刷新　　抽样数据报表

图 3-70 历史数据报表查询结果

3）实现历史数据报表刷新

（1）在历史数据报表窗口中，利用报表工具箱中的“保存”按钮将历史数据报表保存成一个报表模板存储在当前工程下（后缀名为.rtl）。

（2）在“数据报表刷新”按钮的弹起事件中输入，如图 3-71 所示命令语言。

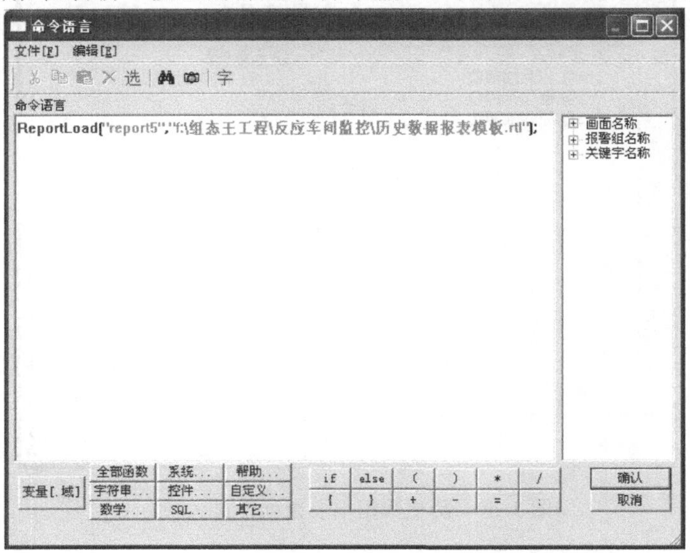

图 3-71　历史数据报表刷新制作

（3）设置完毕后单击“文件”菜单中的“全部存”命令，保存设置。

（4）当系统处于运行状态时，单击此按钮，显示历史数据报表窗口。

（5）单击菜单中的“切换到 VIEW”命令，运行此画面，如图 3-72 所示。

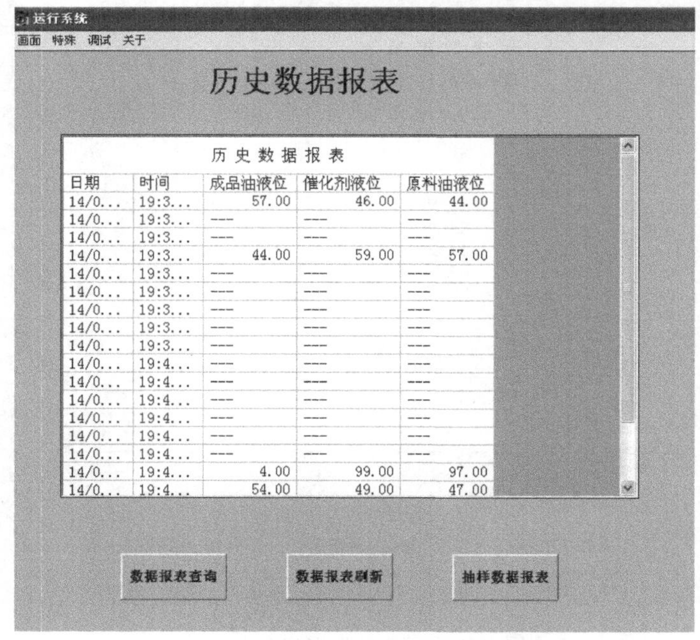

日期	时间	成品油液位	催化剂液位	原料油液位
14/0...	19:3...	57.00	46.00	44.00
14/0...	19:3...	---	---	---
14/0...	19:3...	---	---	---
14/0...	19:3...	44.00	59.00	57.00
14/0...	19:3...	---	---	---
14/0...	19:3...	---	---	---
14/0...	19:3...	---	---	---
14/0...	19:3...	---	---	---
14/0...	19:3...	---	---	---
14/0...	19:4...	---	---	---
14/0...	19:4...	---	---	---
14/0...	19:4...	---	---	---
14/0...	19:4...	---	---	---
14/0...	19:4...	---	---	---
14/0...	19:4...	---	---	---
14/0...	19:4...	4.00	99.00	97.00
14/0...	19:4...	54.00	49.00	47.00

图 3-72　历史数据报表刷新结果

4）历史数据报表应用

利用报表窗口工具，结合组态王提供的命令语言可实现一个抽样数据报表，设置过程如下。

（1）新建一画面，名称为“抽样数据报表”。

（2）选择工具箱中的“报表窗口”工具，在画面上绘制一报表窗口（63 行 5 列），控件名称为“Report6”，并设计表格，如图 3-73 所示。

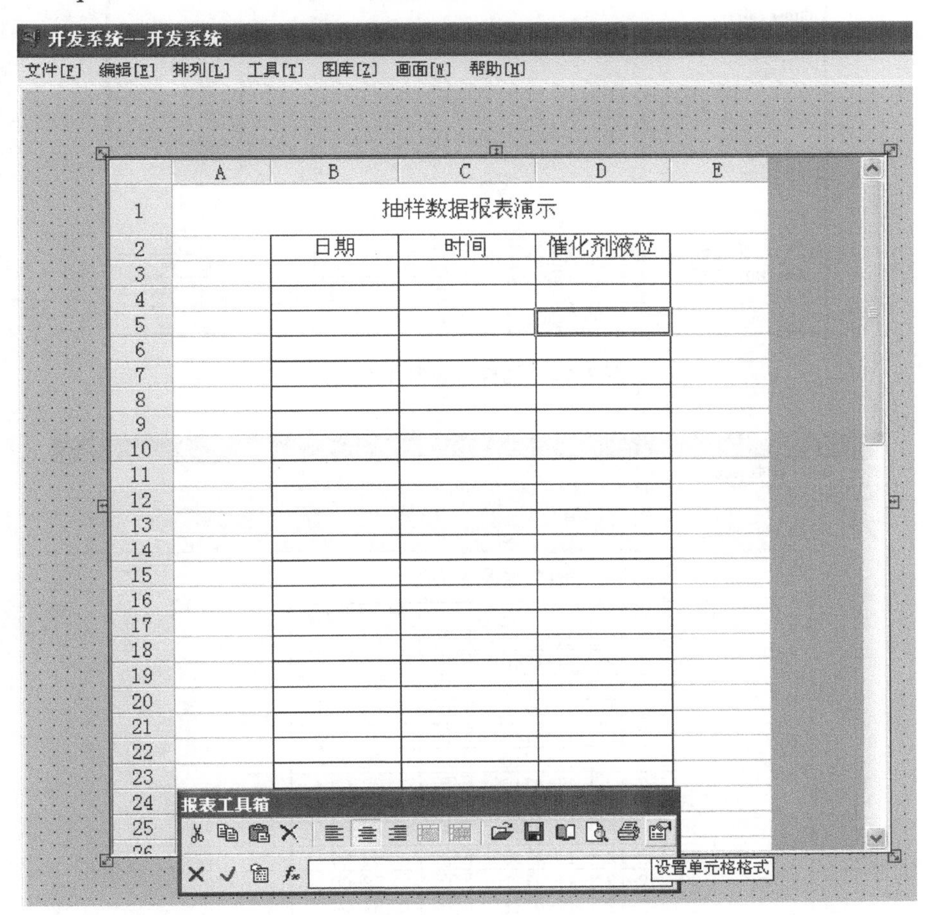

图 3-73　抽样报表制作（一）

（3）在工程浏览器窗口左侧的“工具目录显示区”中选择“命令语言”中的“数据改变命令语言”选项，在右侧“目录内容显示区”中双击“新建”图标，在弹出的编辑框中输入如图 3-74 所示脚本语言。命令语言的作用是将“\\本站点\催化剂液位”变量每秒的数据自动写入报表控件。

（4）设置完毕后单击“文件”菜单中的“全部存”命令，保存设置。

（5）单击“文件”菜单中的“切换到 VIEW”命令，运行此画面，系统自动将数据写入报表控件，如图 3-75 所示。

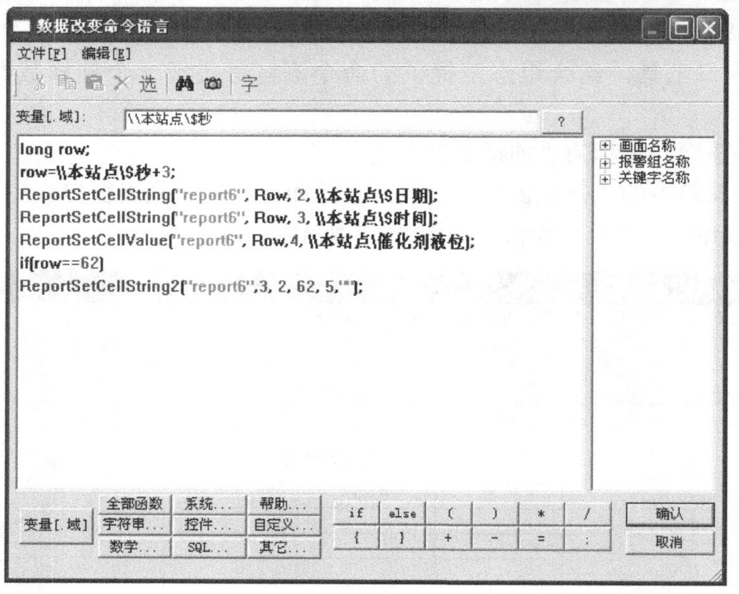

图 3-74　抽样报表制作（二）

运行系统

画面　特殊　调试　关于

抽样数据报表演示

日期	时间	催化剂液位
2014-2-12	11:47:00 下午	67.00
2014-2-12	11:47:01 下午	66.00
2014-2-12	11:47:02 下午	65.00
2014-2-12	11:47:03 下午	64.00
2014-2-12	11:47:04 下午	63.00
2014-2-12	11:47:05 下午	62.00
2014-2-12	11:47:06 下午	62.00
2014-2-12	11:47:07 下午	61.00
2014-2-12	11:47:08 下午	60.00
2014-2-12	11:47:09 下午	59.00
2014-2-12	11:47:10 下午	58.00
2014-2-12	11:47:11 下午	57.00
2014-2-12	11:47:12 下午	56.00
2014-2-12	11:47:13 下午	56.00
2014-2-12	11:47:14 下午	55.00
2014-2-12	11:47:15 下午	54.00
2014-2-12	11:47:16 下午	53.00
2014-2-12	11:47:17 下午	52.00
2014-2-12	11:47:18 下午	51.00
2014-2-12	11:47:19 下午	51.00
2014-2-12	11:47:20 下午	50.00
2014-2-12	11:47:21 下午	49.00
2014-2-12	11:47:22 下午	48.00
2014-2-12	11:47:23 下午	47.00
2014-2-12	11:47:24 下午	46.00

图 3-75　抽样报表结果

工作任务 3　反应车间报警窗口设计

任务描述

为保证炼油厂反应车间的生产安全，油品罐报警信号的产生、记录与解除是必不可少的。通过对“反应车间监测系统”报警信号的定义与配置，学习组态王报警窗口的使用。

知识分解

3.5　报警和事件

组态王提供了强有力的报警和事件系统，并且操作方法简单。

报警是指当系统中某些量的值超过了所规定的界限时，系统自动产生相应警告信息，表明该量的值已经超限，提醒操作人员。例如，往储油罐中输油时，如果没有规定油位的上限，系统就产生不了报警，无法有效提醒操作人员，就可能会造成“冒罐”，形成危险；而有了报警，就可以提示操作人员注意。报警允许操作人员应答。

事件是指针对控制系统的行为、动作，如修改了某个变量的值，用户的登录、注销，站点的启动、退出等。事件不需要操作人员应答。

3.5.1　报警组的定义

在监控系统中，为了方便查看、记录和区别，要将变量产生的报警信息归到不同的组中，即使变量的报警信息属于某个规定的报警组。组态王提供报警组的功能。

报警组是按树状组织的结构，默认只有一个根节点，默认名为 RootNode（可以改为其他名字）。可以通过“报警组定义”对话框为这个结构加入多个节点和子节点。这类似于树状的目录结构，每个子节点报警组下所属的变量，在属于该报警组的同时，也属于其上一级父节点报警组。例如，在上述默认 RootNode 报警组下添加一个报警组 A，则属于报警组 A 的变量同时属于 RootNode 报警组，如图 3-76 所示。

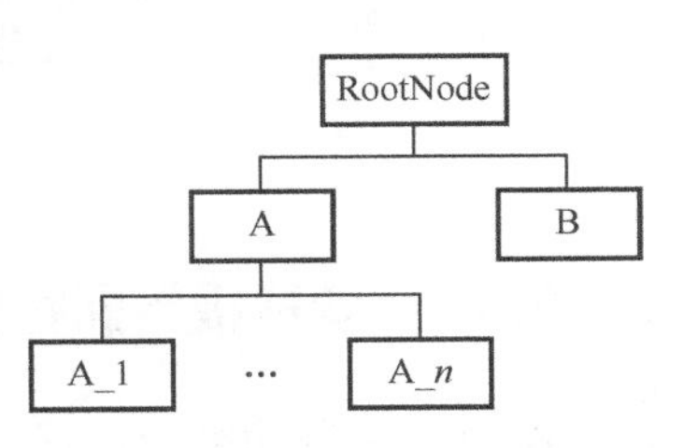

图 3-76　RootNode 报警组

组态王中可以定义最多 512 个节点的报警组。

在组态王工程浏览器的目录树中选择“数据库\报警组”，如图 3-77 所示。

双击右侧的“请双击这儿进入<报警组>对话框…”图标，弹出“报警组定义”对话框，如图 3-78 所示。

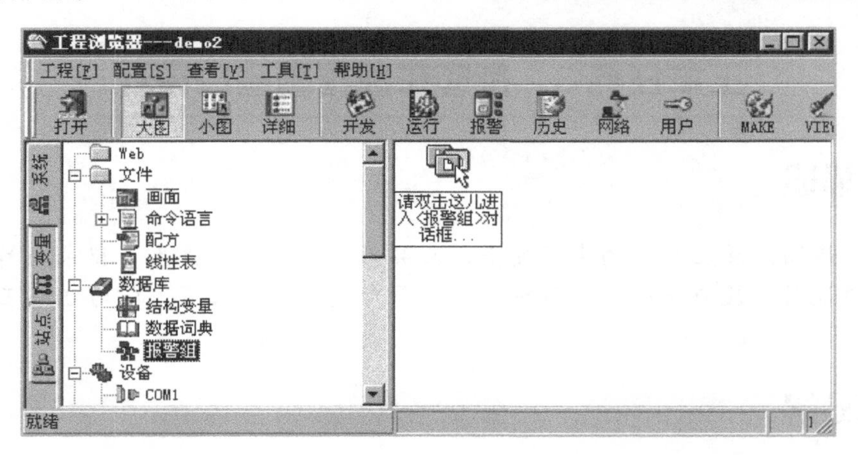

图 3-77　报警组定义

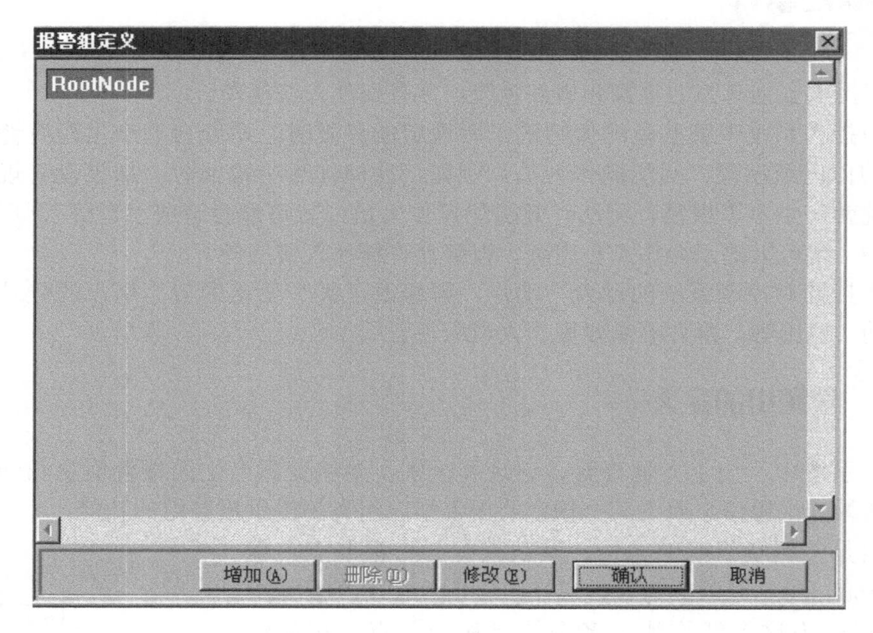

图 3-78　“报警组定义”对话框

3.5.2　变量报警属性的定义

在使用报警功能前，必须先要对变量的报警属性进行定义。组态王的变量中，模拟型（包括整型和实型）变量和离散型变量可以定义报警属性。

1. 通用报警属性

在组态王工程浏览器“数据库\数据词典”中新建一个变量或选择一个原有变量，双击它，在弹出的“定义变量”对话框中选择“报警定义”选项卡，如图 3-79 所示。

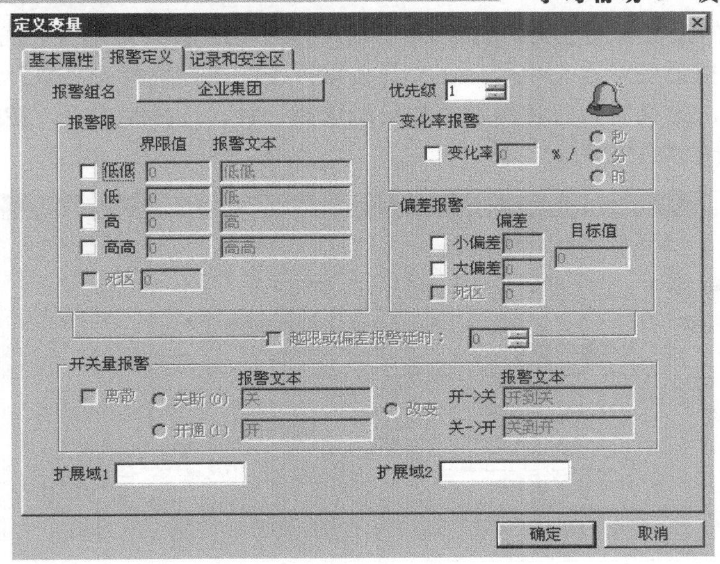

图 3-79　通用报警属性

“报警定义”选项卡可以分为以下几个部分。

（1）“报警组名”和“优先级”选项：单击“报警组名”标签后的按钮，会弹出“选择报警组”对话框，该对话框中将列出所有已定义的报警组，选择其一，确认后所定义变量的报警信息就属于当前选中的报警组。

“优先级”主要是指报警的级别，主要有利于操作人员区别报警的紧急程度。报警优先级的范围为 1~999，1 为最高，999 最低。

（2）模拟量报警定义区域：模拟量主要是指整型变量和实型变量，包括内存型和 IO 型。模拟量的报警类型主要有三种：变化率报警、偏差报警和越限报警。对于越限报警或偏差报警可以定义报警延时和报警死区。

（3）开关量报警定义区域：如果当前的变量为离散量，则这些选项是有效的。

（4）报警扩展域的定义：报警扩展域共有两个，主要是对报警的补充说明、解释，在报警产生时的报警窗中可以看到。

2. 模拟型变量的报警类型

模拟型变量主要是指整型变量和实型变量，包括内存型和 I/O 型。模拟型变量的报警类型主要有三种：越限报警、偏差报警和变化率报警。对于越限报警和偏差报警，可以定义报警延时和报警死区。

3. 离散型变量的报警类型

离散量有两种状态：1 和 0。离散型变量的报警有以下三种状态。

（1）1 状态报警：变量的值由 0 变为 1 时产生报警。

（2）0 状态报警：变量的值由 1 变为 0 时产生报警。

（3）状态变化报警：变量的值由 0 变为 1 或由 1 变为 0 时都产生报警。

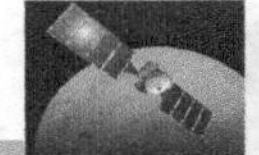

离散型变量的报警属性定义如图 3-80 所示，其中的“报警组名”、“优先级”和“扩展域”的定义与模拟型变量定义相同。在“开关量报警”组内选择“离散”选项，三种类型的选项变为有效。定义时，三种报警类型只能选择一种。选择完成后，在报警文本中输入不多于 15 个字符的类型说明。

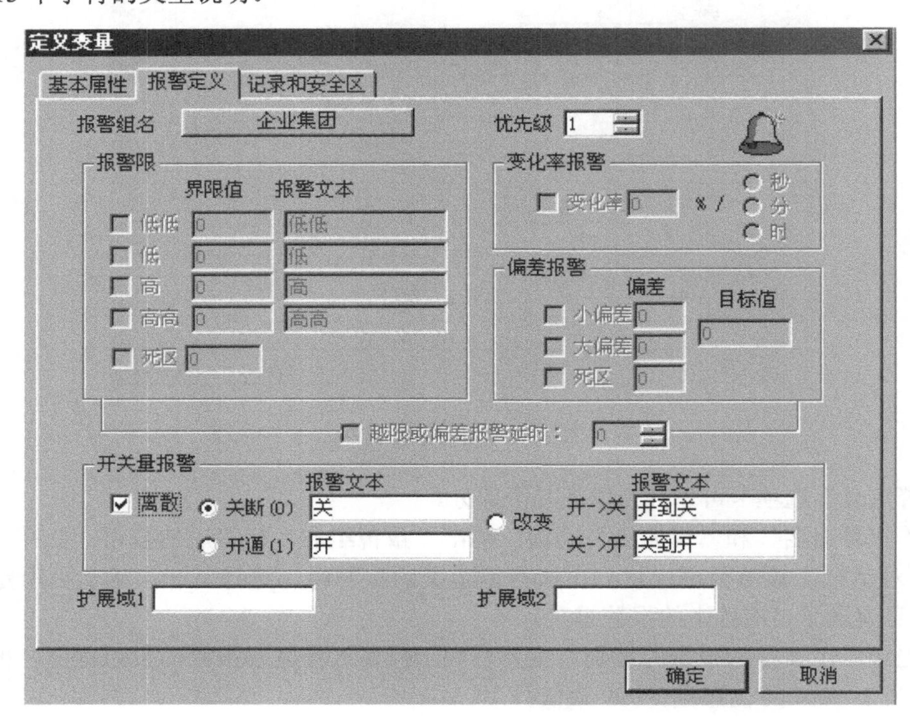

图 3-80　离散型变量报警属性

3.5.3　事件类型及其使用

组态王中根据操作对象和方式等的不同，事件分为以下几类。

（1）操作事件：用户对变量的值或变量其他域的值进行修改。

（2）登录事件：用户登录到系统或从系统中退出登录。

（3）工作站事件：单机或网络站点上组态王运行系统的启动和退出。

（4）应用程序事件：来自 DDE 或 OPC 的变量的数据发生了变化。

事件在组态王运行系统中人机界面的输出显示是通过历史报警窗实现的。

1. 报警窗口的创建与配置

组态王运行系统中报警的实时显示是通过报警窗口实现的。报警窗口分为两类：实时报警窗口和历史报警窗口。实时报警窗主要显示当前系统中存在的符合报警窗口显示配置条件的实时报警信息和报警确认信息，当某一报警恢复后，不再在实时报警窗口中显示。实时报警窗口不显示系统中的事件。历史报警窗口显示当前系统中符合报警窗口显示配置条件的所有报警和事件信息。报警窗中最多显示的报警条数取决于报警缓冲区大小的设置。

1）报警缓冲区大小的定义

报警缓冲区是系统在内存中开辟的用户暂时存放系统产生的报警信息的空间，其大小是可以设置的。在组态王工程浏览器中选择“系统配置/报警配置”，双击后弹出“报警配置属性页”窗口，如图 3-81 所示。对话框的右上角为“报警缓冲区的大小”设置项，报警缓冲区大小设置值按存储的信息条数计算，值的范围为 1～10 000。报警缓冲区大小的设置直接影响报警窗显示的信息条数。

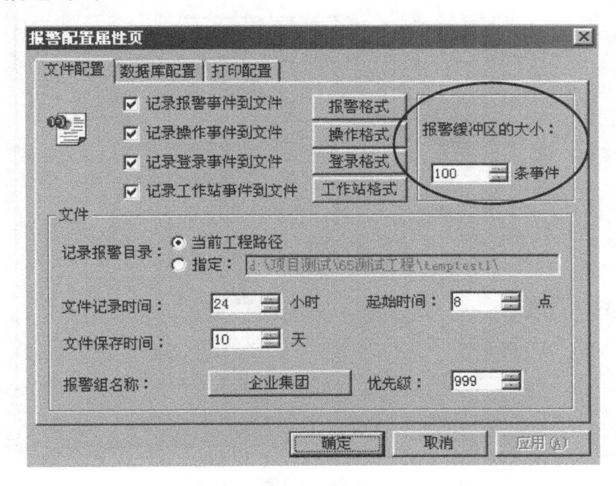

图 3-81　报警缓冲区大小的设置

2）创建报警窗口

在组态王中新建画面，在工具箱中单击“报警窗口”按钮，或选择菜单“工具\报警窗口”，鼠标箭头变为“+”形，在画面上适当位置按下鼠标左键并拖动，绘出一个矩形框，当矩形框大小符合报警窗口大小要求时，松开鼠标左键，报警窗口创建成功，如图 3-82 所示。

改变报警窗口在画面上的位置时，将鼠标移动到选中的报警窗口的边缘，当鼠标箭头变为双“+”形时，按下鼠标左键，拖动报警窗口，到合适的位置，松开鼠标左键即可。

选中的报警窗口周围有八个带箭头的小矩形，将鼠标移动到小矩形的上方，鼠标箭头变为双向箭头时，按下鼠标左键并拖动，可以修改报警窗口的大小。

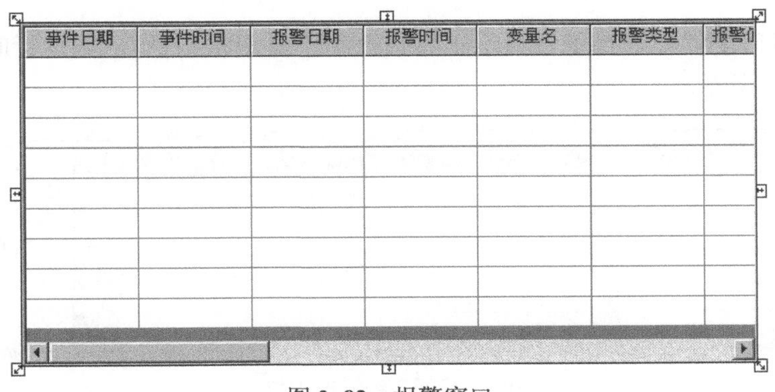

图 3-82　报警窗口

3）配置实时和历史报警窗

报警窗口创建完成后，要对其进行配置。双击报警窗口，弹出“报警窗口配置属性页”窗口，如图 3-83 所示，其有五个选项卡，分别为“通用属性”、“列属性”、“操作属性”、“条件属性”和“颜色和字体属性”。

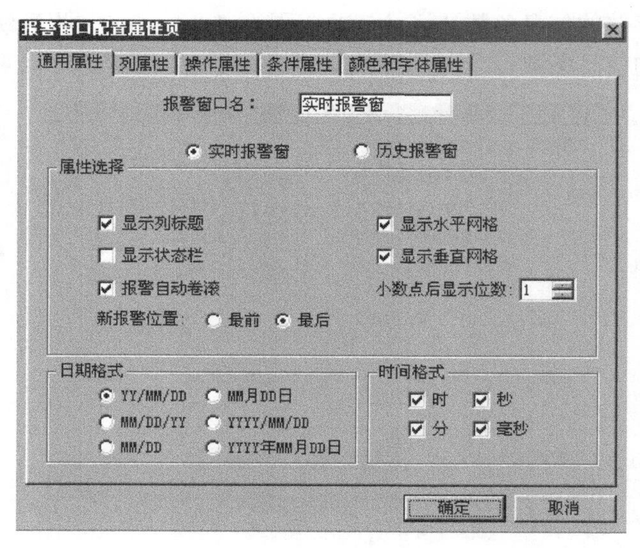

图 3-83 “报警窗口配置属性页”窗口

在“通用属性”选项卡中，可以配置“报警窗口名”、“实时报警窗”、“历史报警窗”、“属性选择”、“日期格式”和“时间格式”等。

在“列属性”选项卡中，可以配置报警窗口显示哪些列，以及这些列的顺序等。

在“操作属性”选项卡中，可以配置操作安全区、操作分类、允许报警确认、显示工具条、允许双击左键等。

在“条件属性”选项卡中，可以配置运行时报警窗口需显示的内容，包括报警服务器名、报警信息源站点、优先级、报警组名、报警类型等。

在“颜色和字体属性”选项卡中，可以配置报警窗口各信息条在运行系统中显示的字体和颜色等。

2. 运行系统中报警窗口的操作

如果报警窗口配置中选择了“显示工具条”和“显示状态栏”，则运行时的标准报警窗口显示如图 3-84 所示。

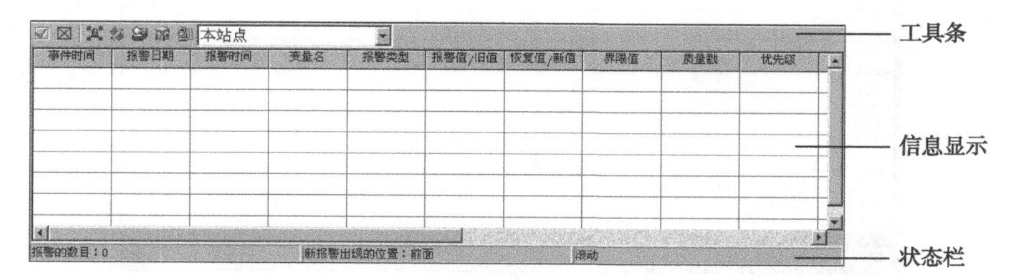

图 3-84 运行系统标准报警窗口

标准报警窗口共分为三个部分：工具条、报警和事件信息显示部分、状态栏。

状态栏共分为三栏：第一栏显示当前报警窗中显示的报警条数；第二栏显示新报警出现的位置；第三栏显示报警窗的滚动状态。

运行系统中的报警窗口可以按需要不配置工具条和状态栏。

任务实施

任务要求

（1）完成对炼油厂反应车间报警信号的配置与报警组定义。

（2）完成“反应车间监测”系统报警窗口的制作。

实施步骤

1. 定义报警组

（1）在工程浏览器窗口左侧“工程目录显示区”中选择“数据库”中的“报警组”选项，在右侧“目录内容显示区”中双击“进入报警组”图标弹出“报警组定义”对话框，如图 3-85 所示。

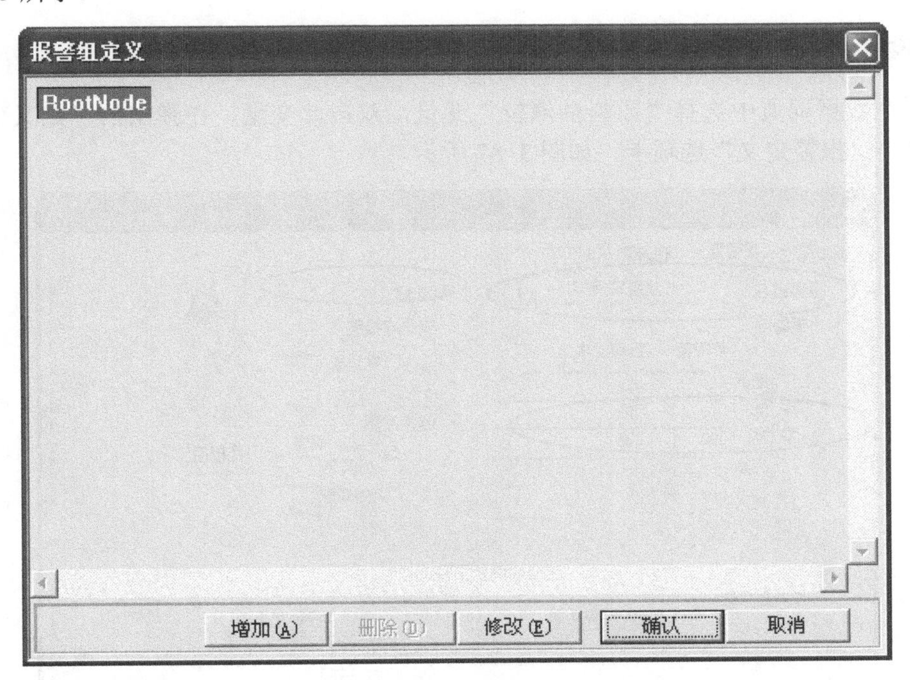

图 3-85 报警组定义（一）

（2）单击“修改”按钮，将名称为“RootNode”报警组改名为“炼油厂”。

（3）选中“炼油厂”报警组，单击“增加”按钮增加此报警组的子报警组，名称为“反应车间”。

（4）单击“确认”按钮关闭对话框，结束对报警组的设置，如图 3-86 所示。

图 3-86 报警组定义（二）

2. 设置变量的报警属性

（1）在数据词典中选择“原料油液位”变量，双击此变量，在弹出的“定义变量”对话框中单击“报警定义”选项卡，如图 3-87 所示。

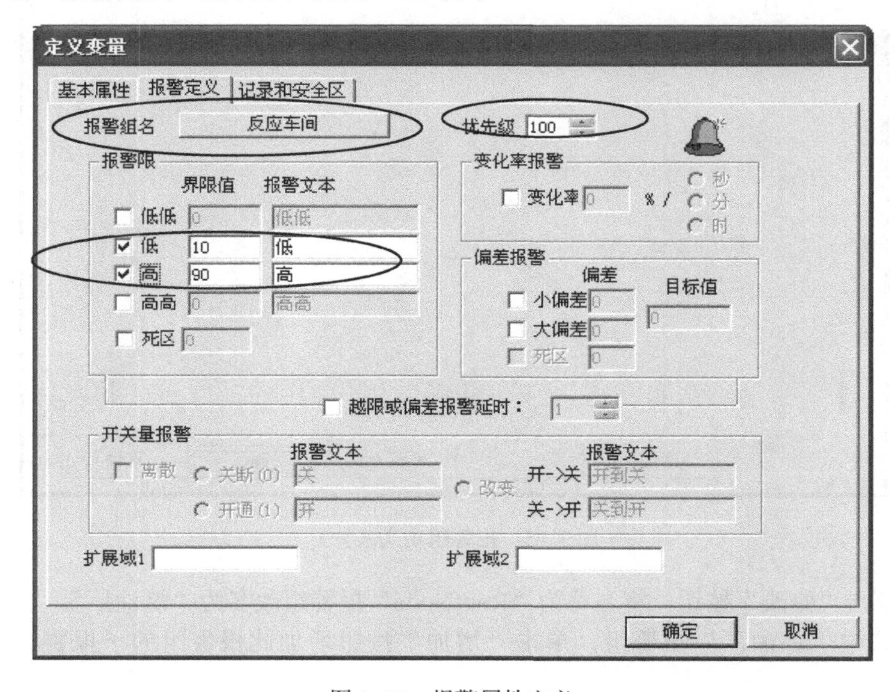

图 3-87 报警属性定义

（2）设置完毕后单击“确定”按钮，系统进入运行状态时，当“原料油液位”的高度低于 10 或高于 90 时系统将产生报警，报警信息将显示在“反应车间”报警组中。

3. 建立报警窗口

（1）新建画面，名称为“报警和事件画面”，类型为覆盖式。

（2）选择工具箱中的“T”工具，在画面上输入文字“报警和事件画面”。

（3）选择工具箱中的“报警窗口”工具，在画面中绘制报警窗口，如图 3-88 所示。

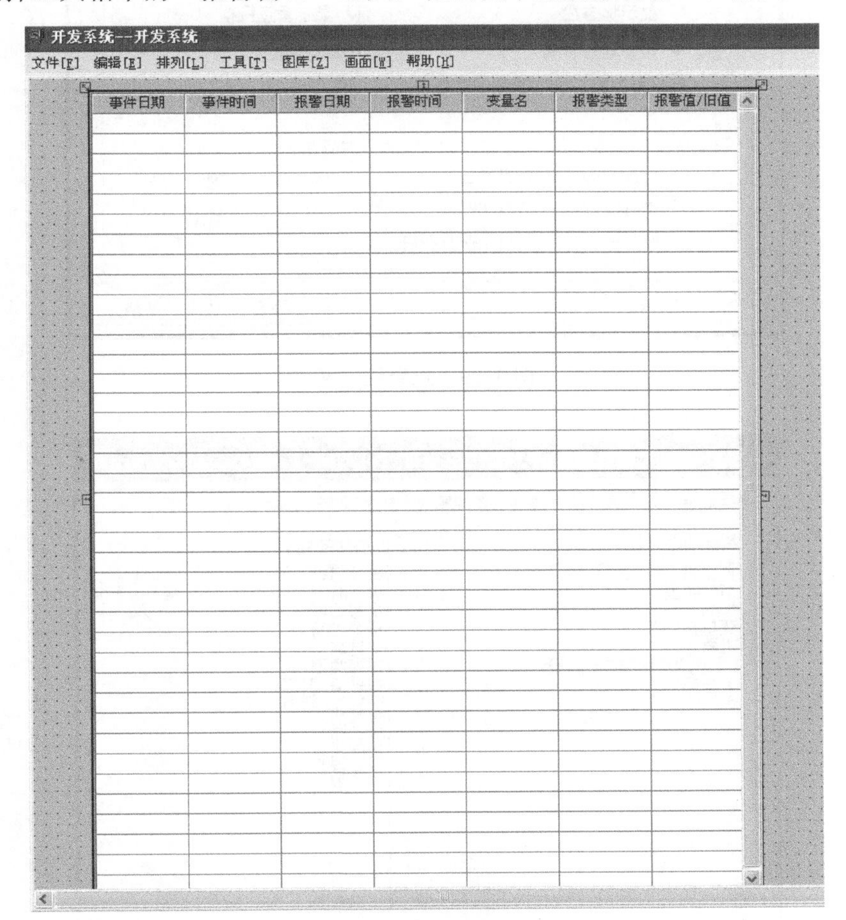

图 3-88　报警窗口制作

（4）双击“报警窗口”对象，弹出“报警窗口配置属性页”对话框，如图 3-89 所示。

① “通用属性”选项卡：设置窗口的名称、窗口的类型（实时报警窗或历史报警窗）、窗口显示属性以及日期和时间显示格式等。需要注意的是，“报警窗口名称”必须填写，否则运行时将无法显示报警窗口。

② “列属性”选项卡：设置报警窗口中显示的内容，包括：报警日期时间显示与否、报警变量名称显示与否、报警类型显示与否等，如图 3-90 所示。

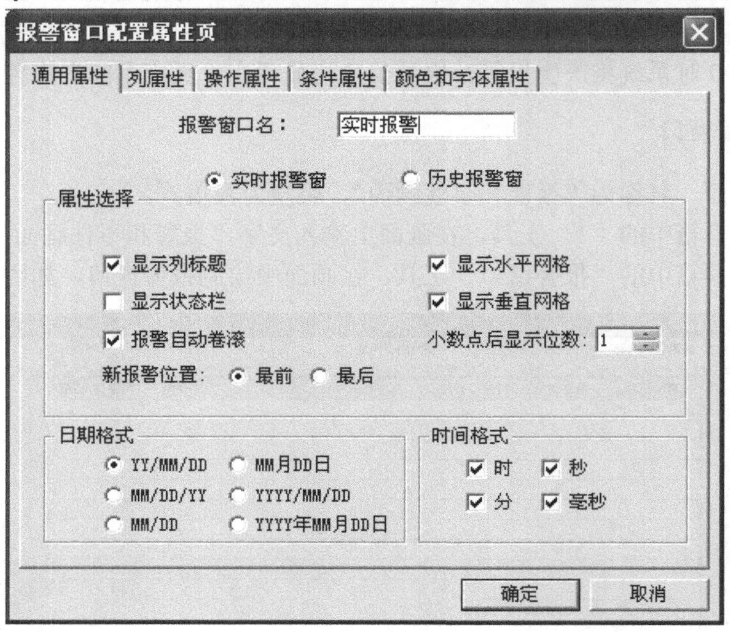

图 3-89　报警组定义

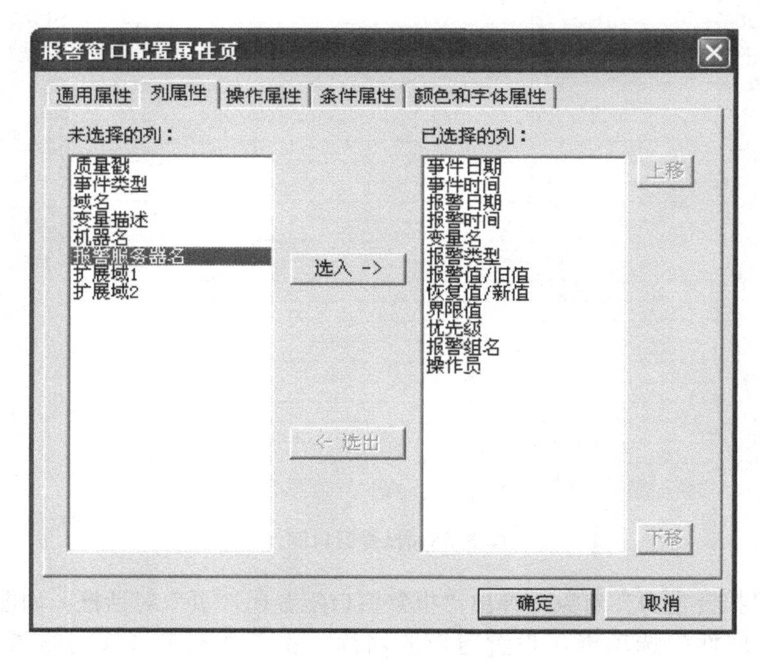

图 3-90　报警定义（一）

③ 操作属性页：如图 3-91 所示，可对操作者的操作权限进行设置。单击“安全区”按钮，在弹出的“选择安全区”对话框中选择报警窗口所在的安全区，只登录用户安全区包含报警窗口的操作安全区时，才可执行双击左键操作、工具条的操作和报警确认的操作等。

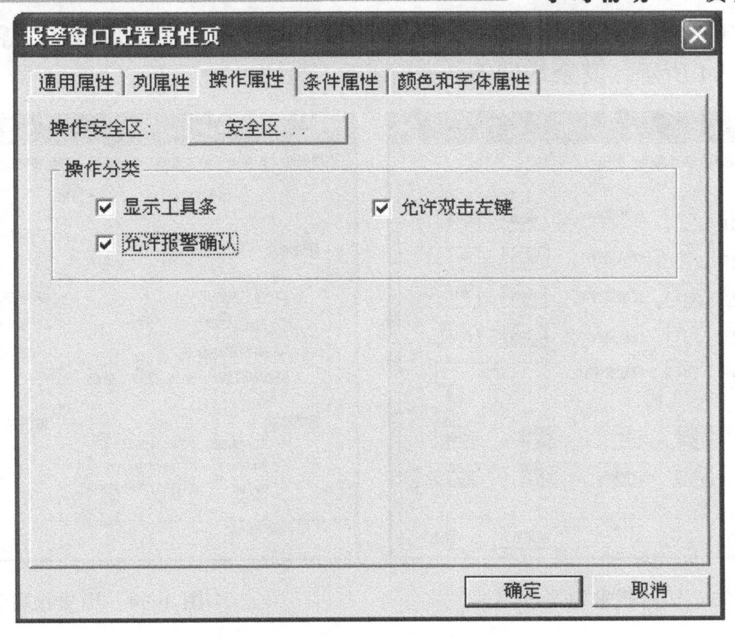

图 3-91　报警定义（二）

④ 条件属性页：设置哪些类型的报警或事件发生时才在此报警窗口中显示，并设置其优先级和报警组，如图 3-92 所示。

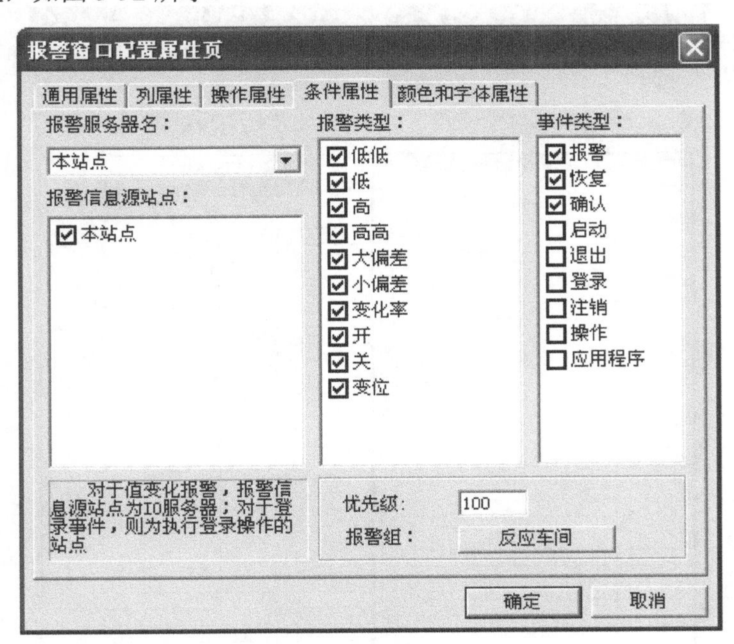

图 3-92　实时报警定义（一）

⑤ 颜色和字体属性页：设置报警窗口的各种颜色以及信息的显示颜色，如图 3-93 所示。

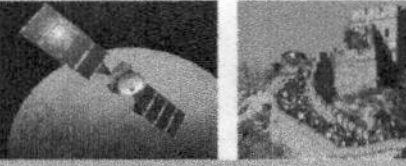

（5）用同样的方法再建立一历史报警窗，其“报警窗口配置属性页”窗口的“通用属性”设置如图 3-94 所示，其余均同前。

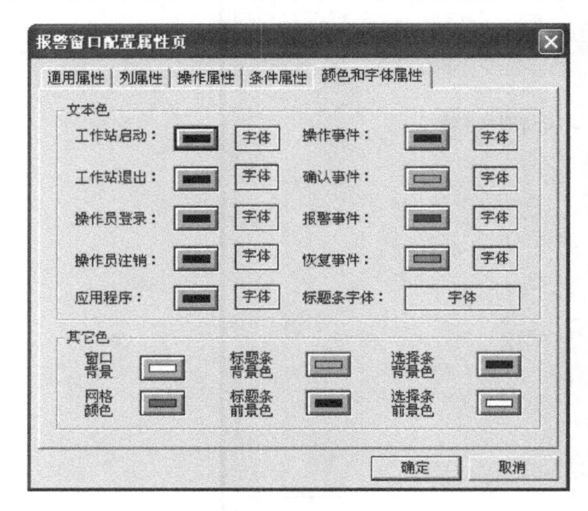

图 3-93　实时报警定义（二）

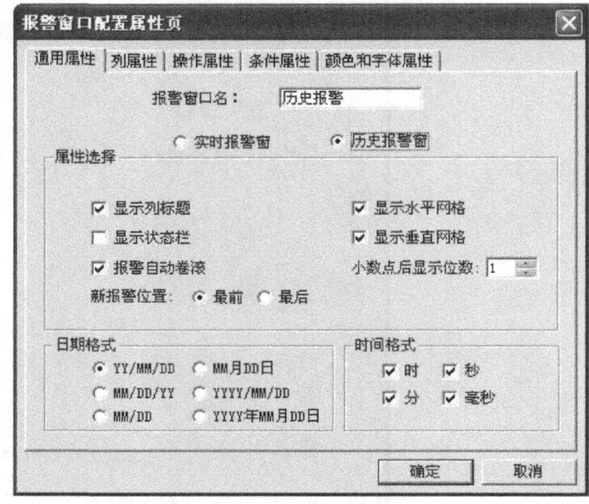

图 3-94　历史报警定义

（6）单击“文件”菜单中的“全部存”命令，保存设置。

（7）单击“文件”菜单中的“切换到 VIEW”命令，进入运行系统，运行刚刚编辑完成的“报警和事件画面”，如图 3-95 所示。

图 3-95　运行报警窗口

知识总结与梳理

通过3个工作任务的实施，学习组态王中曲线、数据报表、报警和事件处理的知识，重点掌握在组态王工程开发中趋势曲线、数据报表以及系统报警窗口的制作与使用方法。具体知识总结与梳理如下所示：

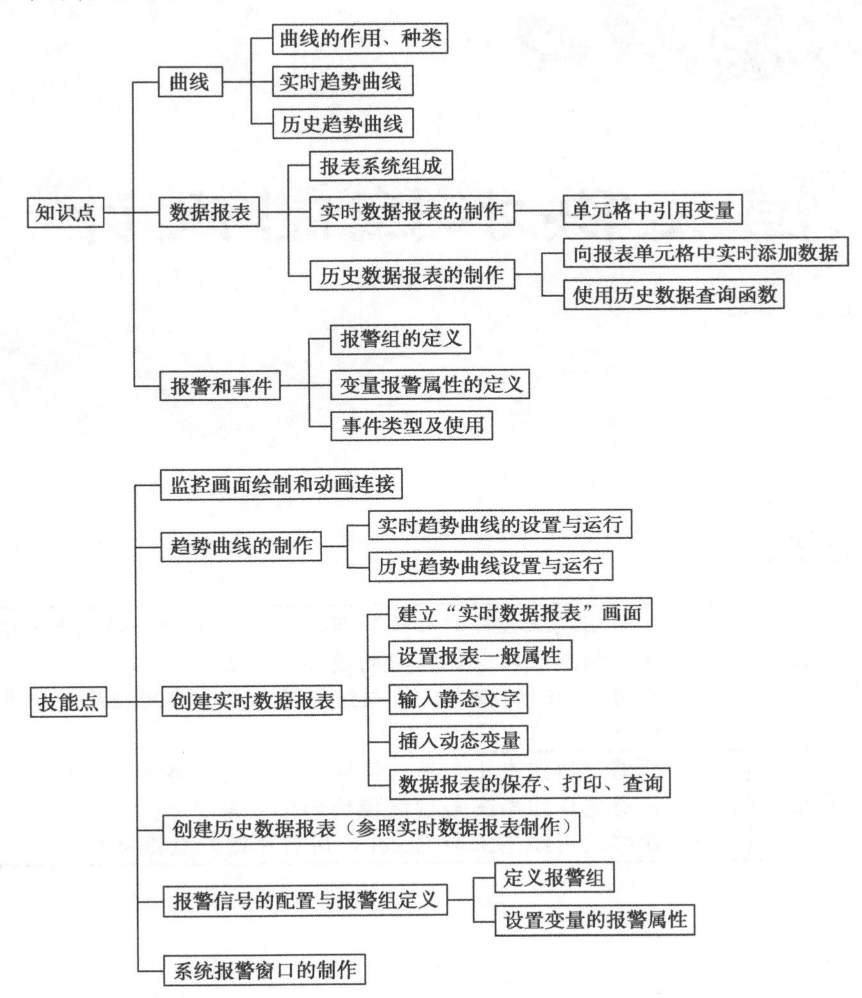

思考题3

3.1　简述组态王中曲线的种类与用途。

3.2　如何查询组态系统的历史数据？

3.3　为什么有些打印机在打印实时报表时为乱码？

3.4　什么是“报警组”？如何定义“报警组”。

学习情境4

恒压供水控制设计

学习目标

知识目标	1. 了解组态王控件的相关知识，掌握常用控件的使用方法。 2. 掌握组态王与智能模块的连接与设置。 3. 了解 DDE 的概念，掌握组态王与其他应用程序的动态数据交换方法。
能力目标	1. 能够使用组态王常用控件实现复杂功能界面的开发。 2. 能够完成组态王与智能模块的配置与通信。 3. 能够使用组态王与 Excel 应用程序进行数据交换。

工作任务　恒压供水控制设计

任务描述

随着社会的发展进步，城市高层建筑的供水问题日益突出，要求提高供水质量，不能因为压力的波动造成供水障碍，因此，恒压供水系统被广泛应用。本任务是利用变频器、智能 PID 控制模块及组态王运行系统，实现一个通过压力传感器，将出水压力信号变成标准控制信号，反馈给 ADAM-4022T 双环 PID 控制模块，与给定压力参数进行比较 ，输出控制变频器的频率，对水泵进行调速控制，调节系统供水量，使供水系统管网中的压力始终保持在给定压力的变频恒压供水系统。

知识分解

4.1　组态王中控件的使用

组态王控件实际上是一种可以重复使用的对象，用来执行专门的任务。每个控件实质上都是一个微型程序，但不是一个独立的应用程序，可以通过设置控件的属性和方法来控制控件的外观和行为，接受输入并提供输出。组态王为其控件提供了各种属性和丰富的命令语言函数，以完成各种特定的功能。

控件在外观上类似于组合图素，只需把它放在画面上，然后配置控件的属性，进行相应的函数连接，就能完成复杂的功能。

主程序只需要向控件提供输入，剩下的复杂工作即由控件完成。主程序无须理睬其过程，只要控件提供所需要的结果输出即可。另外，控件的可重用性也极大地提高了工程开发和运行的效率。

组态王本身提供很多内置控件，如列表框、选项按钮、立体棒图、温控曲线、视频控件等，这些控件只能通过组态王主程序来调用，其他程序无法使用。这些控件的使用主要是通过组态王的控件函数或与之连接的变量实现的。

同时，随着 Active X 技术的应用，Active X 控件也普遍被使用。组态王支持符合其数据类型的 Active X 标准控件，包括 Microsoft Windows 标准控件和任何用户制作的标准 Active X 控件。这些控件在组态王中被称为“通用控件”。

4.1.1　组态王内置控件

组态王内置控件包括立体棒图、温控曲线、X-Y 轴曲线、列表框、选项按钮、文本框、超级文本框、PID/AVI 动画播放、视频、开放式数据库查询、历史曲线等。

在组态王中加载内置控件，可以单击工具箱中的“插入控件”按钮，或选择画面开发系统中的“编辑\插入控件”菜单。系统弹出“创建控件”对话框，如图 4-1 所示。该对话框左侧的“种类”列表中列举了内置控件的类型，选中一项，在右侧的内容显示区中可以

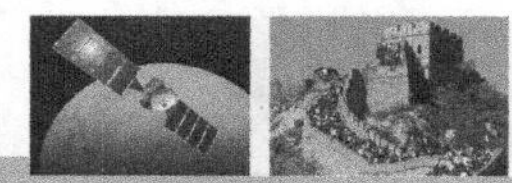

看到该类型包含的控件。选择控件图标，单击“创建”按钮，则创建控件；单击“取消”按钮，则取消创建。

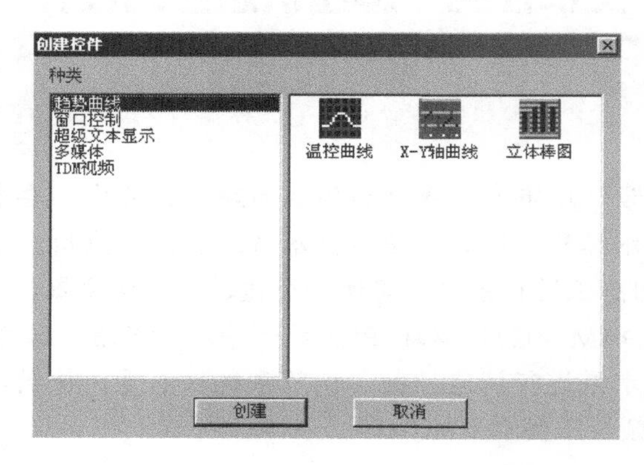

图 4-1 “创建控件”对话框

1. 立体棒图控件（如图 4-2 所示）

立体棒图是指用图形的变化表现与之关联的数据变化的绘图图表。组态王中的立体棒图图形可以是二维条形图、三维条形图或饼图。

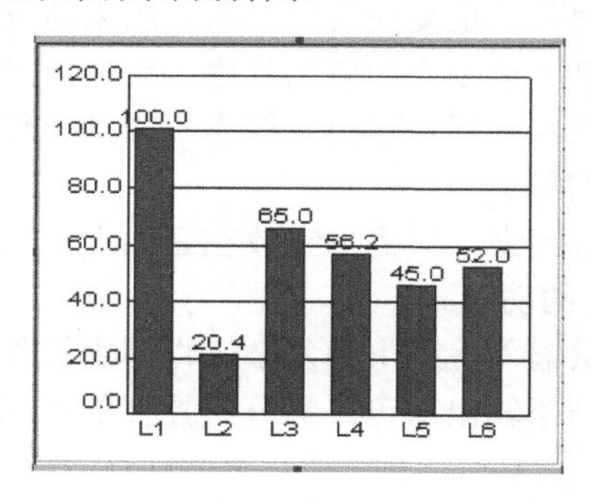

图 4-2 立体棒图控件

立体棒图每一个条形图下面对应一个标签 L1、L2、L3、L4、…，这些标签分别和组态王数据库中的变量相对应，当数据库中的变量发生变化时，则与每个标签相对应的条形图的高度也随之动态地发生变化，因此通过立体棒图控件可以实时地反映数据库中变量的变化情况。另外，工程人员还可以使用三维条形图和二维饼形图进行数据的动态显示。

1）立体棒图控件的属性

用鼠标双击立体棒图控件，则弹出立体棒图控件属性对话框，如图 4-3 所示。

此对话框用于设置立体棒图控件的控件名、图表类型、标签位置、颜色设置、刻度设置、标签字体、显示属性等各种属性。

（1）图表类型：提供二维条形图、三维条形图和二维饼形图三种类型。

（2）标签位置：用于指定变量标签放置的位置，提供位于顶端、位于底部、无标签三种类型。

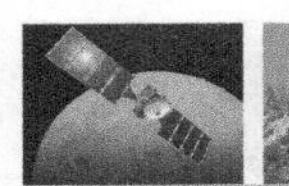

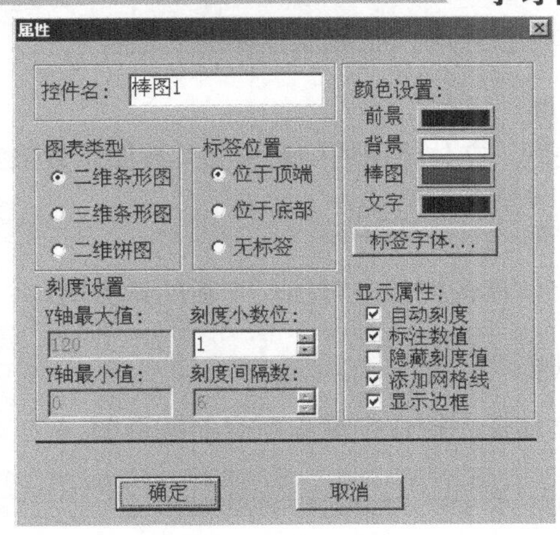

图 4-3　立体棒图控件属性设置

（3）前景：用于设置立体棒图纵坐标刻度值、变量标签的显示颜色。单击“前景”按钮，则弹出下拉式颜色列表框供选择。

（4）背景：用于设置立体棒图的背景显示颜色。单击“背景”按钮，则弹出下拉式颜色列表框供选择。

（5）棒图：用于设置棒图的显示颜色。单击“棒图”按钮，则弹出下拉式颜色列表框供选择。

（6）文字：用于设置棒图上所带文字的显示颜色。单击“文字”按钮，则弹出下拉式颜色列表框供选择。

（7）标签字体：用于设置变量标签的字体大小、字体样式。单击“标签字体”按钮，则弹出“字体”对话框。

（8）Y 轴最大值：用于设置 Y 轴的最大坐标值。当“显示属性中”的“自动刻度”不选中时此项有效。

（9）Y 轴最小值：用于设置 Y 轴的最小坐标值。当“显示属性中”的“自动刻度”不选中时此项有效。

（10）刻度小数位：用于设置 Y 轴坐标刻度值的有效小数位。

（11）刻度间隔数：用于指定 Y 轴的最大坐标值和最小坐标值之间的等间隔数，通常默认值为“10”。当“显示属性中”的“自动刻度”不选中时此项有效。

（12）自动刻度：此选项用于自动/手动设置 Y 轴坐标的刻度值，当选中此选项时，选项前面有一个对钩符号“√”，“Y 轴最大值”和“Y 轴最小值”编辑输入框变灰无效，则 Y 轴坐标的刻度将根据立体棒图中的最大值进行自动设置和调整，而且 Y 轴坐标的最大刻度值比立体棒图中的最大值要大。

（13）标注数值：此选项用于显示/隐藏立体棒图上的标注数值。

（14）隐藏刻度值：此选项用于显示/隐藏 Y 轴坐标的刻度值，选中此选项时，“刻度小数位”和“刻度间隔数”编辑输入框变灰无效。

（15）添加网格线：此选项用于添加/删除网格线，选中此选项时，显示网格线，用于标识 Y 轴坐标刻度值的大小。

（16）显示边框：此选项用于显示/隐藏立体棒图的边框。

2）立体棒图控件的使用

立体棒图控件与变量关联，立体棒图的刷新由立体棒图函数来完成，主要有以下几个：

```
chartAdd( "ControlName", Value, "label" )
```

此函数用于在指定的立体棒图控件中增加一个新的条形图。

```
chartClear( "ControlName" )
```

此函数用于在指定的立体棒图控件中清除所有的条形图。

```
chartSetBarColor( "ControlName", barIndex, colorIndex )
```

此函数用于在指定的立体棒图控件中设置条形图的颜色。

```
chartSetValue( "ControlName", Index, Value )
```

此函数用于在指定的立体棒图控件中设定/修改索引值为 Index 的条形图的数据。

2. 温控曲线控件（如图 4-4 所示）

温控曲线反映出实际测量值按设定曲线变化的情况，主要用于温度控制和流量控制。在温控曲线中，纵轴代表温度值，横轴对应时间的变化，同时将每一个温度采样点显示在曲线中，另外还提供两个游标，当用户把游标放在某一个温度的采样点上时，该采样点的注释值就可以显示出来。

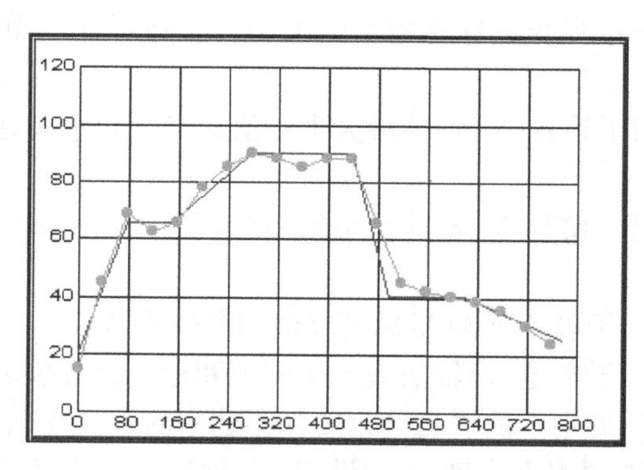

图 4-4　温控曲线控件

温控曲线控件属性设置如图 4-5 所示。

属性包括名称、访问权限、温度最大值、温度最小值、温度分度数、温度小数位、时间最大值、时间分度数、时间小数位数、最大采集点数、颜色设置（设定曲线、实时曲线、标注文字、前景、背景、游标）、字体、显示属性等。

3. X-Y 轴曲线控件（如图 4-6 所示）

X-Y 轴曲线可用于显示两个变量之间的数据关系。在此控件中，X 轴和 Y 轴变量可任意设定，因此，X-Y 轴曲线能用曲线方式反映任意两个变量之间的函数关系。

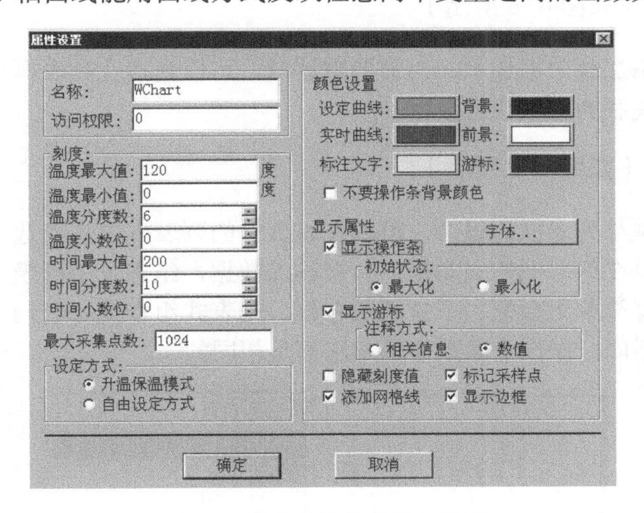

图 4-5　温控曲线控件属性设置

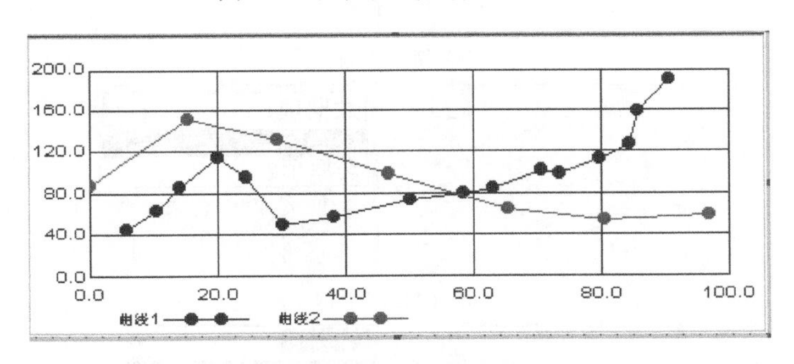

图 4-6　X-Y 轴曲线控件

X-Y 轴曲线控件属性设置如图 4-7 所示。属性包括颜色设置（背景、前景）、X 轴（Y 轴）最大值、X 轴（Y 轴）最小值、X 轴（Y 轴）分度数、X 轴（Y 轴）小数位、曲线最大点数、显示操作条、初始状态等。

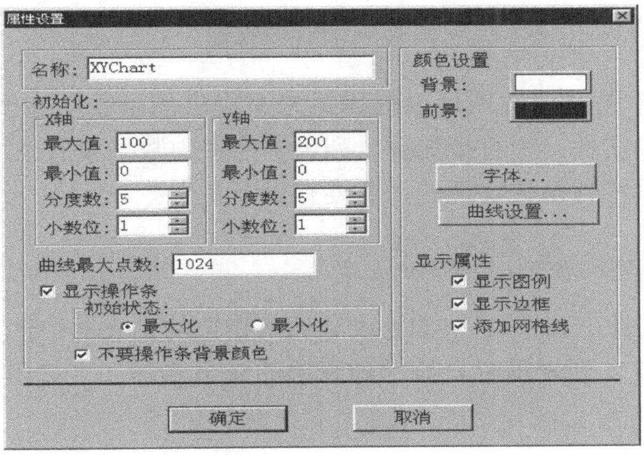

图 4-7　X-Y 轴曲线控件属性设置

4. 列表框控件（如图 4-8 所示）

列表框可以动态加载数据选项，当需要数据时，可以直接在列表框中选择，使与控件关联的变量获得数据。

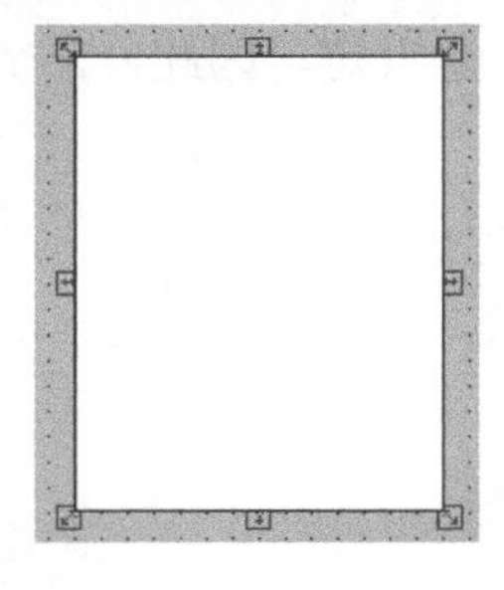

图 4-8　列表框控件

5. 组合框控件（如图 4-9 所示）

组合框是文本框与列表框的组合，可以在组合框的列表框中直接选择数据选项，也可以在组合框的文本框中直接输入数据，组态王中列表框和组合框的形式有简单组合框、下拉式组合框、列表式组合框。它们只是在外观形式上不同，操作及函数使用方法都是相同的。

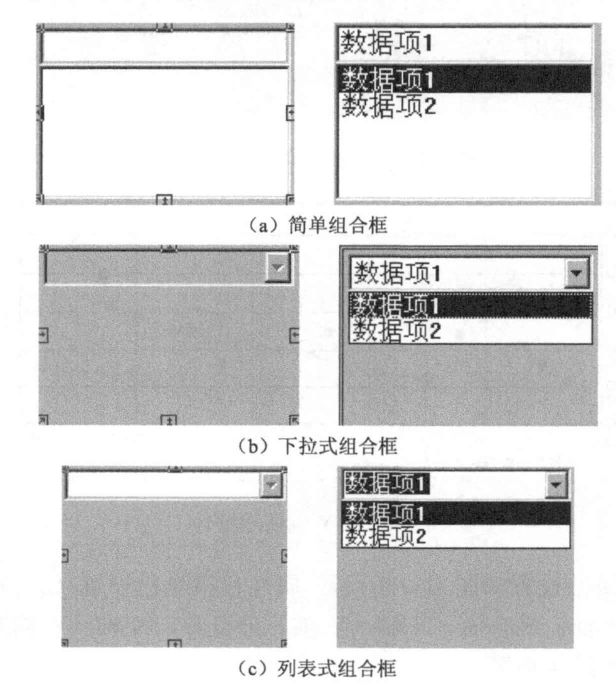

图 4-9　组合框控件

列表框和组合框中的数据选项可以依靠组态王提供的函数动态增加、修改，或从相关文件（.csv 格式的列表文件）中直接加载。列表框控件中数据项的添加、修改、获取或删除等操作都是通过列表框控件函数实现的，主要有以下几个：

```
listLoadList("ControlName","Filename")
```

用于将.csv 格式文件 Filename 中的列表项调入指定的列表框控件 ControlName，并替换列表框中的原有列表项。列表框中只显示列表项的成员名称（字符串信息），而不显示相关的数据值。

```
listSaveList("ControlName","Filename")
```

用于将列表框控件 ControlName 中的列表项信息存入.csv 格式文件 Filename。如果该文件不存在，则直接创建。

```
listAddItem("ControlName","MessageTag")
```

将给定的列表项字符串信息 MessageTag 增加到指定的列表框控件 ControlName 中，并显示出来。组态王将增加的字符串信息作为列表框中的一个成员项——Item，并自动给这个成员项定义一个索引号——ItemIndex，ItemIndex 从 1 开始由小到大自动加 1。

```
listClear("ControlName")
```

清除指定列表框控件 ControlName 中的所有列表成员项。

```
listDeleteItem("ControlName",ItemIndex)
```

在指定列表框控件 ControlName 中删除索引号为 ItemIndex 的成员项。

```
listDeleteSelection("ControlName")
```

删除列表框控件 ControlName 中当前选定的成员项。

```
listFindItem("ControlName","MessageTag",IndexTag)
```

用于查找指定列表框控件 ControlName 中与给定的成员字符串信息 MessageTag 相对应的索引号，并送给整型变量 IndexTag。

```
listGetItem("ControlName",ItemIndex,"StringTag")
```

用于获取指定列表框控件 ControlName 中索引号为 ItemIndex 的列表项成员字符串信息，并送给字符串变量 StringTag。

```
listGetItemData("ControlName",ItemIndex,NumberTag )
```

用于获取指定控件列表框 ControlName 中索引号为 ItemIndex 的列表项中的数据值，并送给整型变量 NumberTag。

```
listInsertItem("ControlName",ItemIndex, "StringTag" )
```

将字符串信息 StringTag 插入到指定列表框控件 ControlName 中列表项索引号为 ItemIndex 的列表项。如果 ItemIndex=-1，则字符串信息 StringTag 被插入到列表项的最尾端。

```
listSetItemData("ControlName",ItemIndex, Number )
```

用于将变量 Number 的值设置到指定列表框控件 ControlName 中索引号为 ItemIndex 的列表项中。

```
ListLoadFileName( "CtrlName", "*.ext" )
```

将*.ext 指示的文件名显示在指定列表框控件 ControlName 中。

6. 复选框控件（如图 4-10）

复选框控件可以用于控制离散型变量、控制现场中的各种开关，作为种多选选项的判断条件。一个复选框控件关联一个变量，其值的变化不受其他同类控件的影响。当控件被选中时，变量置为 1；不选中时，变量置为 0。

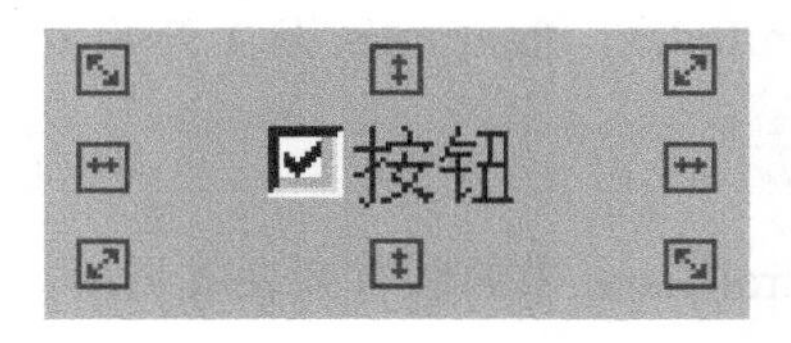

图 4-10　复选框控件

7. 编辑框控件（如图 4-11）

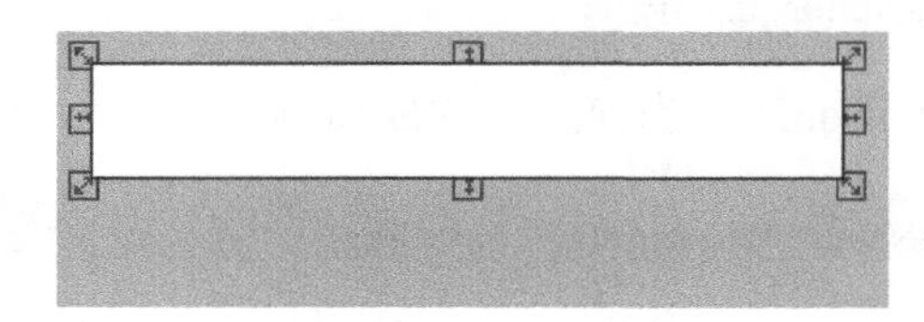

图 4-11　编辑框控件

编辑框控件属性设置如图 4-12 所示。属性包括控件名称、变量名称、访问权限、风格（多行文字、密码显示、接收换行、全部大写、全部小写）。

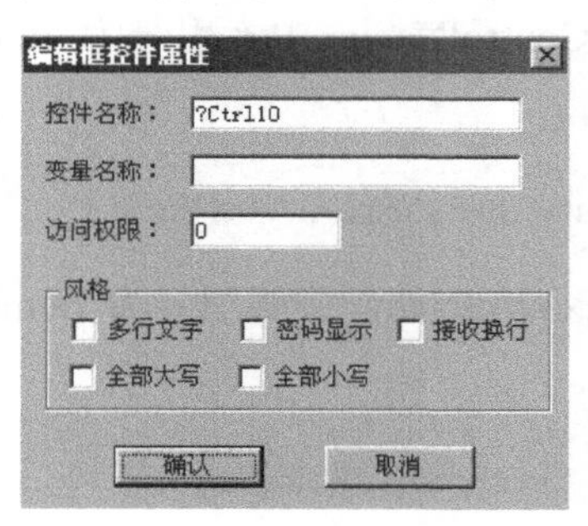

图 4-12　编辑框控件属性设置

编辑框控件没有控件命令语言函数，只需要定义其属性与字符串变量关联即可。因为组态王中的字符串长度为 127 个字符，所以编辑框控件只接收 127 个字符的输入。编辑框控件可以用于在画面上直接输入字符或输入密码等。

8. 超级文本框控件（如图 4-13）

组态王提供一个超级文本框控件，用于显示.rtf 格式或.txt 格式的文本文件，也可在超级文本框控件中输入文本字符串，然后将其保存成指定的文件。

图 4-13　超级文本框控件

调入和保存.rtf、.txt 格式的文件通过超级文本 LoadText( )函数和 SaveText( )函数来完成。超级文本框控件的使用步骤如下。

第一步：用 Windows 操作系统的写字板编写一个 ht1.rtf 文件。

第二步：在组态王画面开发系统放置超级文本框控件以及相应的操作按钮。

第三步：按钮分别进行命令语言连接，使用显示控件函数。

（1）LoadText( )函数：将指定.rtf 或.txt 格式文件的内容加载到超级文本框。

（2）SaveText( )函数：将超级文本框里的内容保存为指定的.rtf 或.txt 格式文件。

9. PID 控件（如图 4-14 所示）

PID 控件是组态王提供的用于对过程量进行闭环控制的专用控件。通过该控件可以方便地制作 PID 控制。

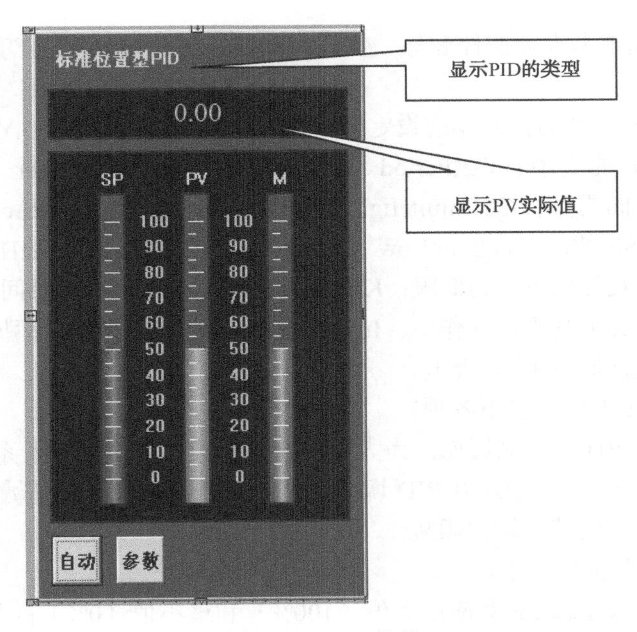

图 4-14　PID 控件

1）控件功能

实现 PID 控制算法，标准型将显示过程变量的精确值，范围为-999 999.99～999 999.99，以百分比显示设定值（SP）、实际值（PV）和手动制定值（M）。开发状态下可设置控件的“总体属性”，“设定/反馈范围”和“参数选择”；运行状态下可设置 PID 参数和手动/自动切换。

2）控件属性

动画连接属性设置如图 4-15 所示。

动画连接属性

常规　属性　事件

属性	类型	关联变量
SP	FLOAT	
PV	FLOAT	
YOUT	FLOAT	
Type	LONG	
CtrlPeriod	LONG	
FeedbackFilter	BOOL	
FilterTime	LONG	
CtrlLimitHigh	FLOAT	
CtrlLimitLow	FLOAT	
InputHigh	FLOAT	
InputLow	FLOAT	
OutputHigh	FLOAT	
OutputLow	FLOAT	
Kp	FLOAT	
Ti	LONG	

确定　取消

图 4-15　动画连接属性设置

其中“常规”选项卡设置控件名称、优先级和安全区；“属性”选项卡设置类型和关联对象。

各属性说明如下：SP 为控制器的设定值；PV 为控制器的反馈值；YOUT 为控制器的输出值；Type 为 PID 的类型；CtrlPeriod 为控制周期；FeedbackFilter 为反馈加入滤波，FilterTime 为滤波时间常数；CtrlLimitHigh 为控制量高限，CtrlLimitLow 为控制量低限；InputHigh 为设定值 SP 的高限，InputLow 为设定值 SP 的低限；OutputHigh 为反馈值 PV 的高限，OutputLow 为反馈值 PV 的低限；Kp 为比例系数，Ti 为积分时间常数，Td 为微分时间常数；ReverseEffect 为是否反向作用；IncerementOutput 为是否增量型输出。

PID 控件属性设置如图 4-16 所示。

“总体属性”选项卡包括以下各项。

（1）控制周期：PID 的控制周期，为大于 100 的整数，且必须大于系统的采样周期。

（2）反馈滤波：PV 值在加入到 PID 调节器之前可以加入一个低通滤波器。

（3）输出限幅：控制器的输出限幅。

“设定/反馈变量范围”如下。

（1）输入变量：设定值 SP 对应最大值（100%）和最小值（0%）的实际值。

（2）输出变量：反馈值 PV 对应的最大值（100%）和最小值（0%）的实际值。

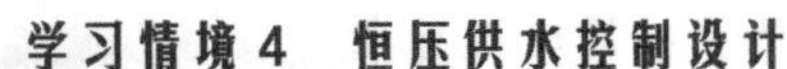

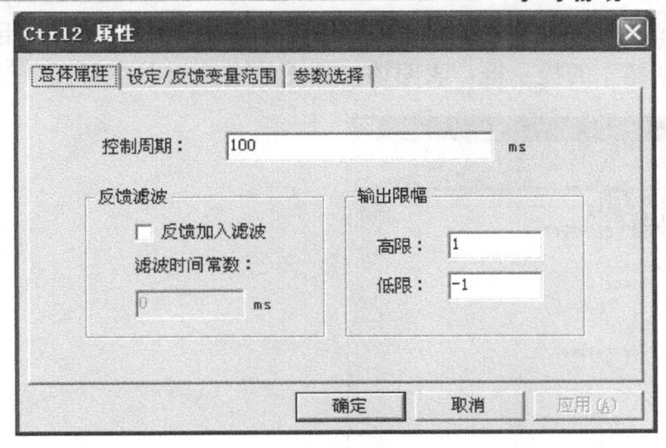

图 4-16 PID 控件属性设置

“参数选择”选项卡包括以下各项。

（1）PID 类型：选择使用标准型。

（2）比例系数 Kp：设定比例系数。

（3）积分时间 Ti：设定积分时间常数，即积分项的输出量每增加与比例项输出量相等的值所需要的时间。

（4）微分时间 Td：设定微分时间常数，即对于相同输出调节量，微分项超前于比例项响应的时间。

（5）反向作用：输出值取反。

（6）增量型输出：控制器输出为增量型。

3）运行时的操作

（1）手动/自动：自动时，控制器调节作用投入；手动时，控制器输出为手动设定值经过量程转换后的实际值。

（2）手动值设定（上/下）：每次点击手动设定值增加或减少 1%。

4）运行时的参数设置

（1）标准型 PID 参数：比例系数、积分常数、微分常数。

（2）PID 的常规参数：反向作用、输出值取反。

4.1.2 组态王中使用的 Active X 控件

在组态王工具箱上单击“插入通用控件”或选择菜单“编辑\插入通用控件”命令，弹出“插入控件”对话框，如图 4-17 所示。

控件列表框中列出了本机上已经注册到 Windows 的 Active X 控件名称，可从中选择所需的控件。例如，在列表中找到“Microsoft Date and Time Picker control”项，选中它，然后单击“确定”按钮，鼠标箭头变为小“+”形，在画面上选择要插入控件的位置，按下鼠标左键，然后拖动，直到拖动出的矩形框大小满足所需，放开鼠标左键，创建的控件便出现在画面上，如图 4-18 所示。

有些特殊的 Active X 控件在组态王项目中无法直接使用，所以当用户在创建控件时，会出现“控件无法创建”的提示框，表明该控件无法在该组态王项目中创建使用。

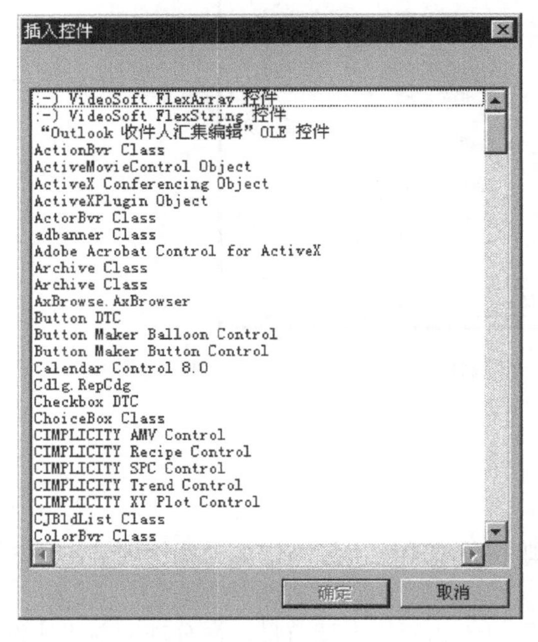

图 4-17 “插入控件”对话框

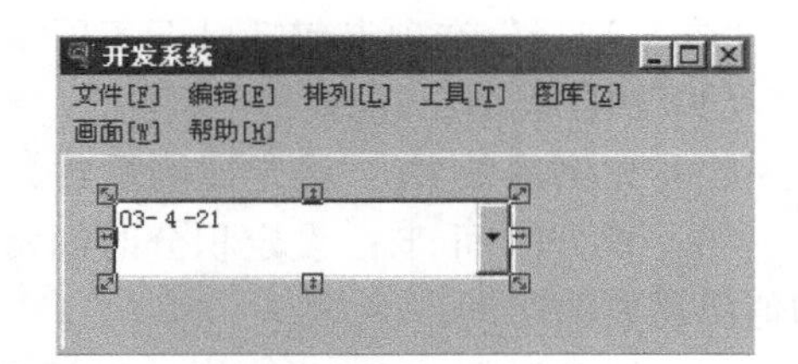

图 4-18 日历控件

4.2 组态王与应用程序的连接

4.2.1 动态数据交换的概念

DDE（Dynamic Data Exchange，动态数据交换）是 Windows 平台上的一个完整的通信协议，它使支持动态数据交换的两个或多个应用程序能彼此交换数据和发送指令。DDE 始终发生在客户应用程序和服务器应用程序之间。

组态王支持 DDE，能够和其他支持动态数据交换的应用程序方便地交换数据。组态王通过 DDE，可以利用 PC 丰富的软件资源来扩充功能。例如，电子表格程序从组态王的数据库中读取数据，对生产作业执行优化计算，然后组态王再从电子表格程序中读出结果来控制各个生产参数；利用 Visual Basic 开发服务程序，完成数据采集、报表打印、多媒体声光报警等功能，从而很容易组成一个完备的上位机管理系统；还可以和数据库程序、人工智能程序、专家系统等进行通信。

DDE 对话的内容是通过以下三个标识名来约定的。

（1）应用程序名（Application）：进行 DDE 对话双方的名称。组态王运行系统的程序名是“VIEW”；Microsoft Excel 的应用程序名是“Excel”；Visual Basic 程序使用的是可执行文件的名称。

（2）主题（Topic）：即被讨论的数据域（Domain）。组态王的主题规定为“tagname”；

Excel 的主题是电子表格的名称，如 sheet1、sheet2、…；Visual Basic 程序的主题由窗体（Form）的 LinkTopic 属性值指定。

（3）项目（Item）：即被讨论的特定数据对象。组态王中规定为数据词典中定义的项目名称；Excel 中的项目是单元格，如 r1c2（表示第 1 行、第 2 列的单元格）；对 Visual Basic 程序而言，项目是一个特定的文本框、标签或图片框的名称。

4.2.2　组态王与 Excel 的数据交换

为了建立 DDE 连接，需要在组态王的数据词典里新建一个 I/O 变量，并登记服务器程序的三个标识名。当 Excel 向组态王请求数据时，要在 Excel 单元格中输入远程引用公式“=VIEW|TAGNAME!设备名.寄存器名”。

这里的“设备名.寄存器名”是组态王数据词典里 I/O 变量的设备名和该变量的寄存器名。

1. 组态王访问 Excel 的数据

组态王访问 Excel 的数据时，组态王作为客户程序向 Excel 请求数据，数据流向如图 4-19 所示。

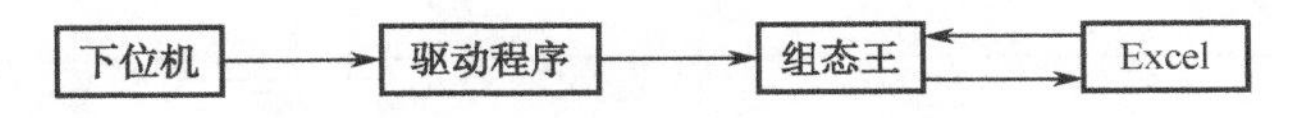

图 4-19　组态王访问 Excel 的数据流向

组态王作为客户程序，需要在定义 I/O 变量时设置服务器程序 Excel 的三个标识名，即服务程序名设为“Excel”，话题名设为电子表格名，项目名设为 Excel 单元格名。

1）在组态王中定义 DDE 设备

在工程浏览器中，从左边的工程目录树中选择“设备\DDE”，利用“设备安装向导”定义 DDE 设备，如图 4-20 所示。

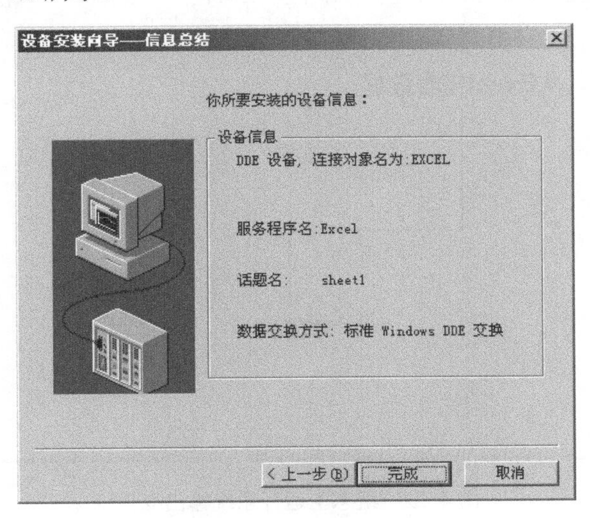

图 4-20　利用“设备安装向导”定义 DDE 设备

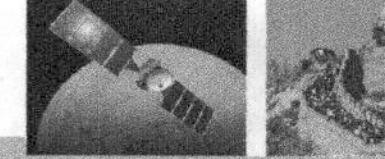

2）在组态王中定义变量

在工程浏览器中，从左边的工程目录树中选择“数据库\数据词典”，新建立一个 I/O 实型变量，基本属性如图 4-21 所示。变量名设为“fromExceltoView”，项目名设为“r2c1”，表明此变量将和 Excel 第 2 行第 1 列的单元格进行连接。

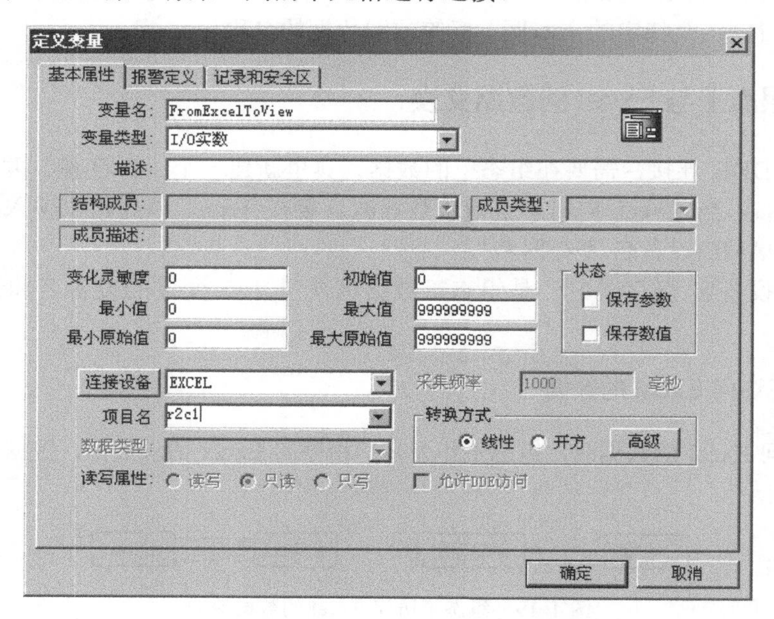

图 4-21　组态王定义变量并与 Excel 进行连接

3）创建组态王画面

（1）新建组态王画面名为“test”，如图 4-22 所示。

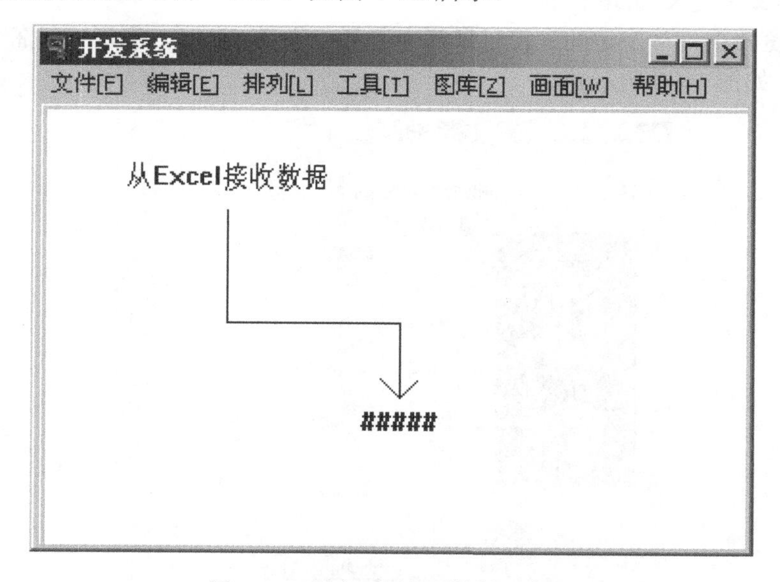

图 4-22　组态王运行系统输出变量

（2）为文本对象“#####”设置模拟值输出动画连接，如图 4-23 所示。

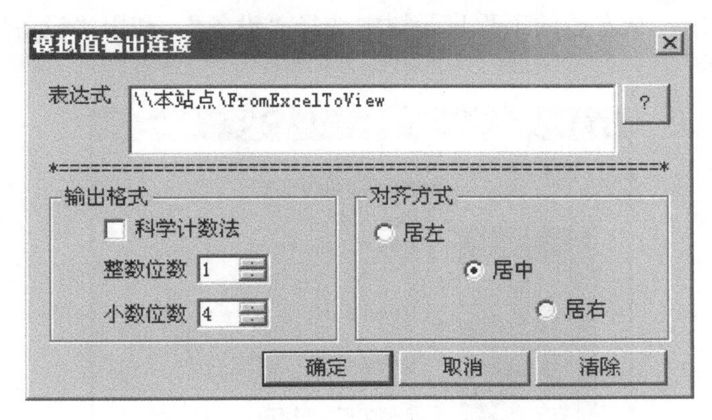

图 4-23　设置变量输出动画连接

（3）设置完成后，选择菜单“文件\全部存”命令，保存画面。在工程浏览器中选择菜单“配置\运行系统”，弹出“运行系统配置”对话框，将“test”设置为主画面。

4）*启动应用程序*

首先启动 Excel 程序，然后启动组态王运行系统。TouchVew 启动后，就自动开始与 Excel 连接。向 Excel 的 A2 单元格（第 2 行第 1 列）中输入数据，可以看到 TouchVew 中的数据也同步变化，如图 4-24 所示。

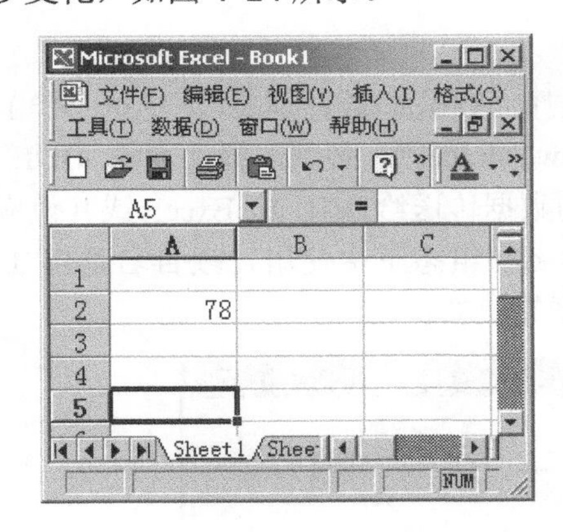

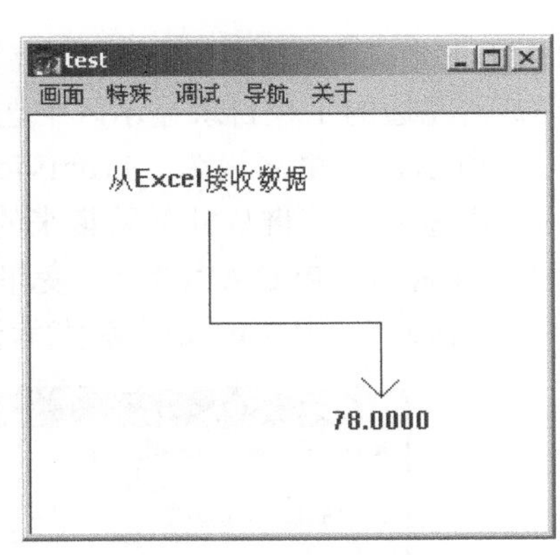

图 4-24　组态王访问 Excel 交换数据

2. Excel 访问组态王的数据

组态王通过驱动程序从下位机采集数据，Excel 又向组态王请求数据。组态王既是驱动程序的“客户”，又充当了 Excel 的服务器，Excel 访问组态王的数据。数据流向如图 4-25 所示。

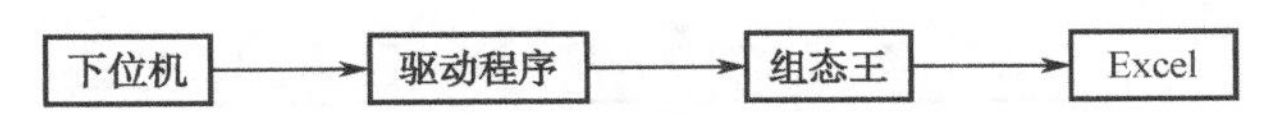

图 4-25　Excel 访问组态王的数据流向

1）在组态王中定义设备

在工程浏览器中，从左边的工程目录树中选择“设备”，利用“设备安装向导”配置设备，如图 4-26 所示。

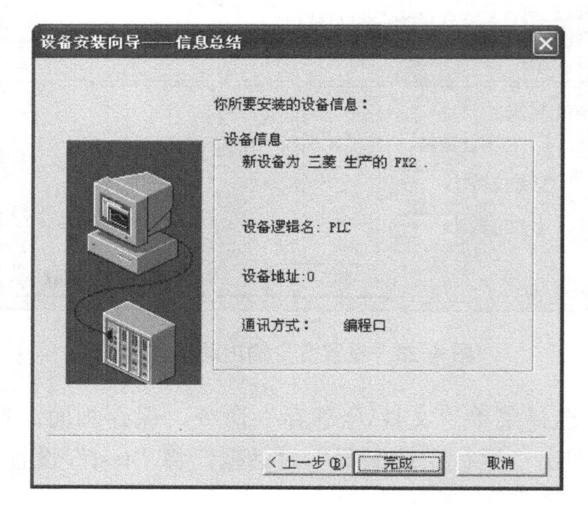

图 4-26　设备安装

定义的连接对象名为“PLC”（也就是连接设备逻辑名），定义 I/O 变量时要使用此连接设备。

2）在组态王中定义 I/O 变量

在工程浏览器左边的工程目录显示区中选择“数据库\数据词典”，建立一个 I/O 实型变量，如图 4-27 所示，变量名设为“FromViewToExcel”。必须选择“允许 DDE 访问”选项，该选项用于组态王能够将从外部采集来的数据传送给 VB 或 Excel 或其他应用程序使用。该变量的项目名为“PLC.AR001”。变量名在组态王中使用，项目名是供 Excel 引用的。连接设备为“PLC”，用来定义服务器程序的信息。

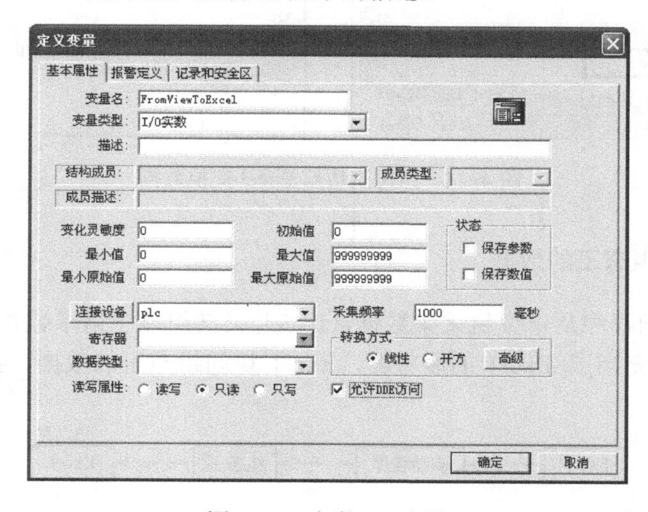

图 4-27　定义 I/O 变量

3）创建画面

（1）在组态王开发系统中建立画面“test1”，如图 4-28 所示。

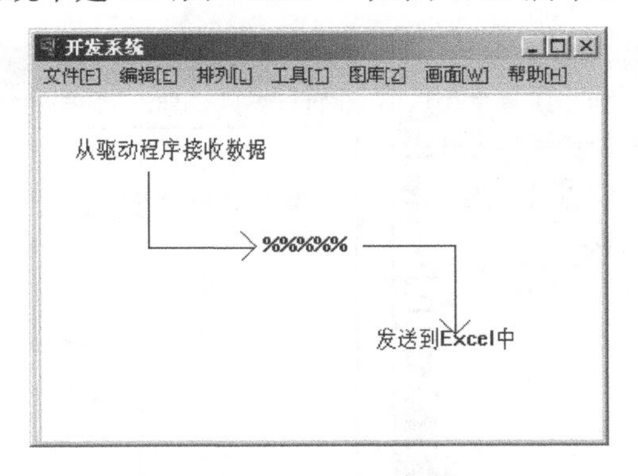

图 4-28　组态王运行系统输出变量

（2）为文本对象“%%%%%”设置模拟值输出动画连接，如图 4-29 所示。

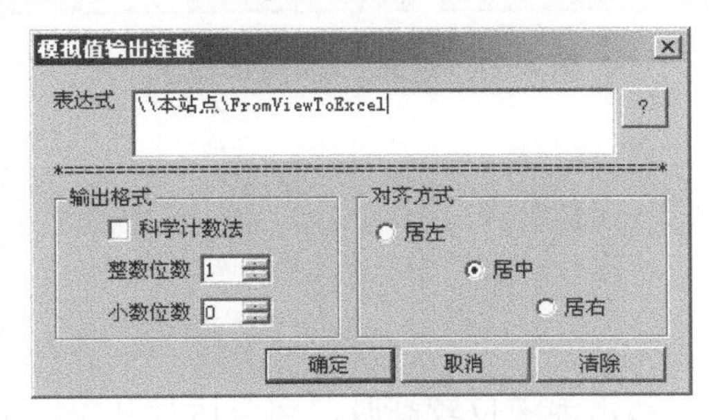

图 4-29　设置变量输出动画连接

（3）选择菜单“文件\全部存”，保存画面。在工程浏览器中选择菜单“配置\运行系统”，弹出“运行系统配置”对话框，选择“主画面配置”选项卡，将“test1”设置为主画面。

4）启动应用程序

启动组态王画面运行系统 TouchVew。如果数据词典内定义有 I/O 变量，TouchVew 就自动开始连接。然后启动 Excel，如图 4-30 所示，选择 Excel 的任一单元格，如 r1c1，输入远程公式“=VIEW|TAGNAME!PLC.AR001”。

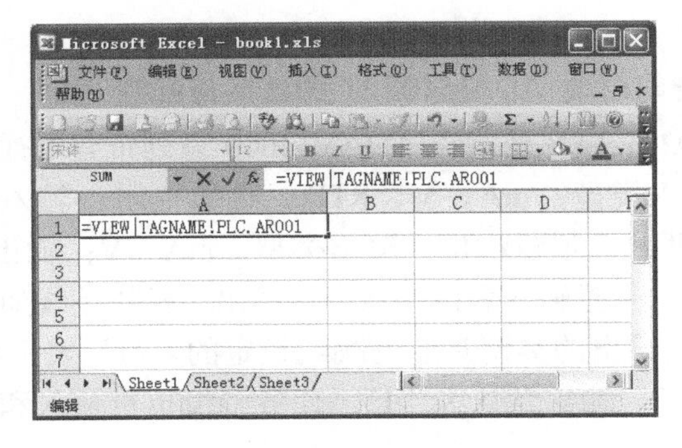

图 4-30　Excel 中引用组态王变量

在 Excel 中只能引用项目名，不能直接使用组态王中的变量名。输入完成后，Excel 进行连接。若连接成功，单元格中将显示数值，如图 4-31 所示。

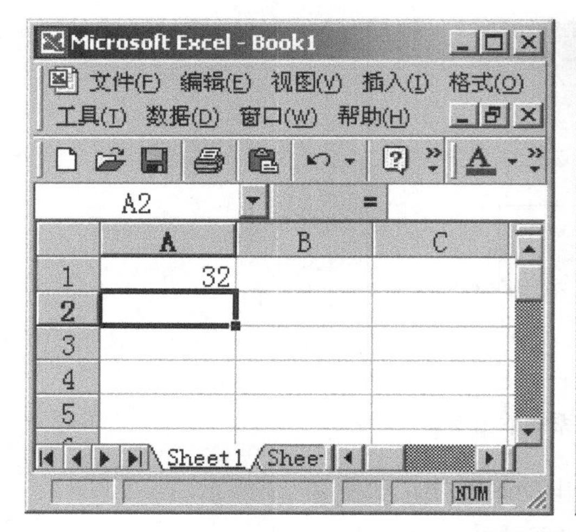

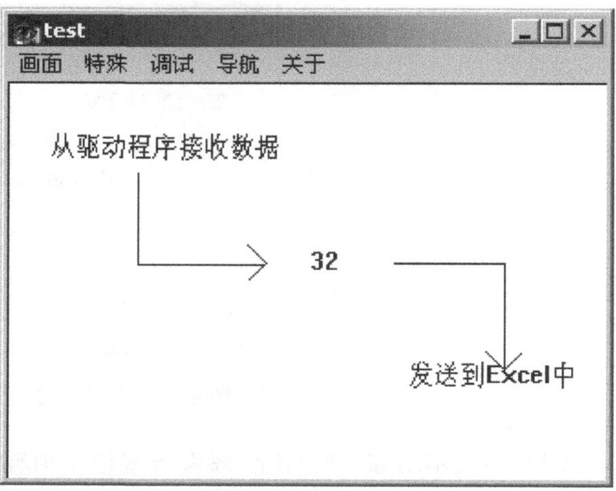

图 4-31 组态王运行系统输出

任务实施

任务要求

（1）根据控制要求，当蓄水池液位较高时，闭合运行开关则启动变频器，断开运行开关则变频器停止输出；在蓄水池液位过低时，自动停止变频器输出，并进行报警提醒；使用 PID 闭环控制，并能方便地更改 PID 参数。完成“变频恒压供水控制”系统硬件连接与设置。

（2）建立“变频恒压供水控制”系统组态工程，进行组态王与 I/O 设备及 DDE 配置并进行数据变量的定义。

（3）完成“变频恒压供水控制”组态监控画面的设计与动画连接。

（4）实现供水管网水压数据的记录与蓄水池液位的报警设计。

实施步骤

1. PC、变频器、智能模块 ADAM4022T 的连接与配置

（1）智能 ADAM-4022T 模块是亚当 ADAM-4000 系列带有串行 PID 控制器的产品，具有四路模拟量输入（输入类型：mA、V、RTD、热敏电阻；输入范围：0～20 mA、4～20 mA、DC0～10 V）、两路模拟量输出（输出类型：mA、V；输出范围：0～20 mA、4～20 mA、0～10 V）、两路数字量输入和两路数字量输出。模块接线如图 4-32 所示。

模拟量输入和模拟量输出的类型是通过跳线设定的，“I”表示电流信号，“V”表示电压信号，输入默认为“V”，输出默认为“I”。任务中模拟量输入和模拟量输出类型都跳为“V”跳线图，如图 4-33 所示。

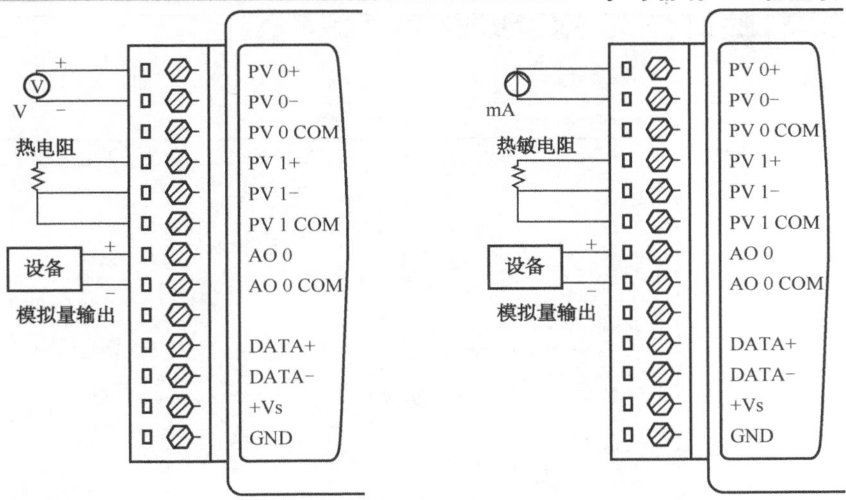

图 4-32　ADAM-4022T 模块接线

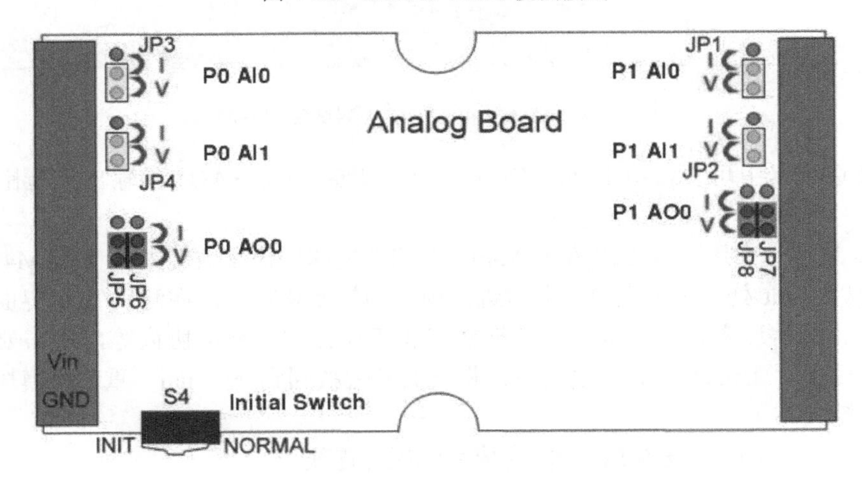

图 4-33　ADAM-4022T 模块跳线

ADAM4022T 连接为 RS-485 接口，需通过接口转换模块 ADAM4020 转换才能同 PC 进行串行连接。控制开关闭合时 DI 为“0”状态，断开时 DI 为“1”状态；DO 输出“0”时继电器断电，输出“1”时继电器通电。

ADAM4022T 自身具有 PID 功能，可以通过软件 ADAM4000-5000 Utility 来进行参数设定。任务中使用 ADAM-4022T 模块，只作为简单的模拟量 I/O 模块，仅需要模拟量输入和输出的数值，不使用 PID 功能。因此，在 PID 项中将 Loop 0 的控制方式设定为“Free”，而恒压控制是由组态王中的 PID 控件来实现。

ADAM4022T 模块使用前还必须进行通信参数配置。在 ADAM4000-5000 Utility 软件中选中 ADAM4022T 连接的串行口 COM1，单击工具快捷键 search 进行搜索，搜索到模块后，单击模块进入测试/配置界面，如图 4-34 所示。

Input 选项卡中可监测 DI0～DI1 的状态，变更 PV0～PV3 的输入值范围，并读取具体的值。

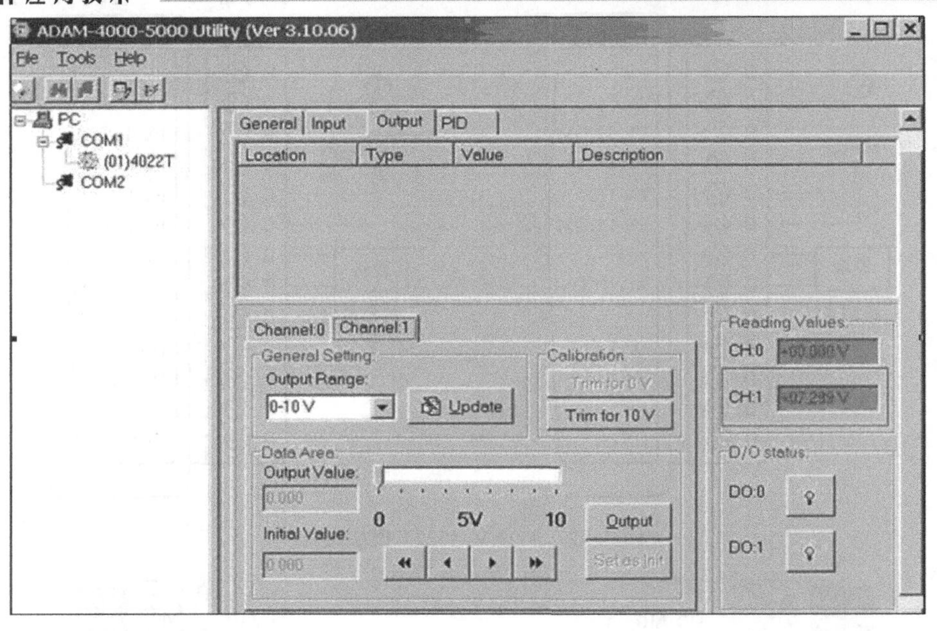

图 4-34 ADAM-4022T 模块测试配置界面

Output 选项卡中可直接给 DO0～DO1 赋值，变更 AO0～AO1 的输出值范围，手动输出值。

General 选项卡中还可以更改 ADAM4022T 的地址和通信参数，先将 ADAM4022T 模块的 S4 开关拨到 Init 处，重新上电，此时进入模块的初始化状态，在测试/配置界面可以配置模块的地址、通信速率、量程范围、数据格式和工作方式、通信协议等，将需要的选项进行修改，最后执行 Update。完成设置后，将 S4 开关拨回到 Normal，重新给模块上电，进入正常工作模式。

（2）根据表 4-1 所示设备 I/O 分配完成系统硬件连线。

表 4-1 设备 I/O 分配表

输　入		输　出	
功　能	ADAM4022T 接线端子	功　能	ADAM4022T 接线端子
液位开关，低电平有效	DI0	变频器启动开关，高电平有效	DO0
运行开关，低电平有效	DI1	输出控制，模拟量 0～10V	AO0
压力反馈，模拟量 0～10V	PV0		
压力给定，模拟量 0～10V	PV1		

2. 组态王与 ADAM4022T 设备的配置

ADAM4022T 模块配置参数如下。

（1）Address（模块地址）：1；

（2）Baud Rate（波特率）：9 600 bps；

（3）Check Sum（校验和）：无；

（4）Protocol（协议选择）：ADVANTECH。

要使 ADAM4022T 模块与组态王通信，组态王通信参数必须与 ADAM4022T 设置一致，组态王 COM1 口参数设为波特率：9600bps；数据位：8；停止位：1；奇偶校验：无。

（1）在工程浏览器目录树中选择“设备项\新建设备”，利用“设备安装向导”设置智能模块——亚当 4000 全系统中的 ADAM4022T 模块，如图 4-35 所示。

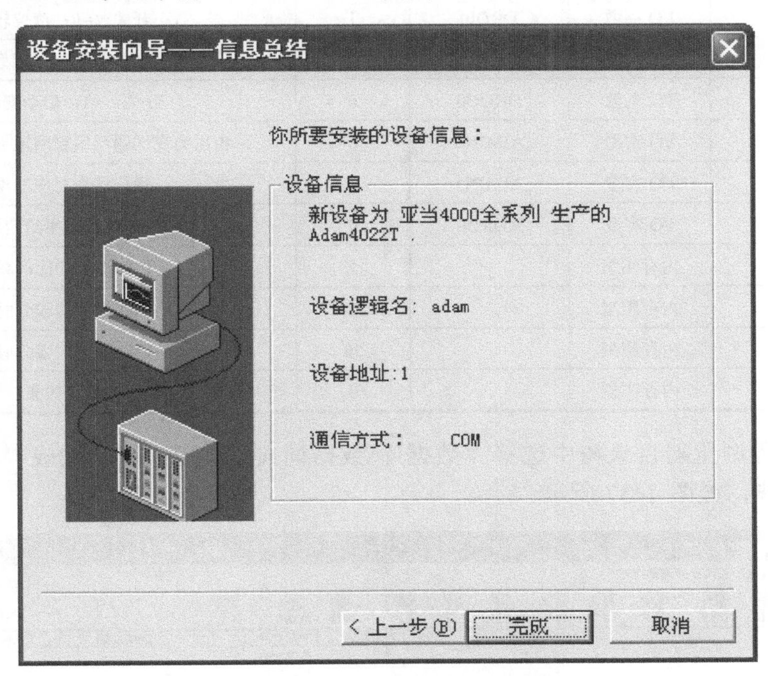

图 4-35　ADAM-4022T 模块通信配置

（2）双击“COM1”配置通信参数，如图 4-36 所示。

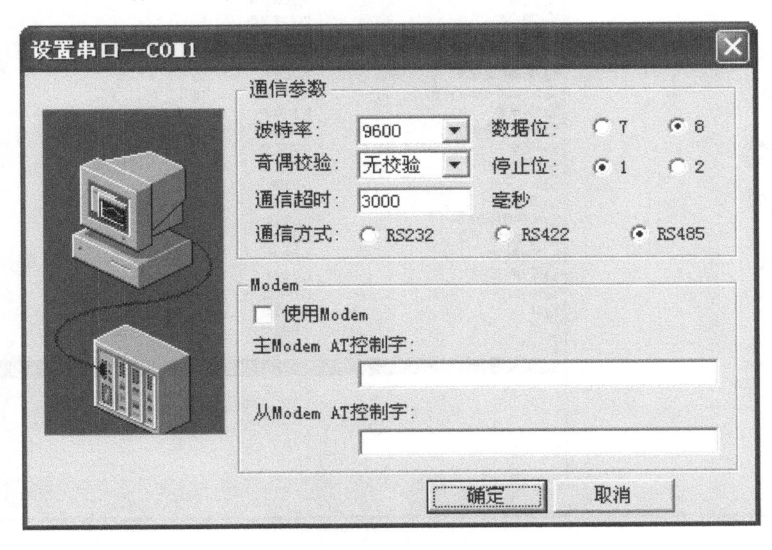

图 4-36　COM1 通信配置

3. 建立“变频恒压供水控制”组态工程

根据控制要求定义组态工程数据变量，如表 4-2 所示。

表 4-2 定义组态工程数据变量

变 量 名	类 型	寄 存 器	初 值	功 能
液位开关	I/O 离散	DRDI0	1	开关，=0：液位较高
运行开关	I/O 离散	DRDI1	1	开关，=0：运行系统
变频器启动开关	I/O 离散	DRDO0	0	开关，=1：启动变频器
压力反馈	I/O 实型	AIMIN0	0	由压力变送器反馈管网压力对应的电压
压力给定	I/O 实型	AIMIN1	0	目标压力对应的电压
输出控制	I/O 实型	ADRB0	0	变频器频率给定值
Kp	内存实型		1	PID 调节的比例系数
Ti	内存整型		200	PID 调节的积分时间
Td	内存整型		50	PID 调节的微分时间
水流	内存实型		0	水流效果

（1）在工程浏览器目录树中选择“数据库\数据词典\新建变量”，构成“变频恒压供水控制”数据词典，如图 4-37 所示。

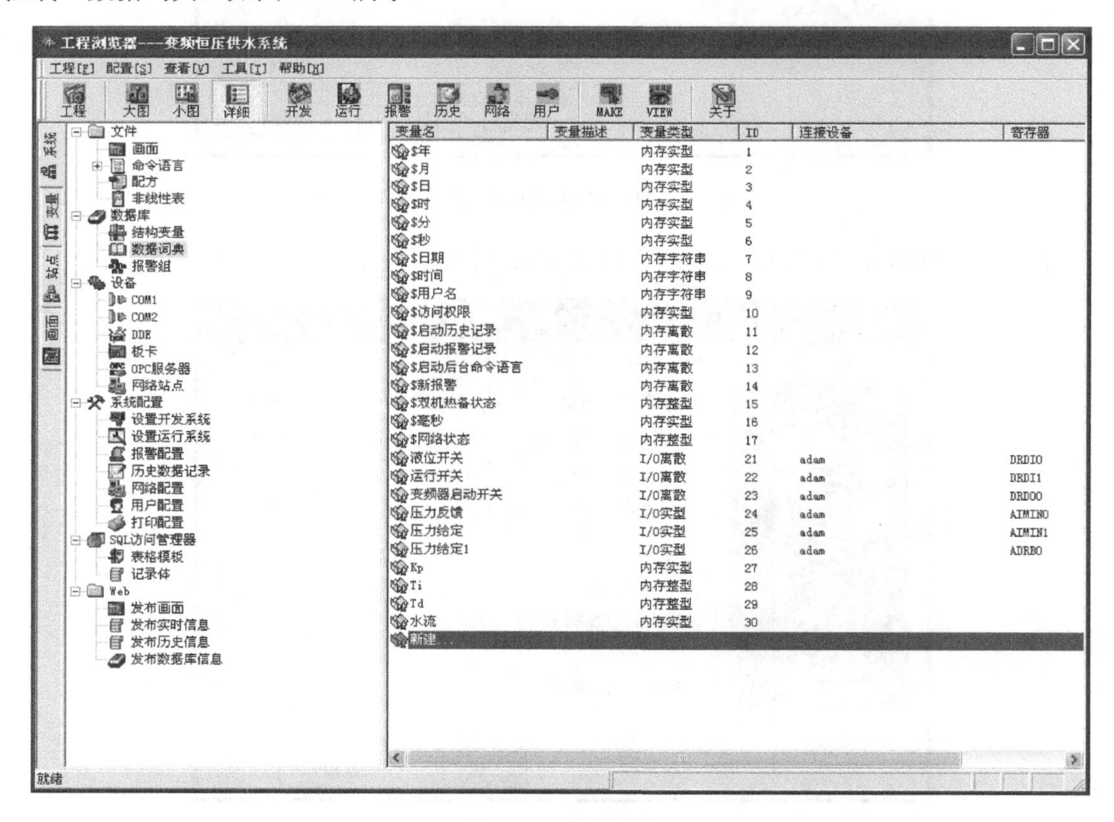

图 4-37 数据词典

（2）在工程浏览器目录树中选择“文件\画面\新建‘变频恒压供水’监控画面”，参考画面如图 4-38 所示，完成画面图素绘制与动画连接。

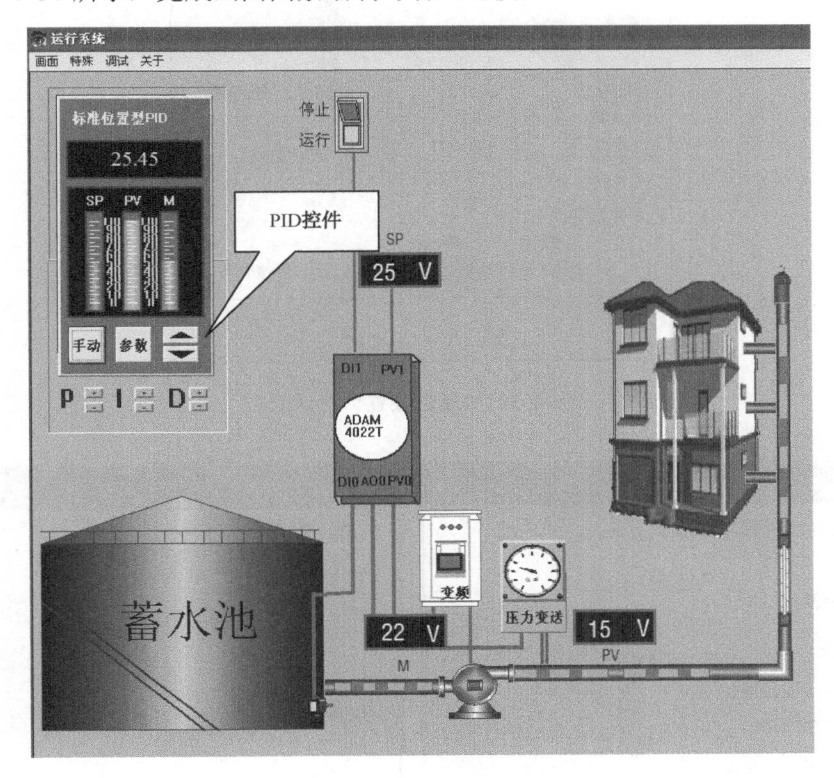

图 4-38　参考画面

① 画面图素：蓄水池、水泵、水管和房屋；智能模块 ADAM4022T 与其他各设备的连接：DI1 连接运行开关，DO0 连接变频器的启动控制端，DI0 连接液位开关，PV0 连接压力反馈信号，PV1 连接压力给定信号，AO0 连接变频器输出控制。

② 使用组态王通用控件 PID 控件，首先要注册此控件，注册方法是在 Windows 系统“开始\运行”输入命令“regsvr32<组态安装路径>\KingviewPid Control”，系统会有注册信息弹出。

双击“变频恒压供水”监控画面，在工具箱中单击“插入通用控件”按钮，在弹出的对话框中选择“Kingview Pid Control”，单击“确定”按钮，按下鼠标左键并拖动，可在画面上绘出控件。双击该控件，弹出“属性设置”对话框，设置名称并进行初始化值，如图 4-39 所示。

再选择“控件”右键菜单中“控件属性”，弹出控件固有属性对话框，填写各选项卡如图 4-40 所示。

③ 动画连接要求。

◆ 两个开关动画效果：单击开关，相应变量置 0；再单击，置 1。同时用颜色变化表示开关接通和断开状态。

◆ 变频器动画效果：DO0 为 1 时，变频器启动，并用颜色变化表示变频器运行和停止状态。

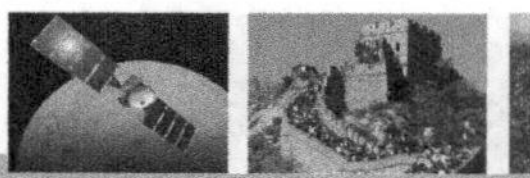

图 4-39 “属性设置”对话框

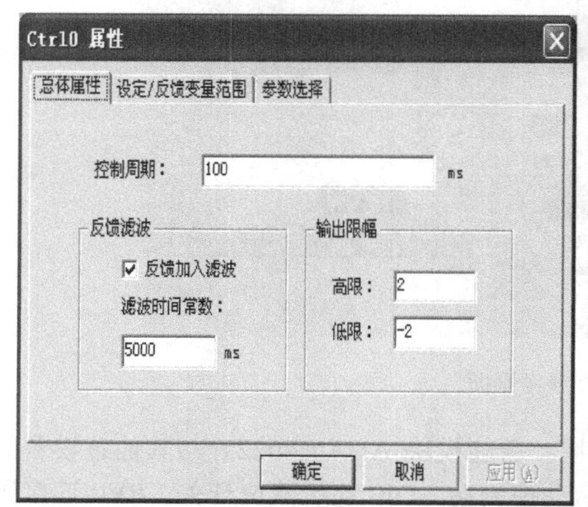

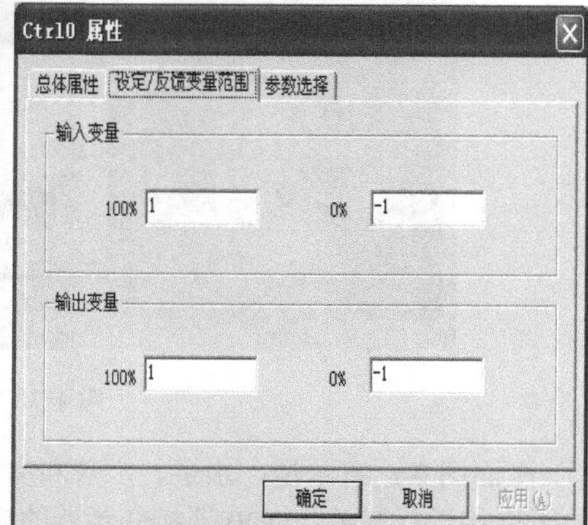

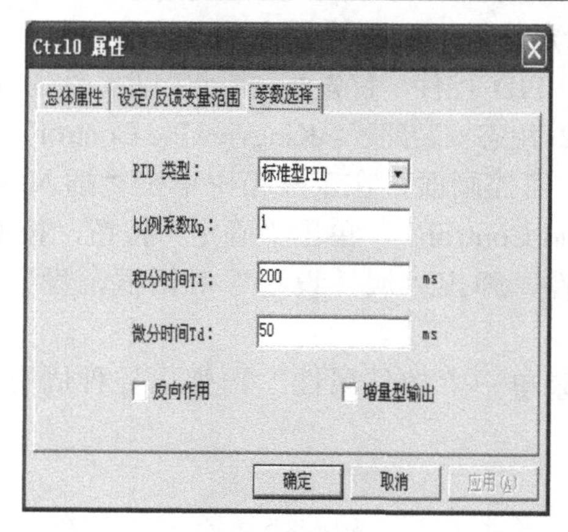

图 4-40 属性设置

◆ 水泵动画效果：变频器运行时，水泵通电运行，用颜色变化表示。

◆ 水流动画效果：变频器启动且给定频率大于 0 时，显示水流及其流动，且变频器给

定频率越高水流流动越快。

◆ M、PV、SP 设置动画效果：将设置在列表框中的输入数据接收到相应变量中。

调试时可在画面中增加一些变量（如 SP、PV 等）的输入给定和显示，以便分析功能完成情况，也可把有关变量的属性改为“读写”，脱离硬件直接进行信号调试。

④ 命令语言程序编写。选择“画面”右键菜单“\画面属性\画面命令语言”，编写如图 4-41 所示程序。

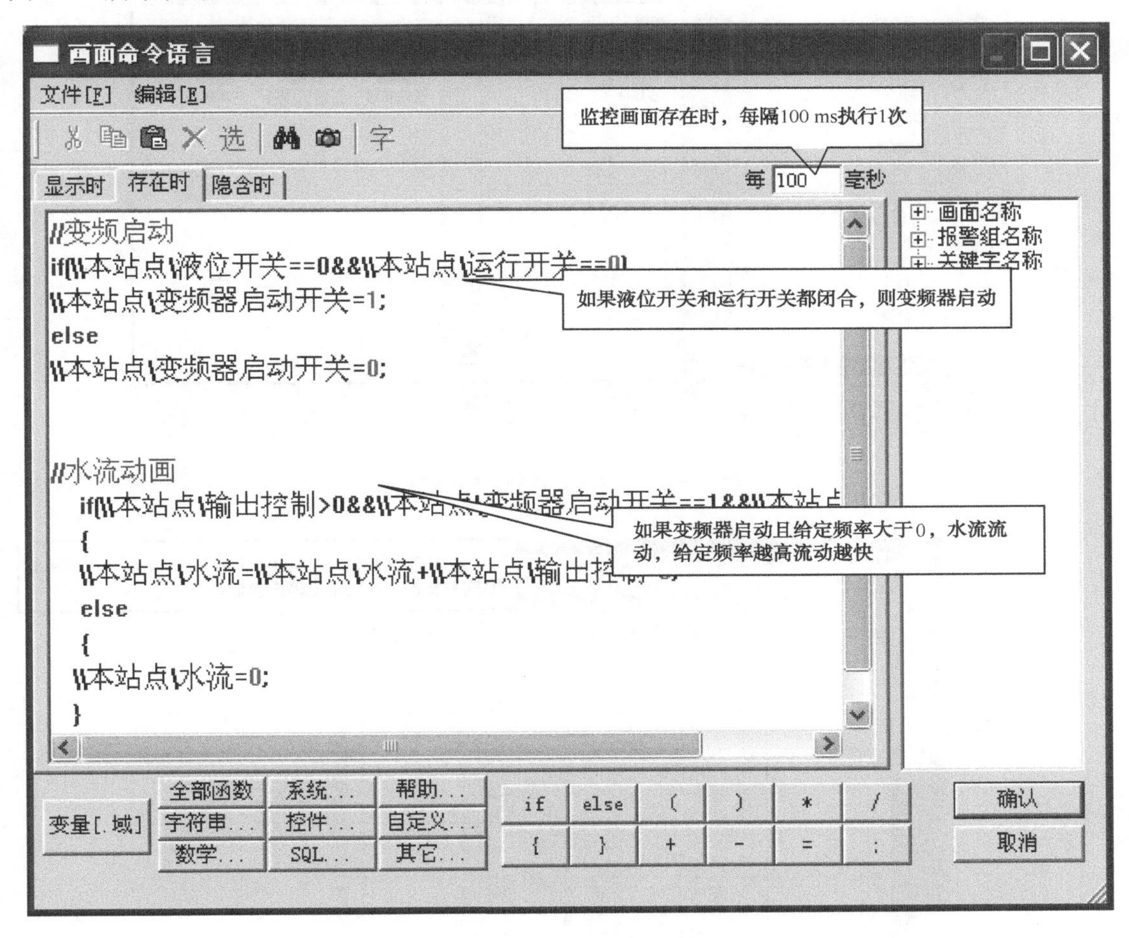

图 4-41　命令语言程序

单击“文件”菜单中的“全部存”命令，保存设置，单击“文件”菜单中的“切换到 VIEW”命令，进入运行系统，完成“变频恒压供水”监控画面。

（3）绘制一个管网压力反馈与频率输出的 X-Y 轴曲线，分析恒压效果。

在工程浏览器目录树中选择“文件\画面\新建 X-Y 轴曲线画面”，在画面中选择“编辑”菜单，选中“X-Y 轴曲线”控件，如图 4-42 所示。

选择创建“X-Y 轴曲线”，并拖动确定大小，填写属性对话框，完成压力反馈与频率 X-Y 轴曲线，编写画面命令程序与按钮连接命令语言，如图 4-43 所示。

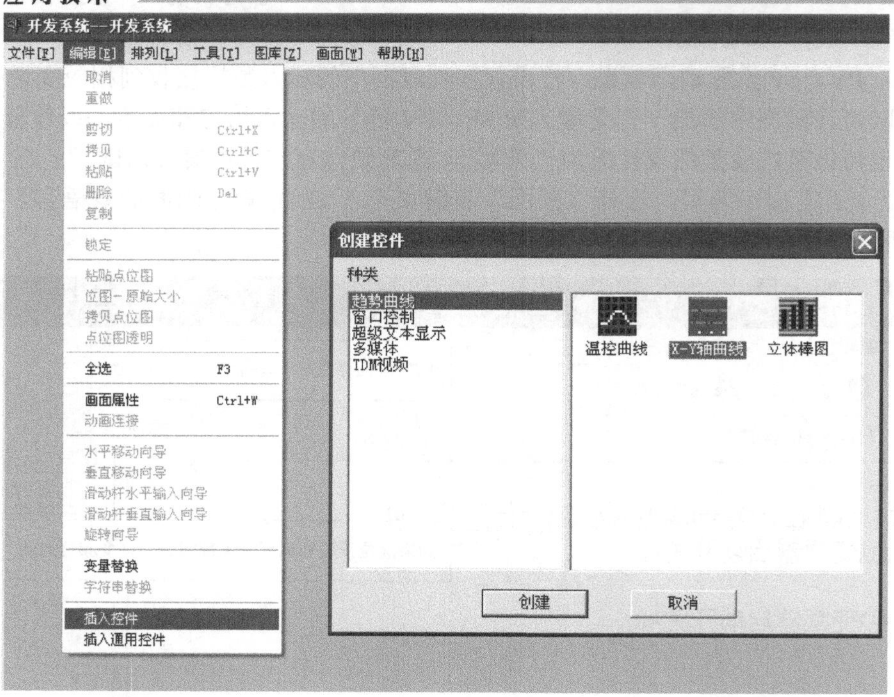

图 4-42　X-Y 轴曲线制作（一）

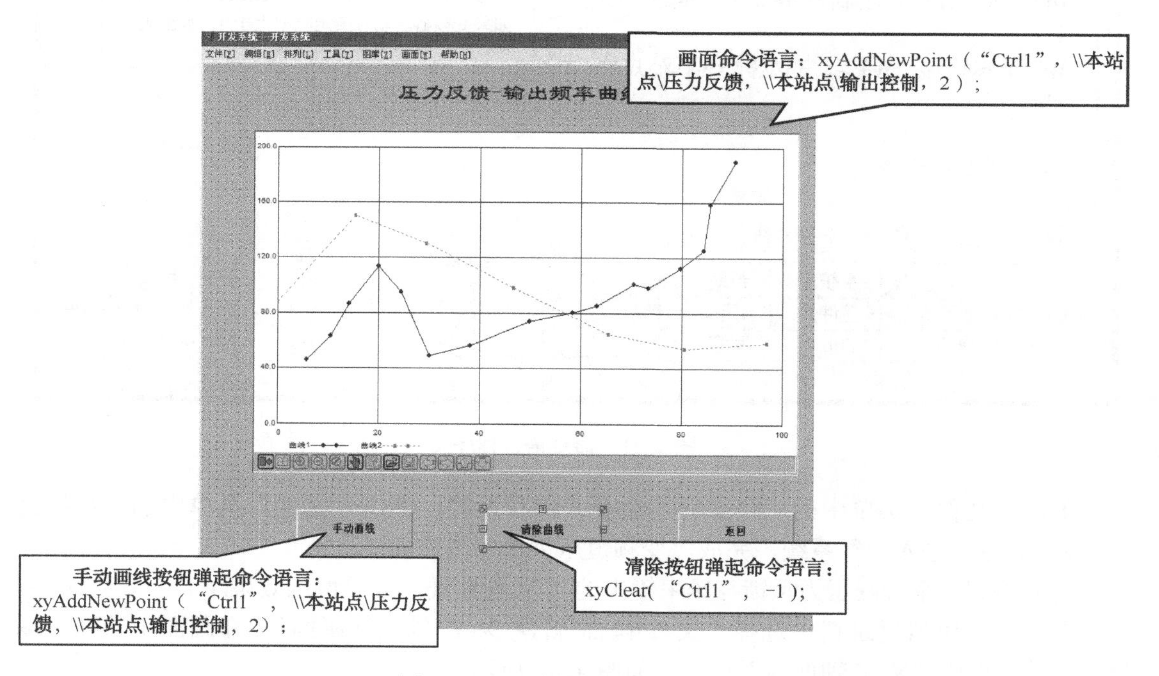

图 4-43　X-Y 轴曲线制作（二）

单击“文件”菜单中的“全部存”命令，保存设置，单击“文件”菜单中的“切换到 VIEW”命令，进入运行系统，如图 4-44 所示。

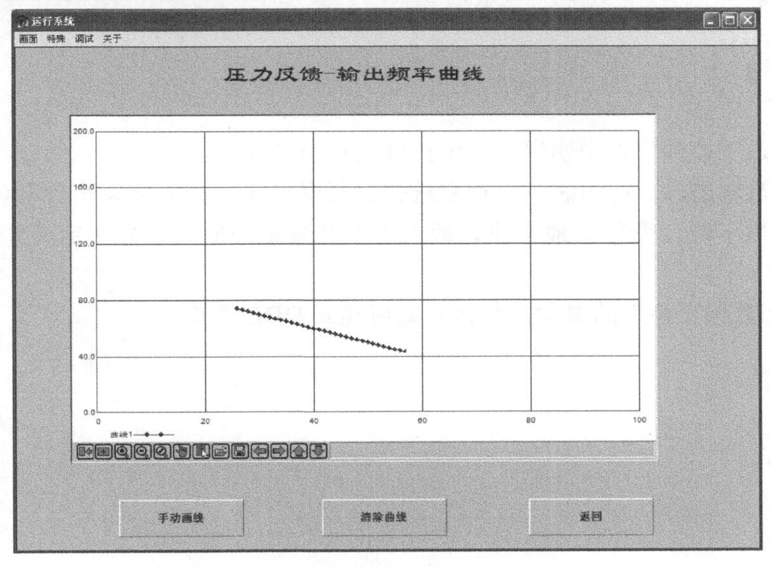

图 4-44　X-Y 轴曲线制作（三）

知识总结与梳理

通过工作任务的实施，学习组态王中控件的概念及其使用及动态数据交换（DDE）方法，重点掌握组态王内置控件的使用、组态王与 Excel 的数据交换，在控制系统开发过程中智能模块的开发利用和 PC 软件资源的扩充，起到事半功倍的效果。具体知识总结与梳理如下所示:

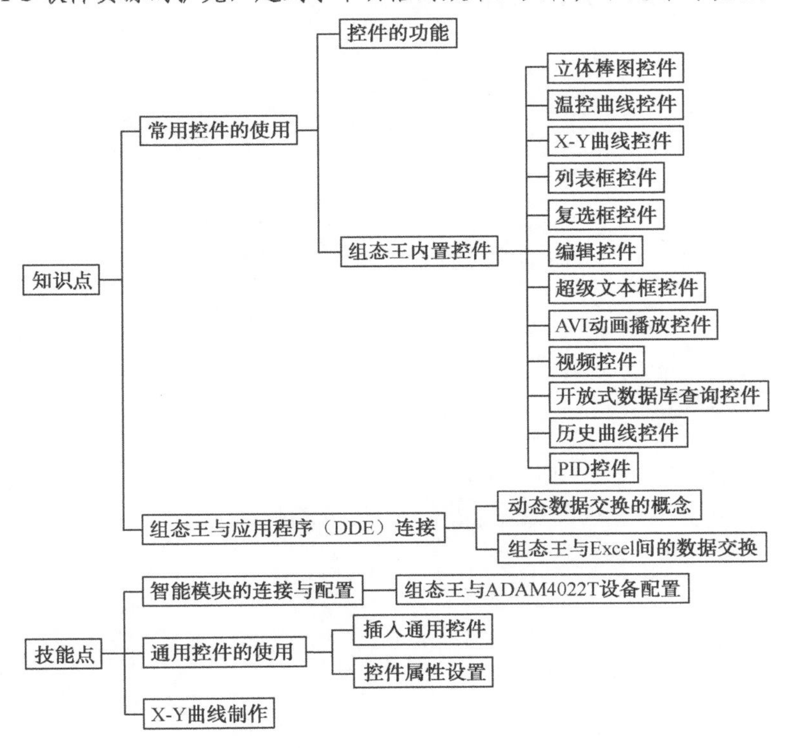

思考题 4

4.1 什么是“控件”？说明组态王中控件的种类与功能。

4.2 离散量输出时，在组态王运行系统执行写操作之后，板卡为什么不响应？

4.3 使用板卡时，变量的最小值、最大值以及变量的原始值如何定义才能在组态王中显示想要的值？

4.4 “动态数据交换”的概念是什么？如何建立 DDE 连接？

学习情境5

喷烤漆房的自动控制

学习目标

知识目标	1. 了解组态王系统安全管理知识，掌握组态王系统的安全设置。 2. 了解组态王数据库访问（SQL）知识，掌握组态王与数据库的连接。 3. 了解组态王的网络功能，掌握组态王的网络连接与Web设置。
能力目标	1. 能够进行组态王开发系统的安全设置。 2. 能够合理设置组态王运行系统的访问权限和口令。 3. 能够进行组态王系统的网络连接与Web发布。

工作任务　喷烤漆房的自动控制

任务描述

应用组态王只需进行填表式操作，即可生成适合于用户的监控和数据采集系统，可以在整个生产企业内部将各种系统和应用集成在一起，实现“智能化管理”的目标。但是，对于可能有不同类型的用户共同使用的大型复杂应用，安全保护成为系统不可忽视的问题，必须解决好授权与安全性的问题，系统必须依据用户的使用权限允许或禁止其对系统进行操作。

知识分解

组态王提供了强有力的先进的基于用户的安全管理系统。在组态王系统中，在开发系统里可以对工程进行加密，打开工程时只有输入密码正确时才能进入该工程的开发系统。对画面上的图形对象设置访问权限，同时给操作者分配访问优先级和安全区，运行时当操作者的优先级小于对象的访问优先级或不在对象的访问安全区内时，该对象为不可访问，即要访问一个有权限设置的对象，要求先具有访问优先级，当操作者的操作安全区在对象的安全区内时，方能访问。

5.1　开发系统安全管理

为了防止其他人员对工程进行修改，在组态王开发系统中可以分别对多个工程进行加密。当进入一个有密码的工程时，必须正确输入密码方可进入开发系统，否则不能打开该工程进行修改，从而实现了组态王开发系统的安全管理。

5.1.1　组态王工程加密处理

1．设置工程密码

新建组态王工程，首次进入组态王浏览器时，系统默认没有密码，可直接进入组态王开发系统。如果要对该工程的开发系统进行加密，执行工程浏览器中的“工具\工程加密”命令，将弹出“工程加密处理”对话框，如图 5-1 所示。

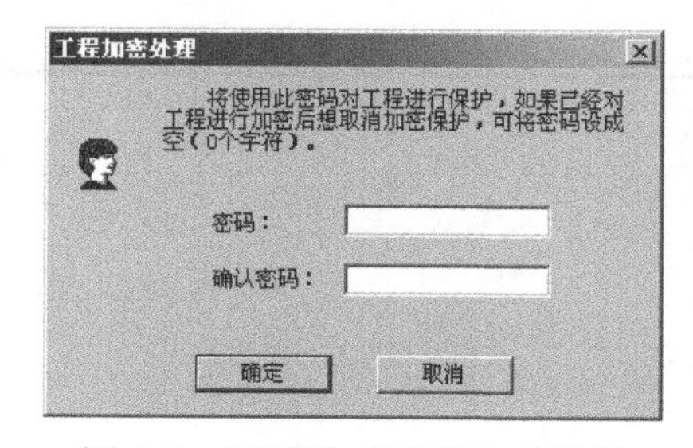

图 5-1　“工程加密处理”对话框

（1）密码：输入密码，密码长度不超过 12 个字节，密码可以是字母（区分字母大小写）、数字、其他符号等。

（2）确认密码：再次输入相同密码进行确认。

单击“取消”按钮将取消对工程实施加密操作；单击“确定”按钮后，系统将对工程进行加密。加密过程中系统会弹出提示信息框，显示对每一个画面分别进行加密处理。当加密操作完成后，系统弹出“操作完成”信息框，如图 5-2 所示。

图 5-2　加密操作成功

退出组态王工程浏览器，每次在开发环境下打开该工程时都会出现“检查文件密码”对话框，要求输入工程密码，如图 5-3 所示。

图 5-3　检查文件密码

密码输入正确后，将打开该工程，否则将出现如图 5-4 所示对话框。

图 5-4　密码错误对话框

2. 取消工程密码

如果想取消对工程的加密，在打开该工程后，单击“工具\工程加密”，弹出“工程加密处理”对话框，将密码设为空，单击“确定”按钮，则弹出如图 5-5 所示对话框。

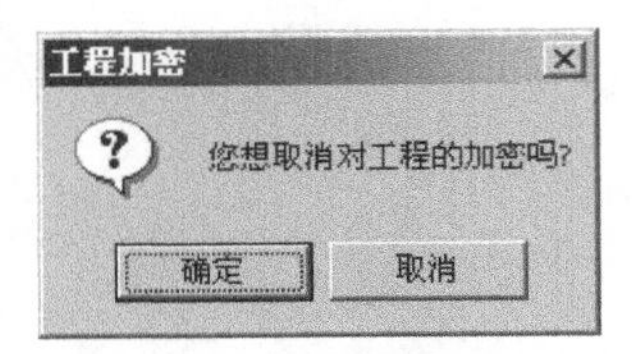

图 5-5　取消工程加密

单击“确定”按钮后系统将取消对工程的加密，单击“取消”按钮放弃对工程加密的取消操作。

注意：如果用户丢失工程密码，将无法打开组态王工程进行修改，请小心妥善保存密码！

5.1.2 运行系统安全管理

组态王采用优先级和安全区的双重保护策略。组态王系统将优先级从小到大定为 1～999，可以对用户、图形对象、热键命令语言和控件设置不同的优先级；将需要授权的控制过程的对象设置安全区，同时给操作这些对象的用户分别设置安全区。当操作者的优先级小于被访问对象的优先级或不在对象的访问安全区内时，该对象不可访问。

应用系统中的每一个可操作元素都可以被指定保护级别和安全区（最多 64 个），还可以指定图形对象、变量和热键命令语言的安全区。对应的，设计者可以指定操作者的操作优先级和工作安全区。

1. 可指定优先级和安全区的内容

组态王可对以下内容指定优先级和安全区。

（1）三种用户输入连接：模拟值输入、离散值输入、字符串输入。

（2）两种滑动杆输入连接：水平滑动杆输入、垂直滑动杆输入。

（3）三种命令语言输入连接和热键命令语言：（鼠标或等价键）按下时、按住时、弹起时。

（4）其他：报警窗、图库精灵、控件（包括通用控件）、自定义菜单。

（5）变量的定义（每个变量有相应的安全区和优先级）。

2. 配置用户

组态王中可根据工程管理的需要将用户分成若干个用户组管理。

在组态王工程浏览器目录树中，双击“大纲项\系统配置\用户配置”，或从工程浏览器的顶部工具栏中单击“用户”，弹出“用户和安全区配置”对话框，如图 5-6 所示。

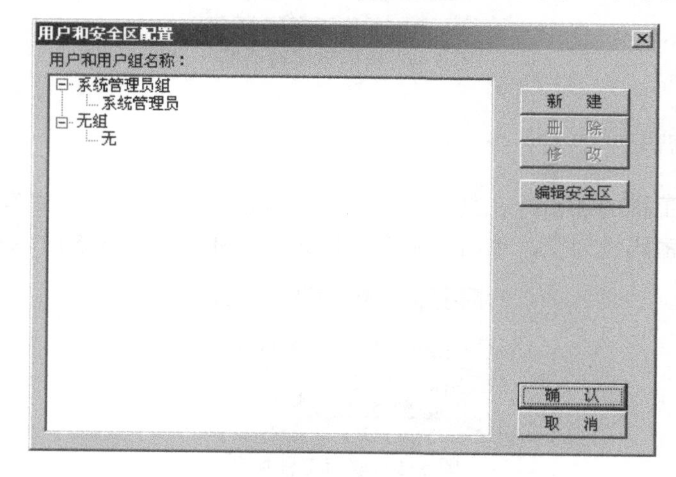

图 5-6 “用户和安全区配置”对话框

1）定义用户组

单击“新建”按钮，弹出“定义用户组和用户”对话框，选中“用户组”，如图 5-7 所示。

用户组下面可以包含多个用户，在对话框中的“用户组名”中填入所要配置的当前用户组的名称，如“系统维护员”；在“用户组注释”中填入对当前用户组的注释，如“系统维护组成员”。在右侧的“安全区”列表框中选择当前用户组下所有用户的公共安全区，配置完成后，单击“确定”按钮返回。

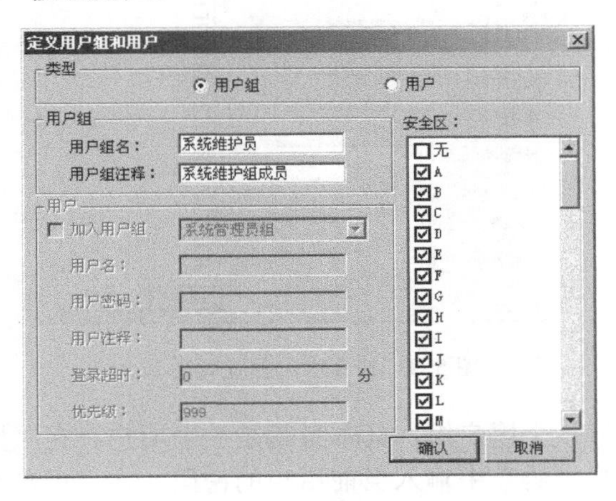

图 5-7　选中“用户组”的配置对话框

2）定义用户组下的用户

一个用户组中可以包含多个用户，当建立了一个用户组之后，就可以在该用户组下添加用户了。在“定义用户组和用户”对话框中，选中“用户”，则“用户”下面的所有选项变为有效，如图 5-8 所示。

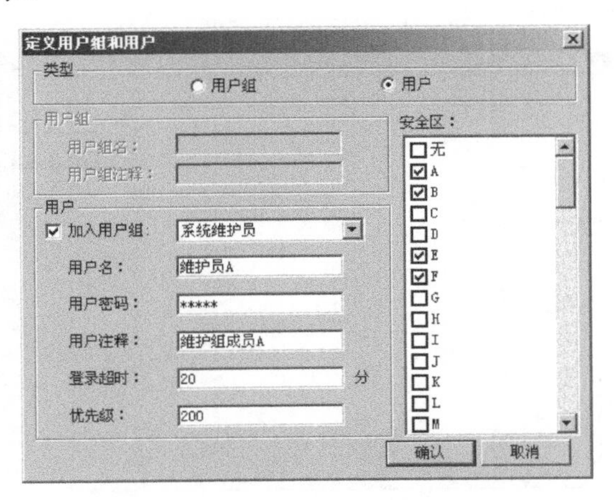

图 5-8　选中中“用户”的配置对话框

选中“加入用户组”，从下拉列表框中选择用户组名，然后输入用户名、用户密码、用户注释、登录超时、优先级级别和用户所属安全区，完成后单击“确认”按钮。

3）定义独立用户

对于单独的不需要加入到任何一个用户组的用户，可以定义为独立用户。

在“用户和安全区配置”对话框中，单击“新建”按钮，弹出独立用户配置的“定义用户组和用户”对话框，如图5-9所示。

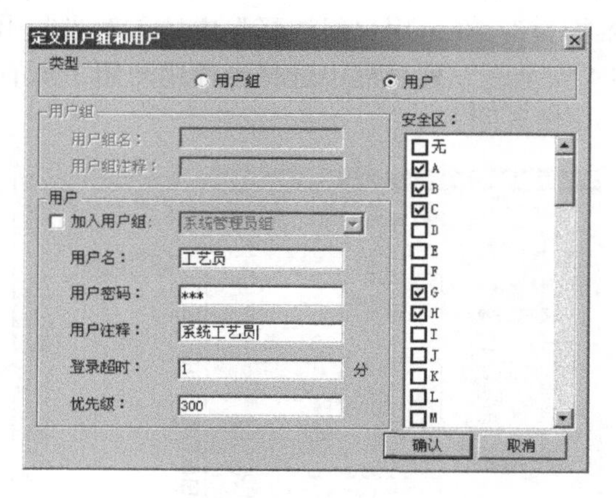

图5-9　独立用户配置对话框

独立用户不属于任何一个用户组，其本身就是一个用户。在“用户名”中输入当前独立用户的名称；在“用户密码”中输入当前用户的密码；在“用户注释”中输入对当前用户的说明；在“登录超时”中输入登录超时时间；在“安全区”中选择该用户所属安全区。用户配置完成后单击“确认”按钮。

4）修改安全区名称

安全区的默认名称为A，B，C，…，用户可通过“用户和安全区配置”对话框中的“编辑安全区”按钮来修改各个安全区的名称。单击“编辑安全区”按钮，弹出“安全区配置”对话框，如图5-10所示。

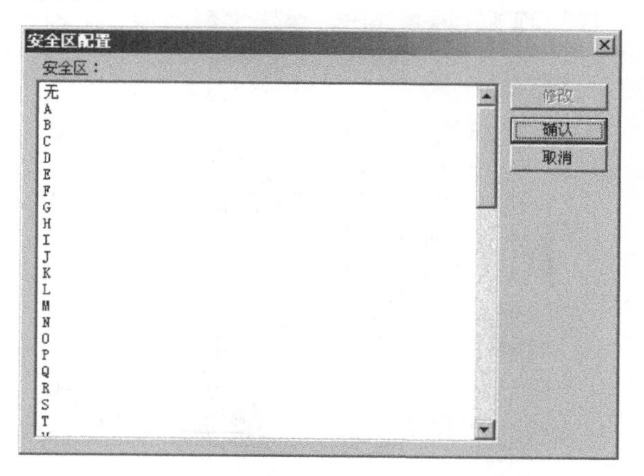

图5-10　“安全区配置”对话框

单击选择一个除“无”外的要修改的安全区名称，“修改”按钮由灰色变为黑色可用，单击“修改”按钮，弹出“更改安全区名”对话框，如图5-11所示。

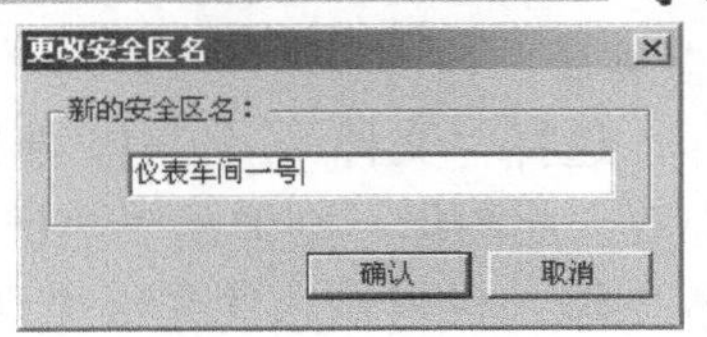

图 5-11　“更改安全区名”对话框

在文本框中输入安全区的名称，单击“确认”按钮完成修改。照此方法，可修改所有的安全区名称。

3. 设置对象的安全属性

1）设置图形对象的安全属性

在组态王开发系统中双击画面上的某个对象，弹出“动画连接”对话框，如图 5-12 所示。选择具有数据安全动画连接中的一项，则“优先级”和“安全区”选项变为有效，在“优先级”中输入访问的优先级级别；单击“安全区”后的按钮选择安全区，弹出“选择安全区”对话框，如图 5-13 所示。

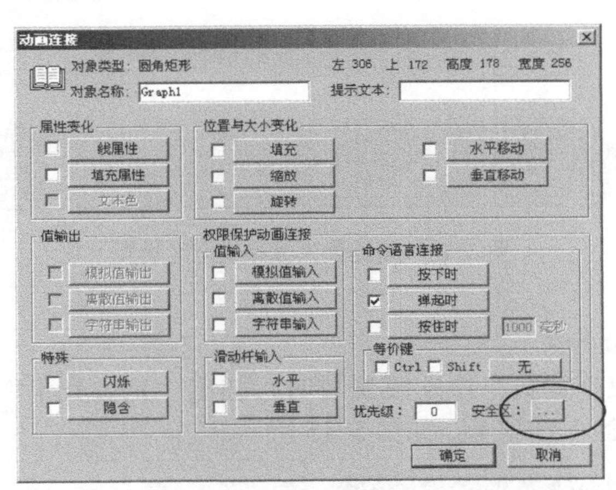

图 5-12　“动画连接”对话框

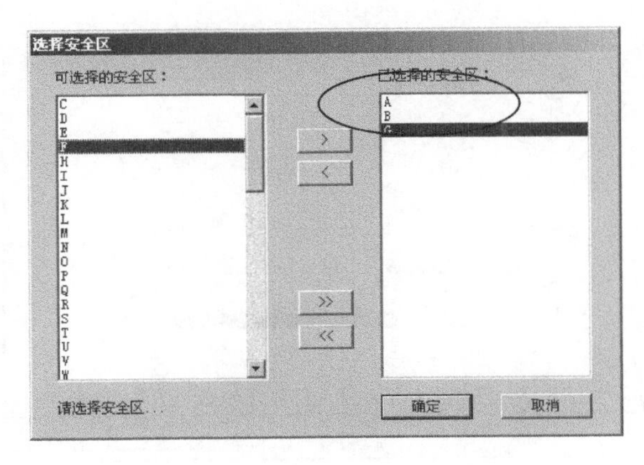

图 5-13　“选择安全区”对话框

2）设置热键命令语言的安全属性

在工程浏览器的目录显示区，选择“文件\命令语言\热键命令语言”，在右边的内容显示区出现“新建”图标，用左键双击此图标，则弹出“热键命令语言”对话框，如图 5-14 所示，可设置热键并在“操作权”输入栏内输入优先级级别，在“安全区”选择列表中选择热键的安全区。只有优先级高于该级别和安全区在该热键安全区内的用户登录后按下热键时，才会执行这段命令语言。热键的优先级级别和安全区设置与图形对象优先级级别和安全区设置相同。

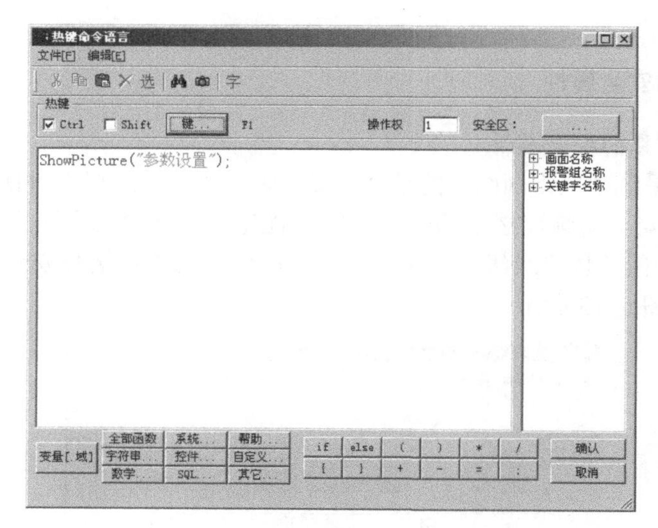

图 5-14　热键优先级和安全区设置

3）设置变量的安全属性

在工程浏览器“数据词典”中新建变量时，弹出“定义变量”对话框，定义好变量后，单击“记录和安全区”选项卡，如图 5-15 所示。

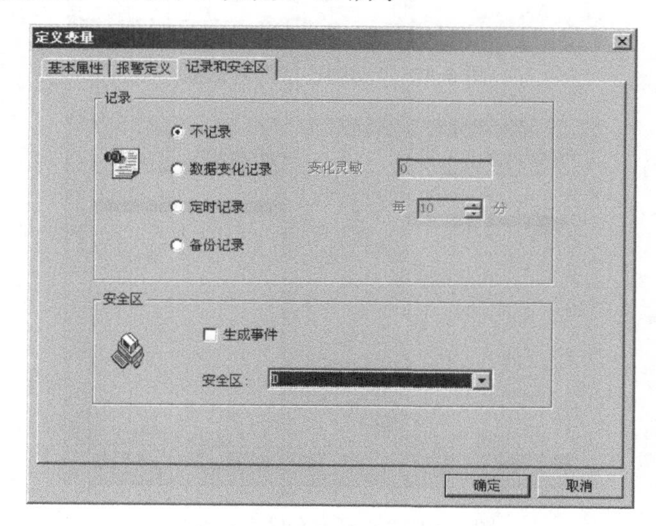

图 5-15　定义变量——记录和安全区设置

根据工程设计需要在安全区列表框中选择一个安全区名称，单击“确定”按钮完成。

4）设置控件的安全属性

对于组态王的控件，只有趋势曲线类控件中的温控曲线和 X-Y 轴曲线、窗口控制类控件（包括列表框、组合框、复选框、编辑框、单选按钮）和超级文本控件可以设置访问权限。这些控件没有安全区设置，只与相连接的变量的安全区有关。

对于 Active X 控件，既可以设置优先级，也可以设置安全区。弹出“动画连接属性”对话框，如图 5-16 所示。“优先级”输入栏输入该控件的访问优先级级别（1～999）；单击“安全区选择”按钮弹出安全区选择对话框，选择需要的安全区后，“安全区”文本框中将显示已经选择的安全区名称。

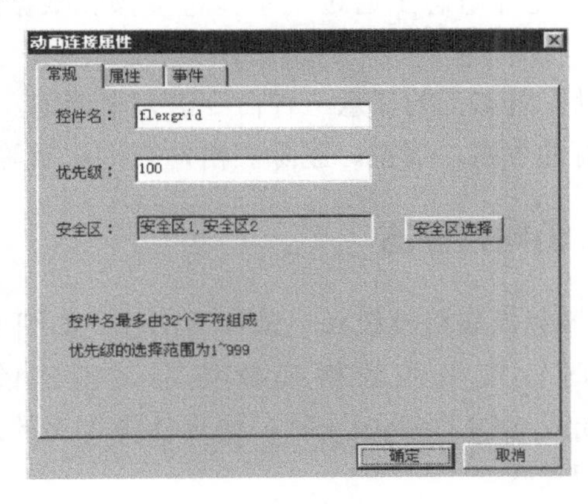

图 5-16　设置控件的访问优先级和安全区

4. 用户登录与退出

在 TouchVew 运行环境下，操作人员必须以自己的身份登录才能获得一定的操作权。在运行系统中打开“特殊\登录开”菜单项，弹出如图 5-17 所示“登录”对话框。

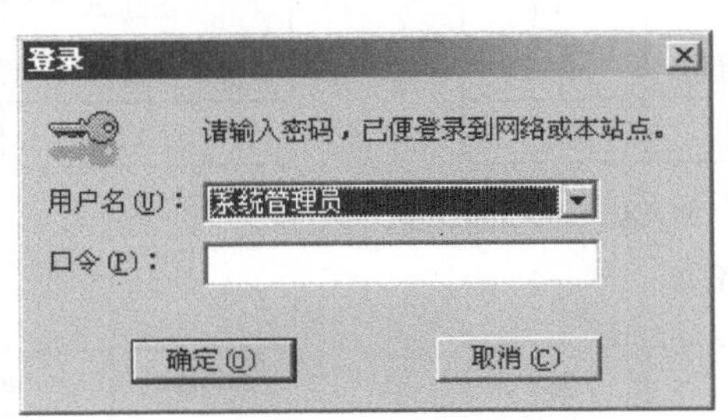

图 5-17　“登录”对话框

单击“用户名”下拉列表框，显示在开发系统中定义的所有用户的用户名称，从中选择一个；在“口令”文本框中正确输入口令，然后单击“确定”按钮。如果登录无误，使用者将获得一定的操作权，否则系统显示“登录失败”的信息。

用户完成操作离开微机时，有必要退出登录，以免非法用户侵入系统。退出登录选择“特殊\登录关”菜单项即可。

5.2 组态王的 SQL 访问功能

组态王 SQL 访问功能实现了组态王和其他 ODBC 数据库之间的数据传输。它包括组态王 SQL 访问管理器、如何配置与各种数据库的连接、组态王与数据库连接和 SQL 函数的使用。

组态王 SQL 访问管理器用来建立数据库表格列和组态王变量之间的联系。通过表格模板在数据库中创建表格，表格模板信息存储在 SQL.DEF 文件中；通过记录体建立数据库表格列和组态王之间的联系，允许组态王通过记录体直接操纵数据库中的数据。这种联系存储在 BIND.DEF 文件中。

组态王 SQL 函数可以在组态王的任意一种命令语言中调用。这些函数用来创建表格，插入、删除记录，编辑已有的表格，清空、删除表格，查询记录等。

5.2.1 组态王 SQL 访问管理器

组态王 SQL 访问管理器包括表格模板和记录体两部分，如图 5-18 所示。当组态王执行 SQLCreateTable( )；指令时，使用的表格模板将定义创建的表格的结构；当执行 SQLInsert( );、SQLSelect( );或 SQLUpdate( );时，记录体中定义的连接将使组态王中的变量和数据库表格列中的变量相关联。

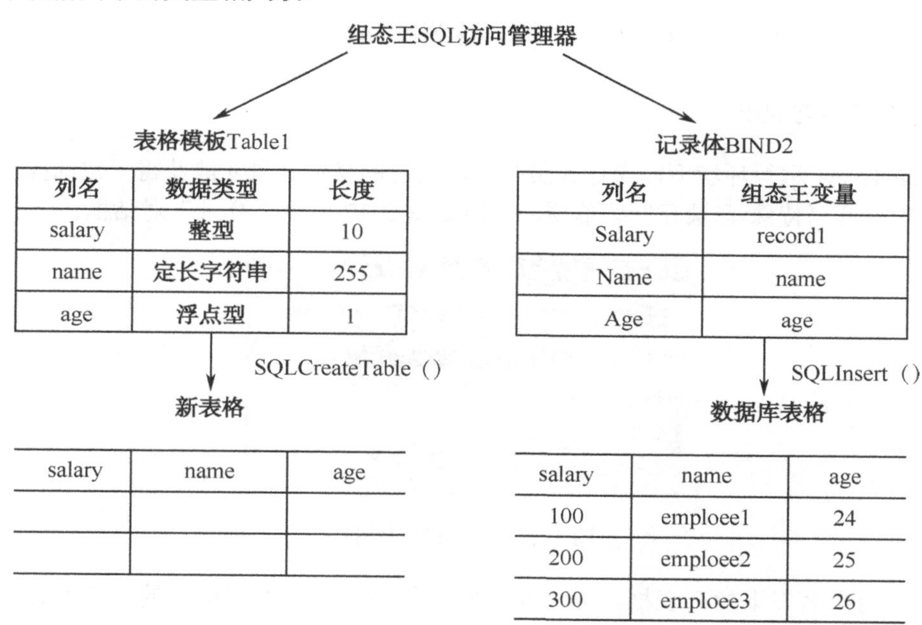

图 5-18 表格模板和记录体

组态王提供集成的 SQL 访问管理。在组态王工程浏览器的左侧大纲项中，可以看到"SQL 访问管理器"，如图 5-19 所示。

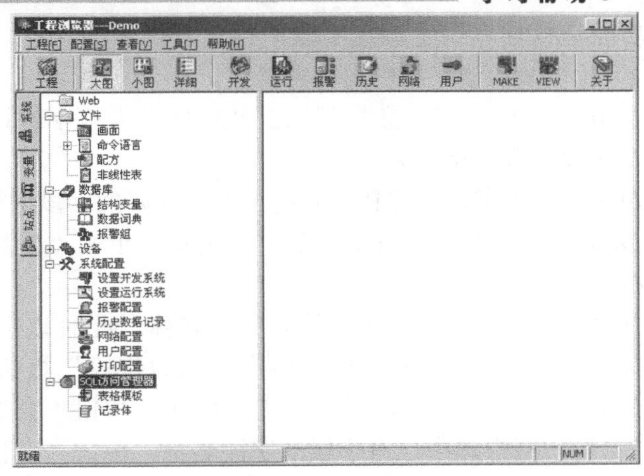

图 5-19　组态王 SQL 访问管理器

1. 表格模板

选择工程浏览器左侧大纲项“SQL 访问管理器\表格模板”，在工程浏览器右侧双击“新建”图标，弹出如图 5-20 所示对话框。该对话框用于建立新的表格模板。

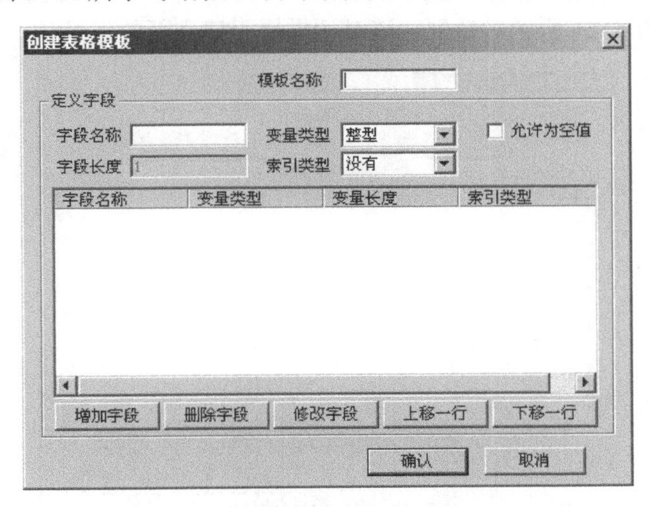

图 5-20　“创建表格模板”对话框

（1）模板名称：表格模板的名称，长度不超过 32 字节。

（2）字段名称：使用表格模板创建数据库表格中字段的名称，长度不超过 32 字节。

（3）变量类型：表格模板创建数据库表格中字段的类型。点击下拉列表框按钮，其中有四种类型供选择，即整型、浮点型、定长字符串型、变长字符串型。

（4）字段长度：当变量类型中选择“定长字符串型”或“变长字符串型”时，该文本框由灰色（无效）变为黑色（有效）。在文本框中输入字段长度的数值，该数值必须为正整数，且不大于 255 字节。

（5）索引类型：点击下拉列表框按钮，其中有三种类型供选择，即有（唯一）、有（不

唯一)、没有。索引功能是数据库用于加速字段中搜索及排序的速度，但可能会使更新变慢。选择“有（唯一)”可以禁止该字段中出现重复值。

（6）允许为空值：选中该项，表示数据记录到数据库的表格中时该字段可以有空值；不选中该项，则表示该字段的数据不能为空值。

（7）增加字段：单击“增加字段”按钮，将把上面定义好的字段增加到显示框中。

（8）删除字段：从显示框中选中已有字段的字段名称，单击“删除字段”按钮，将把定义好的字段从显示框中删除。

（9）修改字段：从显示框中选中已有字段的字段名称，此时该字段各项属性显示在定义字段各项中，对各个属性进行修改，然后单击“修改字段”按钮，将把修改后的字段重新显示在显示框中；修改完字段后，必须单击“确认”按钮才会保存修改内容。

（10）上移一行：从显示框中选中已有字段的字段名称，单击“上移一行”按钮，将把选中的字段向上移动一行，在数据库创建表格中将改变该字段位置。

（11）下移一行：从显示框中选中已有字段的字段名称，单击“下移一行”按钮，将把选中的字段向下移动一行，在数据库创建表格中将改变该字段位置。

2. 记录体

选择工程浏览器左侧大纲项“SQL 访问管理器\记录体”，在工程浏览器右侧双击“新建”图标，弹出如图 5-21 所示对话框。该对话框用于建立新的记录体。

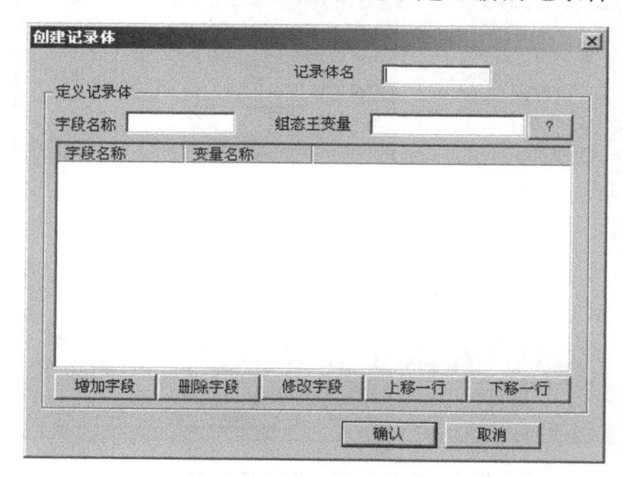

图 5-21 “创建记录体”对话框

（1）记录体名：记录体的名称，长度不超过 32 字节。

（2）字段名称：数据库表格中的列名，长度不超过 32 字节。

（3）组态王变量：与数据库表格中指定列相关联的组态王变量名称。单击右边的“?”按钮，弹出“选择变量名”窗口，可以从中选择组态王变量。

（4）增加字段：定义完字段名称和组态王变量后，单击“增加字段”按钮，将把定义好的字段增加到显示框中。

（5）删除字段：从显示框中选中已有字段的字段名称，单击“删除字段”按钮，将把

定义好的字段从显示框中删除。

（6）修改字段：从显示框中选中已有字段的字段名称，此时该字段名称和对应组态王变量名称会显示在各项中，对各项进行修改，然后单击“修改字段”按钮，将把修改后的字段重新显示在显示框中；修改完字段后，必须单击“确认”按钮才会保存修改内容。

（7）上移一行：从显示框中选中已有字段的字段名称，单击“上移一行”按钮，将把选中的字段向上移动一行。

（8）下移一行：从显示框中选中已有字段的字段名称，单击“下移一行”按钮，将把选中的字段向下移动一行。

5.2.2　如何配置与数据库的连接

1. 定义 ODBC 数据源

组态王 SQL 访问功能使其能够和其他外部数据库（支持 ODBC 访问接口）进行数据传输。实现数据传输，必须在系统 ODBC 数据源中定义相应数据库。

进入“控制面板”中的“管理工具”，双击“数据源（ODBC）”选项，弹出“ODBC 数据源管理器”对话框，如图 5-22 所示。

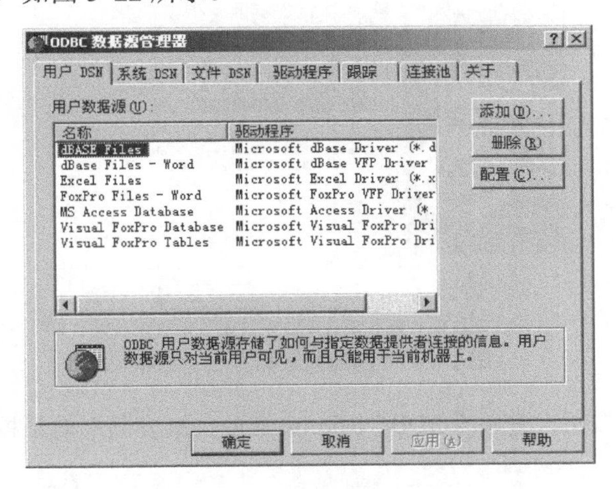

图 5-22　ODBC 数据源管理器

该对话框中前两个选项卡是“用户 DSN”和“系统 DSN”，二者的共同点是：在它们中定义的数据源都存储了如何与指定数据提供者连接的信息，但二者又有所区别。在“用户 DSN”中定义的数据源只对当前用户可见，而且只能用于当前机器；在“系统 DSN”中定义的数据源对当前机器的所有用户可见，包括 NT 服务。因此，用户应根据数据库使用的范围建立 ODBC 数据源。

下面以 Microsoft Access 数据库为例建立 ODBC 数据源。

（1）在 D 盘根目录下建立一个 Microsoft Access 数据库，名称为“SQL 数据库.mdb”。

（2）双击“数据源（ODBC）”选项，弹出“ODBC 数据源管理器”对话框，其“系统 DSN”选项卡，如图 5-23 所示。

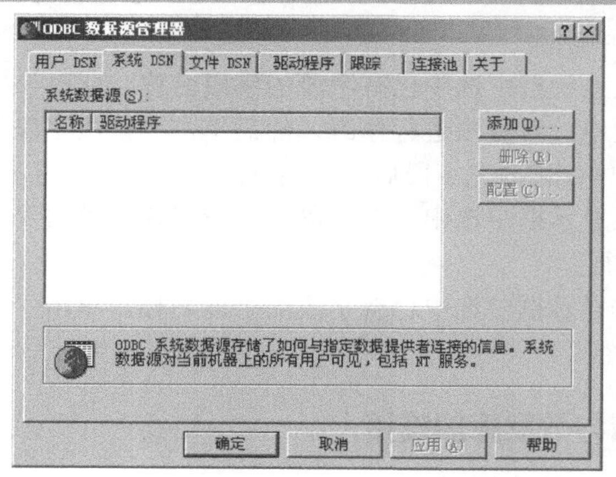

图 5-23 “系统 DSN”选项卡

（3）单击右边的“添加”按钮，弹出“创建新数据源”对话框，从列表中选择“Microsoft Access Driver（*.mdb)”驱动程序，如图 5-24 所示。

图 5-24 “创建新数据源”对话框

（4）单击“完成”按钮，进入“ODBC Microsoft Access 安装”对话框，如图 5-25 所示。

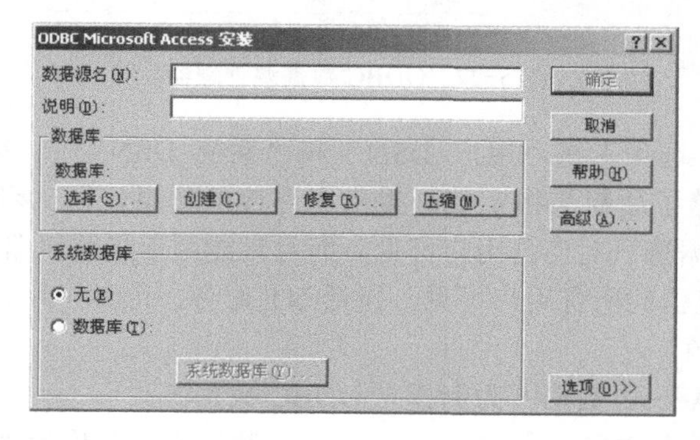

图 5-25 “ODBC Microsoft Access 安装”对话框（一）

（5）在“数据源名”中输入数据源名称“mine”；单击“选择”按钮，在计算机上选择好数据库，如图 5-26 所示。

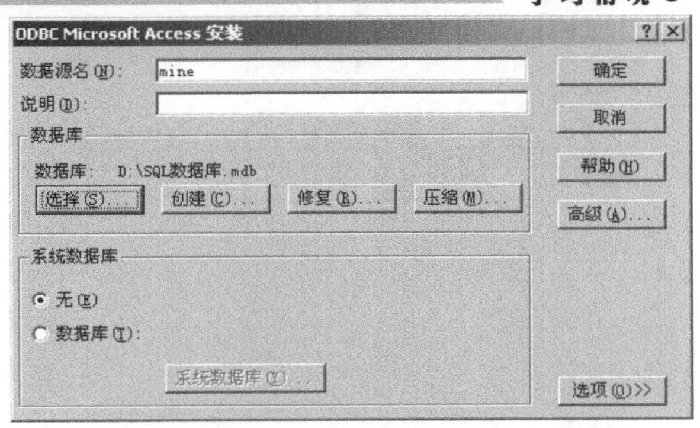

图 5-26 “ODBC Microsoft Access 安装”对话框（二）

（6）单击“确定”按钮，完成数据源定义，回到“ODBC 数据源管理器”对话框，单击“确定”按钮关闭该对话框。

5.2.3 组态王 SQL 使用

1. 将数据存入数据库

创建数据库表格成功之后，可以将组态王中的数据存到数据库表格中。

（1）在组态王中创建一个记录体“BIND1”。定义三个字段：salary（整型，对应组态王变量 record1）、name（定长字符串型，字段长度为 255 字节，对应组态王变量 name）、age（整型，对应组态王变量 age）。

（2）在“数据库连接”画面上添加一个按钮，按钮文本为“插入记录”，在按钮“弹起时”动画连接中使用 SQLInsert( )函数。

```
SQLInsert( DeviceID, "KingTable", "BIND1"   );
```

该命令使用记录体“BIND1”中定义的连接在表格“KingTable”中插入一个新的记录。

该命令执行后，组态王运行系统会将变量 salary 的当前值插到 Access 数据库表格“KingTable”最后一条记录的“salary”字段中。同理，变量 name、age 的当前值分别赋给最后一条记录的 name、age 字段。运行过程中可随时单击该按钮，执行插入操作，在数据库中生成多条新的记录，将变量的实时值进行保存。

2. 进行数据查询

组态王在运行过程中还可以对已连接的数据库进行数据查询。

（1）在组态王中定义变量，用于返回数据库中的记录。“记录 salary”：内存实型；“记录 name”：内存字符串型；“记录 age”：内存整型。定义记录体“BIND2”，用于定义查询时的连接。如图 5-27 所示。

（2）在“数据库连接”画面上添加一个按钮，按钮文本为“得到选择集”，在按钮“弹起时”动画连接中使用 SQL 连接函数，得到一个指定的选择集

```
SQLSelect( DeviceID, "KingTable", "BIND2" ,"","");
```

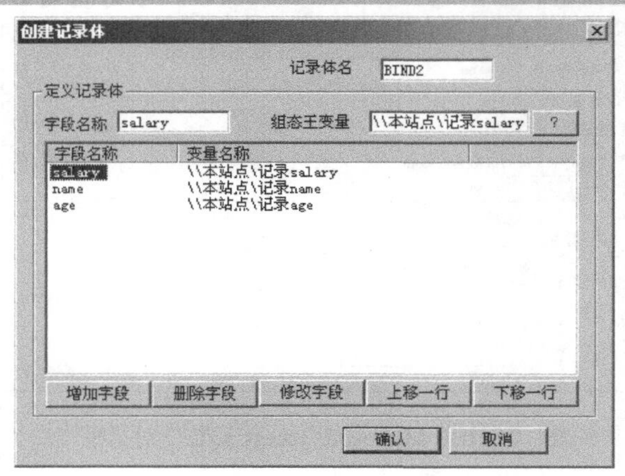

图 5-27　数据查询记录体

该命令选择表格“KingTable”中所有符合条件的记录，并以记录体“BIND2”中定义的连接返回选择集中的第一条记录。此处没有设定条件，将返回该表格中的所有记录。

执行该命令后，运行系统会把得到的选择集中第一条记录的“salary”字段的值赋给记录体“BIND2”中定义的与其连接的组态王变量“记录 salary”。同样，“KingTable”表格中的 name、age 字段的值分别赋给组态王变量“记录 name”、“记录 age”。

（3）画面中查询返回值的显示。在画面上添加三个“##”文本，分别定义值输出连接到变量“记录 salary”、“记录 name”和“记录 age”，如图 5-28 所示。

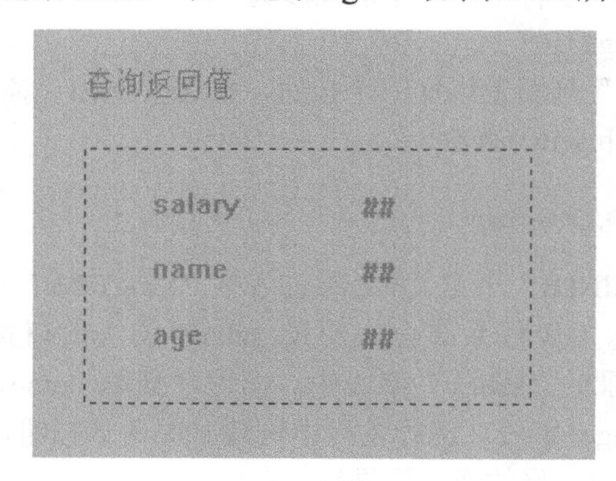

图 5-28　查询返回值画面

在执行 SQLSelect( )函数后，首先返回选择集的第一条记录，画面上的“##”文本将显示返回值。

（4）查询记录。在“数据库连接”画面上添加以下四个按钮。

◆ 按钮文本为“第一条记录”，“弹起时”动画连接使用 SQLFirst(DeviceID);。
◆ 按钮文本为“下一条记录”，“弹起时”动画连接使用 SQLNext(DeviceID);。
◆ 按钮文本为“上一条记录”，“弹起时”动画连接使用 SQLPrev(DeviceID);。
◆ 按钮文本为“最后一条记录”，“弹起时”动画连接使用 SQLLast(DeviceID);。

（5）断开连接使用在“数据库连接”画面上添加一个按钮，按钮文本为“断开连接”，

“弹起时”动画连接使用 SQLDisconnect(DeviceID);。该命令用于断开和数据库的连接。最后的生成画面如图 5-29 所示。

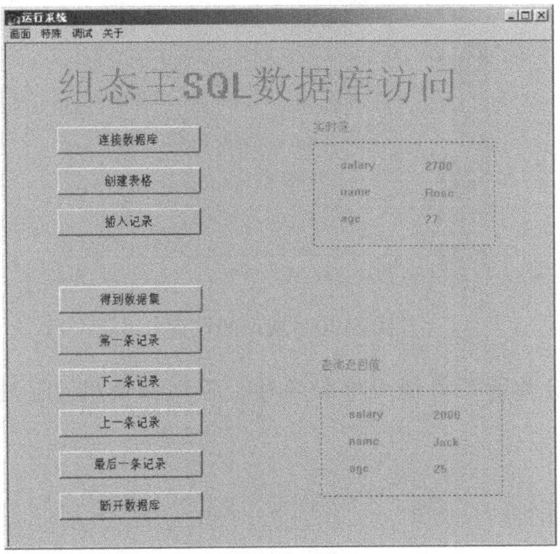

图 5-29 组态王 SQL 数据库访问

5.3 组态王的网络连接与 Web 发布

组态王 Web 功能采用 B/S 结构，客户可以随时随地通过 Internet/Intranet 实现远程监控，使用 IE 客户端获得与组态王运行系统相同的监控画面。IE 客户端和 Web 发布服务器保持高效的数据同步，通过网络能够在任何地方获得与在 Web 服务器上一样的画面和数据显示、报表显示、报警显示、趋势曲线显示等，以其方便快捷的控制功能实现了客户信息服务的动态性、实时性和交互性。

5.3.1 连接端口的配置

在进行 IE 访问时，需要知道被访问程序的端口号，所以在组态王 Web 发布之前，一般需要定义组态王的端口号。打开需要进行发布的工程，进入工程浏览器界面，双击左侧的目录树的第一个节点“Web”，将弹出“页面发布向导”对话框，如图 5-30 所示。

（1）站点名称：指 Web 发布站点的机器名称，这是从系统中自动获得的，不可修改。

（2）默认端口：是指 IE 与运行系统进行网络连接的应用程序端口号，默认为 80。如果所定义的端口号与本机其他程序的端口号冲突，用户可以按照实际情况进行修改。具体端口号的使用和定义请参见相关 TCP/IP 技术文档，这里不再详细说明。

（3）发布路径：即 Web 发布后文件保存的路径，组态王中默认为当前工程的路径，不可修改。定义发布后，将在工程路径下生成一个“Webs”目录，Web 发布的信息保存在该目录下。

（4）显示发布组列表：确定使用 IE 进行浏览时，是否显示发布组中发布画面的列表。

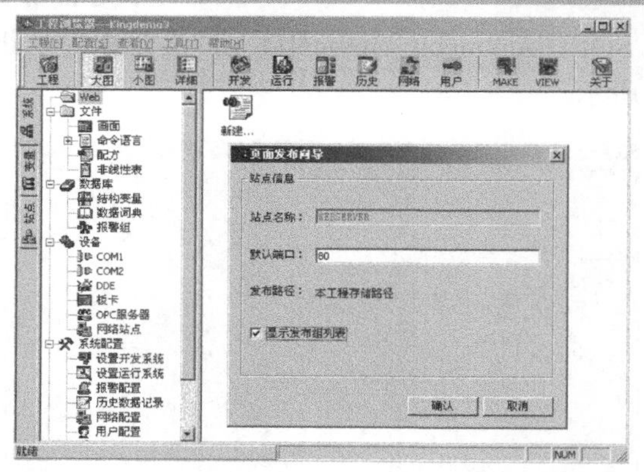

图 5-30　端口的设置

注意：这里的机器名称请不要使用中文名称，否则在使用 IE 进行浏览时操作系统将不支持。

5.3.2　发布画面

组态王中的发布功能采用分组方式，可以将画面按照不同的需要分成多个组进行发布，每个组都有独立的安全访问设置，可以供不同的客户群浏览。

在工程管理器中选择“Web”，在工程管理器的右侧窗口中双击“新建”图标，弹出“WEB 发布组配置”对话框，如图 5-31 所示。

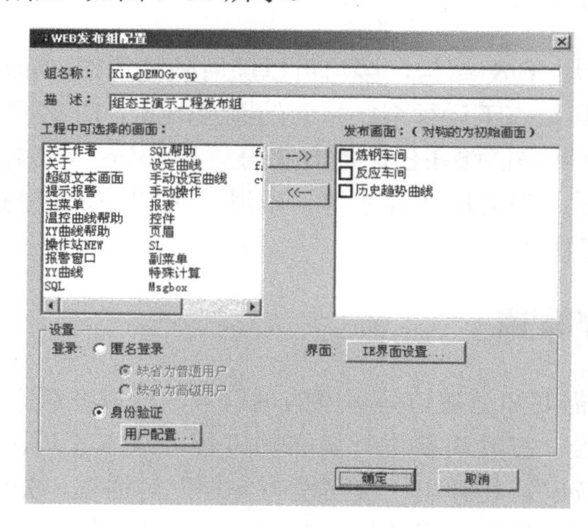

图 5-31　“WEB 发布组配置”对话框

在该对话框中可以完成发布组名称的定义、要发布的画面的选择、用户访问安全配置和 IE 界面颜色的设置。发布步骤如下。

1）定义组名称

在对话框的“组名称”编辑框中输入要发布的组名称（在 IE 上访问时需要该名称），如本例中的“KingDEMOGroup”。组名称是 Web 发布组的唯一的标志，由用户指定，同一工程中组名不能相同，且组名只能使用英文字母和数字的组合。组名称的定义应符合组态王名称定义规则，最大长度为31个字符。

2）定义组的描述信息

在“描述”编辑框中输入该组的描述信息。该描述信息可以在用户进行浏览时在IE界面上显示。

3）选择要发布的画面

对话框的“工程中可选择的画面”列表中列出了当前工程中建立的所有画面的名称。在列表中单击选择要发布的画面，如果在单击的同时按下Shift键可多选一段区域内的画面，按下Ctrl键可以任意多选画面。选择完成后，单击 -->> 按钮将选择的画面发送到右边的“发布画面”列表中，同时被选择的画面名称在该“工程中可选择的画面”列表中消失。同样，可以单击 <<-- 按钮将已经选中的画面名称从“发布画面”列表中删除。

4）选择浏览时的初始画面

在“发布画面”列表中每个画面名称前都有一个复选框，选中则表明该画面将是初始画面，即打开IE浏览时首先将显示该画面。初始画面可以选择多个。

到这里，用户已完成了初步的发布配置，完全可以进行发布浏览了。如果要进行安全配置，还要进行下面的步骤。

5）用户登录安全管理

在组态王Web浏览端，用户浏览权限有两种设置，一种是用户匿名浏览，即用户在打开IE进行浏览时不需要输入用户名、密码等，可以直接进入页面。这种方式下有两种用户：一种是普通用户，即只能浏览页面，不能进行任何操作；另一种时高级用户，可以修改数据，并可登录组态王用户，进行有权限设置的操作。两种用户只能选择其一。

如果工程人员想让用户在浏览页面时不需要输入用户名和密码而直接进行浏览，可以采用这种方式。此时，在“设置”栏目中选择“匿名登录”，然后选择所需要类型的用户：“缺省为普通用户”或“缺省为高级用户”。

另一种浏览权限需要用户打开IE进行浏览时首先输入用户名和密码，则选择对话框中的“身份验证”选项，单击“用户配置”按钮，弹出“WEB发布组用户列表”对话框，如图5-32所示。

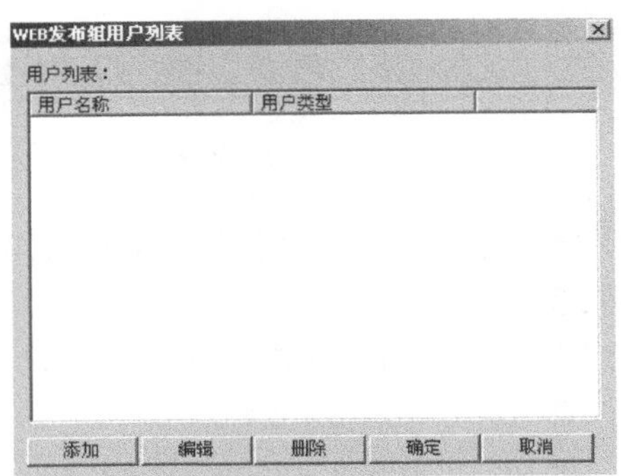

图5-32 “WEB发布组用户列表”对话框

（1）添加：向用户列表中添加新的用户。单击该按钮，弹出“WEB 发布组用户配置”对话框，如图 5-33 所示。在“用户名称”编辑框中输入要添加的用户名称，必须是英文字符和数字组合，名称定义符合组态王命名规则；在“用户密码”编辑框中输入用户密码；在“密码验证”编辑框中重新输入密码，系统会自动验证密码的正确性。在“用户类别”中选择是“一般用户”还是“高级用户”。如定义一个一般用户为“user”，定义一个高级用户为“sysmanager”，定义完成后单击“确认”按钮回到用户列表对话框，如图 5-34 所示。

图 5-33　添加新用户

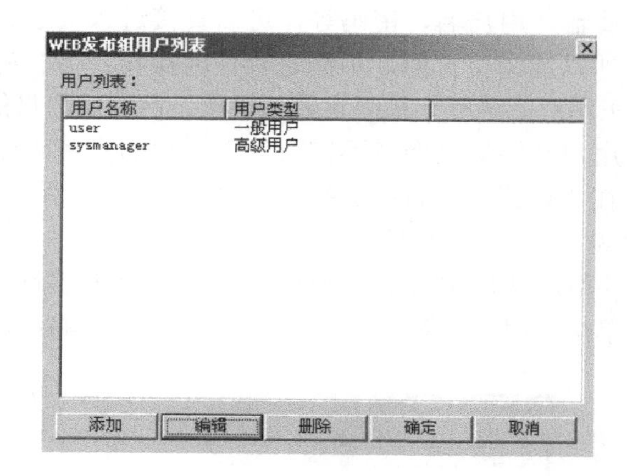

图 5-34　用户列表

（2）编辑：编辑选中的用户。可以修改用户名称、用户密码、用户类型等。

（3）删除：从系统中删除选中的用户。

定义完成后，单击“确定”按钮关闭对话框，保存所有设置；单击“取消”按钮则取消所有操作。

6）设置 IE 界面颜色

单击对话框上的“IE 界面设置”按钮，弹出“IE 属性配置”对话框，如图 5-35 所示。

在“窗体颜色配置”栏中设置窗体前景色和背景色；在“菜单颜色配置”中设置组态王Web提供的系统操作菜单的菜单前景色和背景色；在“状态栏颜色配置”中选择组态王Web提供的系统状态栏的前景色和背景色。在设置菜单颜色和状态栏颜色之前要确认是否“显示菜单栏”和是否“显示状态栏”，只有选中这两个选项，才可以设置相应颜色。

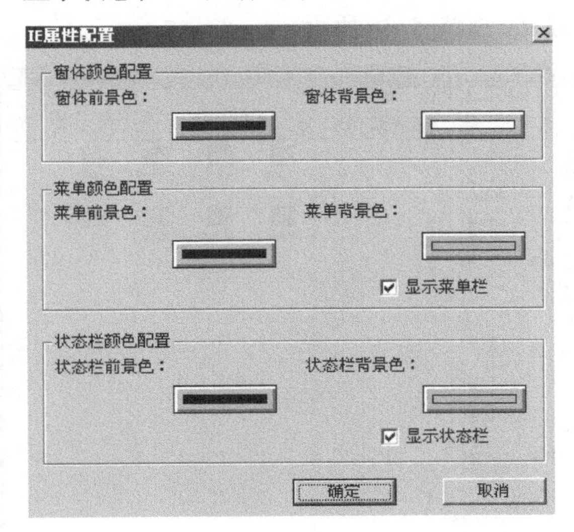

图5-35 IE界面颜色配置

完成上述配置后，点击“确定”按钮，关闭对话框，系统生成发布画面。打开组态王的网络配置对话框，选择“联网”模式，启动组态王运行系统。

5.3.3 使用浏览器访问组态王运行系统

使用浏览器进行浏览时，首先需要输入Web地址。以Internet Explorer浏览器为例，在浏览器的地址栏输入地址，地址的格式为

http://发布站点机器名（或IP地址）：组态王Web定义端口号

如果需要直接访问该站点上的某个组，则使用

http://发布站点机器名（或IP地址）：组态王Web定义端口号/要浏览的组名称

使用组态王Web功能需要JRE插件支持，如果客户端没有安装SUN公司的JRE Plugin1.3 (Java Runtime Environment Plugin，Java运行时的环境插件)，则在第一次输入以上正确的地址并连接成功后，系统会下载一个JRE Plugin的安装界面，将这个插件安装成功后方可进行浏览。

任务实施

任务要求

通过一个简单PLC控制的喷烤漆房的组态监控开发全过程的实施，对组态王软件的使用进行综合实践，理清开发路线与策略。

实施步骤

1．建立新项目“喷烤漆房监控系统”

选择组态王工程管理器的“文件”菜单，新建工程，启动新建工程向导，完成“喷烤漆房监控系统”工程的建立，如图5-36所示。

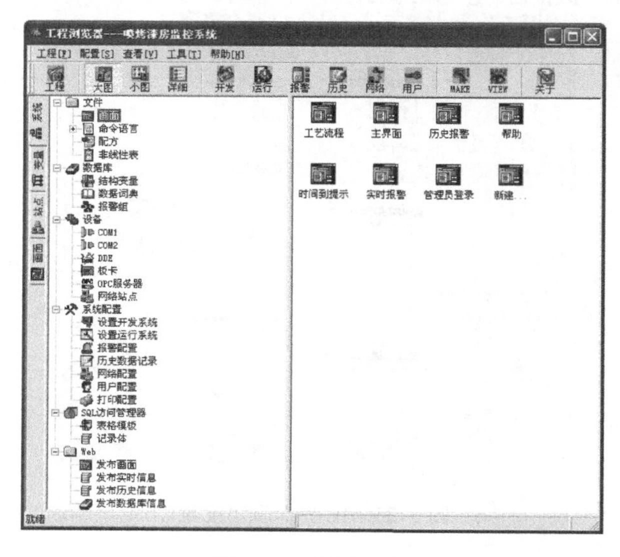

图5-36 新建工程

2．定义外部设备

启动组态王工程浏览器，在左侧的目录树中选择“设备\新建设备”，启动“设备安装向导”，完成“FX2N PLC”和组态王的通信配置；单击“COM1”，设置参数，如图5-37所示。

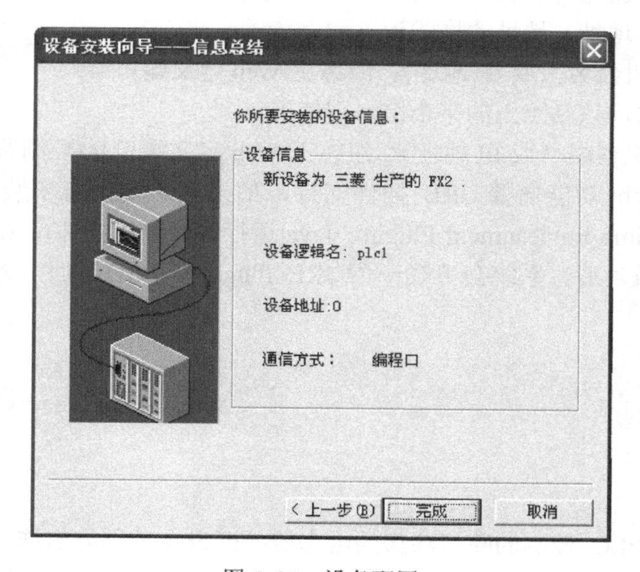

图5-37 设备配置

对 FX2N 进行设置后就可以和组态王交换数据了。使用 9 针口的 232BD 和组态王通信时需要通过编程软件或手操器设置三菱 PLC 中 D8120 和 D8121 两个参数。其中，D8121 可设置 PLC 地址，D8120 可设置 PLC 通信参数。设置后必须关闭 PLC 的电源，再重新给 PLC 上电，以上设置才能生效。组态王中定义的通信参数和设备一致即可。

3. 定义变量的方法

工程浏览器左侧的目录树中选择“数据库\数据词典”，在右侧双击“新建”，完成表 5-1 所示数据变量的定义。

表 5-1 “喷烤漆房监控系统”数据词典

变 量 名	设 备	地 址	变 量 名	设 备	地 址
喷漆状态选择	Plc1	X0	电动阀 DF2 关	Plc1	Y25
烘干状态选择	Plc1	X1	电动阀 DF3 开	Plc1	Y26
自动工作选择	Plc1	X2	电动阀 DF3 关	Plc1	Y27
自动状态停止 m71	Plc1	m71	电动阀 DF4 开	Plc1	Y30
自动状态启动 x4	Plc1	m40	电动阀 DF4 关	Plc1	Y31
排风机 f1 故障	Plc1	x6	燃烧机 1 喷漆温控 1	Plc1	Y32
排风机 f2 故障	Plc1	x10	燃烧机 1 喷漆温控 2	Plc1	Y33
送风机 f3 故障	Plc1	x12	燃烧机 1 烘干温控 1	Plc1	Y34
送风机 f4 故障	Plc1	x14	燃烧机 1 烘干温控 2	Plc1	Y35
废气排风机故障 1	Plc1	x16	燃烧机 2 喷漆温控 1	Plc1	Y36
废气排风机故障 2	Plc1	x20	燃烧机 2 喷漆温控 2	Plc1	Y37
燃烧机故障 1	Plc1	X22	燃烧机 2 烘干温控 1	Plc1	Y40
燃烧机故障 2	Plc1	x24	燃烧机 2 烘干温控 2	Plc1	Y41
一区浓度报警	Plc1	x54	报警输出	Plc1	Y42
二区浓度报警	Plc1	x55	喷漆状态	Plc1	Y44
排风机启停 F1KM1	Plc1	Y0	烘干状态	Plc1	Y45
排风机启停 F1KM1Y	Plc1	Y1	PLC 运行状态	Plc1	m800
排风机启停 F1KM1d	Plc1	Y2	PLC 启动	Plc1	X4
排风机启停 F2KM2	Plc1	Y3	Plcm2	Plc1	M2
排风机启停 F2KM2y	Plc1	Y4	上位排风机 f1	Plc1	M50
排风机启停 F2KM2d	Plc1	Y5	上位排风机 f2	Plc1	M51
送风机启停 F3Km3	Plc1	Y6	上位送风机 f3	Plc1	M52
送风机启停 F3Km3y	Plc1	Y7	上位送风机 f4	Plc1	M53
送风机启停 F3Km3d	Plc1	Y10	上位燃烧机 1	Plc1	M16
送风机启停 F4Km4	Plc1	Y11	上位燃烧机 2	Plc1	M17
送风机启停 F4Km4y	Plc1	Y12	上位一区选择	Plc1	M90
送风机启停 F4Km4d	Plc1	Y13	上位二区选择	Plc1	M91
废气排风机启停 1	Plc1	Y14	急停	Plc1	m74

（续表）

变 量 名	设 备	地 址	变 量 名	设 备	地 址
废气排风机启停 2	Plc1	Y15	燃烧机 1 喷漆温控 1x	Plc1	x25
燃烧机启停 1	Plc1	Y16	燃烧机 1 喷漆温控 2x	Plc1	x26
燃烧机启停 2	Plc1	Y17	燃烧机 1 烘干温控 1x	Plc1	x31
室体照明开关	Plc1	Y20	燃烧机 1 烘干温控 2x	Plc1	x32
地坑照明开关	Plc1	Y21	燃烧机 2 喷漆温控 1x	Plc1	x27
电动阀 DF1 开	Plc1	Y22	燃烧机 2 喷漆温控 2x	Plc1	x30
电动阀 DF1 关	Plc1	Y23	燃烧机 2 烘干温控 1x	Plc1	x33
电动阀 DF2 开	Plc1	Y24	燃烧机 2 烘干温控 2x	Plc1	x34
K1		内存离散	alarm_timer		内存整型
			alarm_flag		内存离散

4．界面制作

工程浏览器左侧的目录树“文件\界面”，在右侧双击“新建”。工程浏览器将运行组态王开发环境 TouchMAK，按照指定的风格产生“开始界面”、“管理员登录界面”、“帮助界面”、“历史报警界面”、“实时报警界面”、“烤漆时间到提示界面”、“喷烤漆工艺流程界面”。

1）“开始”界面制作（如图 5-38 所示）

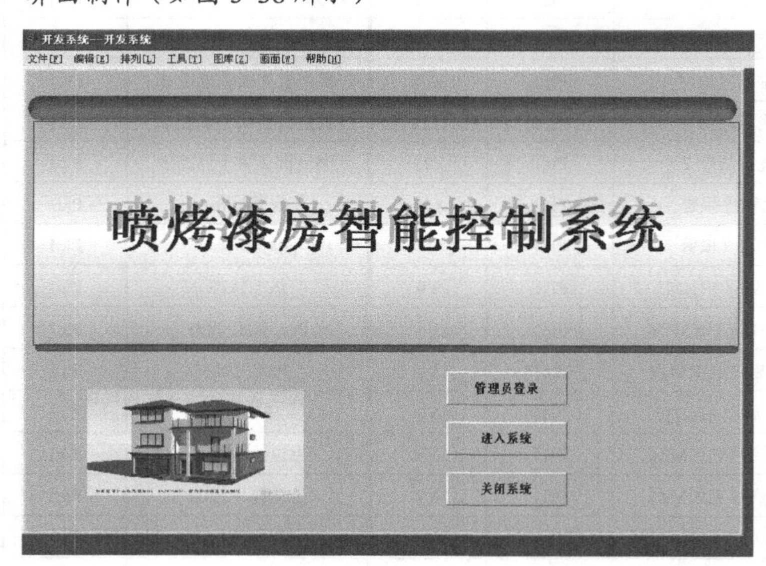

图 5-38 “开始”界面

（1）“烤漆房智能控制系统”文字的效果由文字重叠形成。

（2）在工具箱找到按钮工具放置按钮，双击“管理员登录”按钮对象，弹出“动画连接”对话框，设置“按下时”的命令语言程序命令为 ShowPicture（管理员登录）；“进入系统”按钮按下时的命令语言程序为 ShowPicture（喷烤漆工艺流程）；“关闭系统”按钮按下时的命令语言程序为 Exit(O)。

2）"管理员登录"界面制作，（如图 5-39 所示）。

"登录"按钮，按下时的命令语言程序为 LogOn( )；在 TouchVEW 中登录。

"清除登录"按钮，按下时的命令语言程序为 LogOff( )；在 TouchVEW 中退出登录。

"登录配置"按钮，按下时的命令语言程序为 EditUsers( )；功能是在界面程序运行中配置用户。当前用户的权限必须不小于 900。

"确定"按钮，按下时的命令语言程序为 ClosePicture（管理员登录），将已调入内存的界面关闭，并从内存中删除。

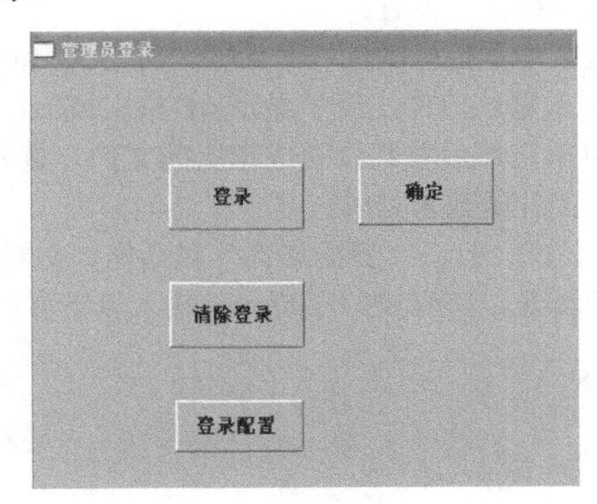

图 5-39 "管理员登录"界面

3）"帮助"界面制作（如图 5-40 所示）

该界面可以显示"帮助．txt"文件。

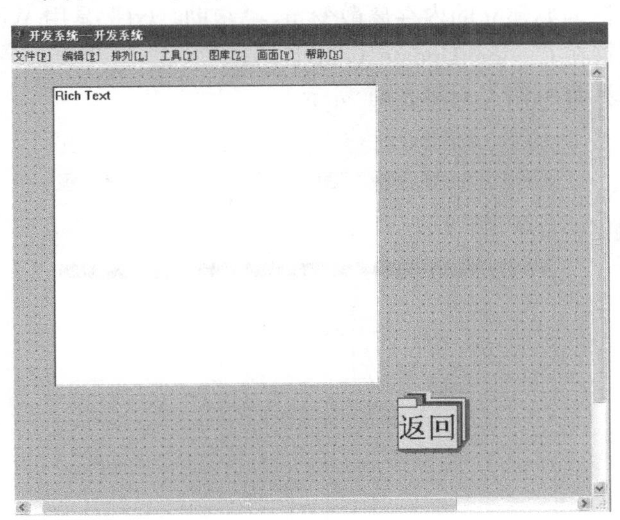

图 5-40 "帮助"界面

（1）首先将鼠标光标置于一个起始位置，此位置就是矩形的左上角。

（2）按下鼠标的左键并拖动鼠标，牵拉出矩形的另一个对角顶点即可。在牵拉矩形的

过程中，矩形大小是以虚线框表示的。

（3）通过图形调色板选择颜色。

（4）在界面开发系统的工具箱中选择“插入控件”，弹出“创建控件”对话框，在种类列表中选择“超级文本框”，在右侧的内容中选择“显示框”图标，单击对话框上的“创建”按钮，此时鼠标变成小“+”形，在界面上需要插入控件的地方按下鼠标左键，拖动鼠标，界面上出现一个矩形框，表示创建后控件界面的大小。松开鼠标左键，控件在界面上显示出来。控件周围有带箭头的小矩形框，将鼠标移到小矩形框上，鼠标箭头变为方向箭头时，按下鼠标左键并拖动，可以改变控件的大小。当鼠标在控件上变为双“+”形时，按下鼠标左键并拖动，可以改变控件的位置。

（5）双击，弹出“超级文本框控件属性”对话框，可定义空间的属性。

组态王提供一个超级文本显示控件，用于显示.rtf 格式或.txt 格式的文本文件，而且也可在该控件中输入文本字符串，然后将其保存成指定的文件。调入.rtf 或.txt 格式的文件和保存文件通过超级文本显示控件函数来完成。

选择菜单“编辑\界面属性”，打开“界面属性”对话框，在对话框上单击“命令语言”按钮，弹出界面命令语言编辑器，“存在时”200ms，输入以下界面命令语言：

```
if (\\本站点\kl==1)
{
    LoadText("txt", ¨ c:\帮助. txt", ¨ .txt ¨ );
    kl=0;
    ocxUpdate( ¨ txt ¨ );
}
```

其中，kl 是在数据词典建立的内存离散变量，“帮助. txt”是用 Windows 操作系统的写字板编写的文件，放置在 C：\ocxUpdate（ ¨ txt ¨ ）。

4）“历史报警”界面制作（如图 5-41 所示）

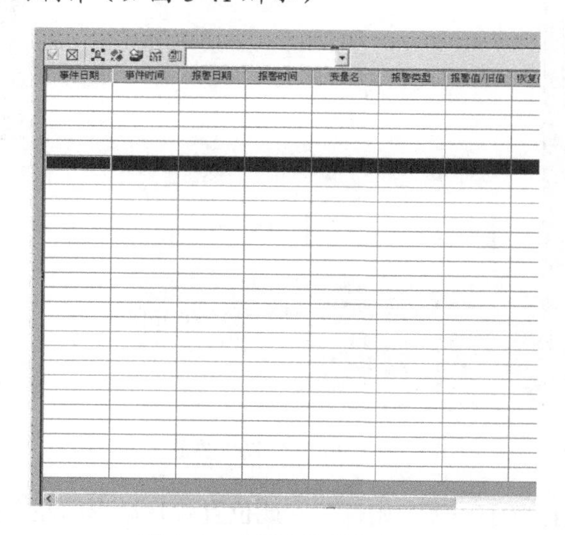

图 5-41 “历史报警”界面

（1）新建画面，选择背景颜色，放置如图5-42所示的按钮和图形。

（2）在组态王中新建画面，在工具箱中单击“报警窗口”按钮，或选择菜单“工具/报警窗口”，鼠标箭头变为单线“+”形，在界面上的适当位置按下鼠标左键并拖动，绘出一个矩形框，当矩形框大小符合报警窗口大小要求时松开鼠标左键，报警窗口创建成功。

（3）配置实时和历史报警窗口。

（4）定义报警窗口在数据库中的变量登记名。此报警窗口变量名可在为操作报警窗口建立的命令语言连接程序中使用。报警窗口名的定义应该符合组态王变量的命名规则，本报警窗口名定义为“历史报警”。

（5）报警“确认”按钮按下时的命令语言程序为 Ack (RootNode)，RootNode 为报警组名；PgDn 键，按下时的命令语言程序为 PageDown（历史报警，14）；PgUp 键，按下时的命令语言程序为 PageUp（历史报警，14）；“打印”按钮按下时的命令语言程序为 PrintWindow(¨ 历史报警 ¨ . 0，0，0，10，10)。

5）“实时报警”界面制作（如图5-42所示）

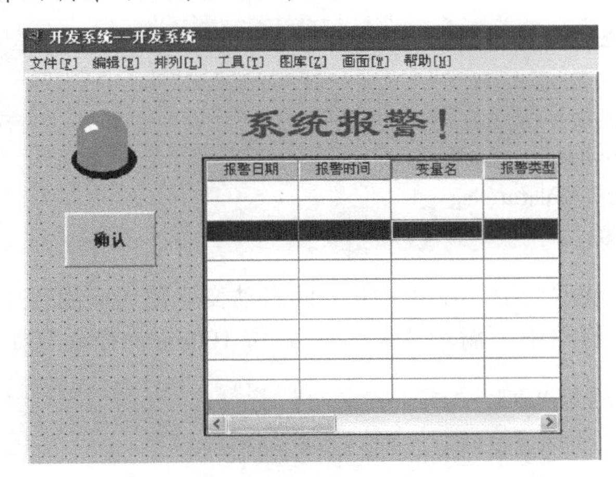

图5-42 “实时报警”界面

（1）文本“系统报警！”为红色，系统报警时文字显示闪动，在“动画连接”对话框中单击“闪烁”按钮，弹出对话框，输入闪烁的条件表达式“$新报警= = -1”。

“$新报警”变量是组态王的一个系统变量，主要表示当前系统中是否有新的报警产生。无论系统中有何种类型的新报警产生，该变量都自动置为“1”，但需要注意的是，该变量不能被自动清零，需要用户人为地将其清零。

（2）“确认”按钮按下时的命令语言程序为

```
Ack (RootNode);
PlaySound(”c:\Sirenl. wav¨,0);
ClosePicture（¨ . 实时报警”);
```

PlaySound 函数通过 Windows 的声音设备（若已安装）播放声音，声音为.wav 文件。调用格式：PlaySound (SoundName,Flas)。

SoundName 代表要播放的声音文件的字符串或字符串变量。

Flags 可为以下之一：0—停止播放声音；1—同步播放声音；2—异步播放声音；3—重复播放声音直到下次调用为止。

（3）“实时报警”界面为报警时自动弹出窗口，编辑“数据改变”命令语言，其触发的条件为“\\本站点\$新报警”变量或变量的域的值发生了变化。输入以下命令语言：

```
ShoIWPicture（"实时报警"）;
PlaySound("c:\Sirenl. wav, 3);
alarm_flag = 1;
```

PlaySound 函数通过 Windows 的声音设备（若已安装）播放声音，为.wav 文件。

（4）报警灯动画的制作。报警时报警灯旋转并播放声音，报警灯旋转动画是采用六个报警灯在不同时间显示或隐含来实现的。

在“动画连接”对话框中单击“隐含”按钮，弹出对话框，表达式为真时，被连接对象显示。表达式依次为

```
Alarm_timer== 4&&alarm_flag = =1
alarm_timer== 3&&alarm_flag = =1
alarm_timer== 2&&alarm_flag = =1
alarm_timer== l&&alarm_flag = =1
alarm_timer-==0 & &alarm_flag==1
\\本站点\$新报警
```

alarm timer 为内存整型变量，在 0～10 之间自动变化使用应用程序来实现。

在应用命令语言编辑器中，输入“运行时”，每 100ms 命令语言如下：

```
\\本站点\alarm_timer=\\本站点\alarm_timer+1;
if(\\本站点\alarm_timer==11)
{\\本站点\alarm_timer=0; }
```

6）“烤漆时间到提示”界面制作（如图 5-43 所示）。

图 5-43 “烤漆时间到提示”界面

编辑事件命令语言如下。

```
事件描述：烘干经过时间==烘干时间设定，
发生时：ShowPicture（"烤漆时间到提示"）;
```

7）“喷烤漆工艺流程”界面制作（如图 5-44 所示）。

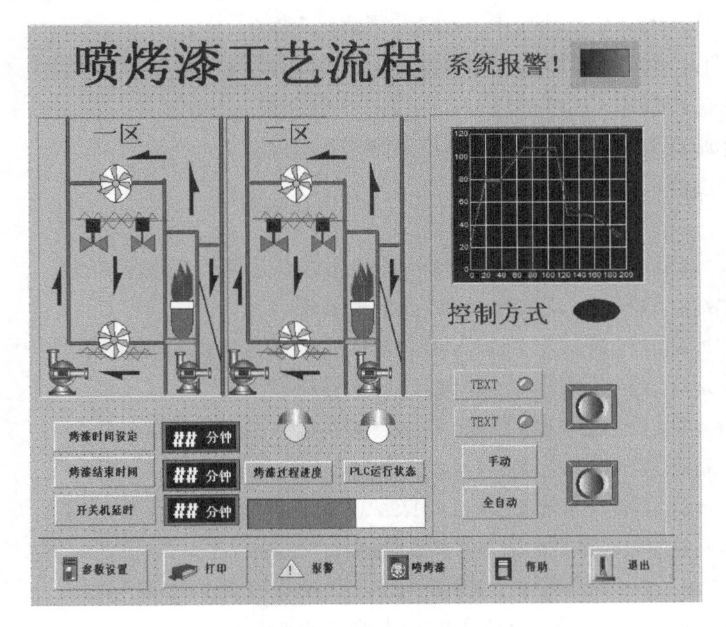

图 5-44　工艺流程界面

在界面上实现风机旋转动画、燃烧机燃烧动画；当某设备发生故障时，该设备将闪烁，并弹出实时报警界面；在手动状态，直接单击该设备，便可启/停该设备；喷漆和烤漆时，通风的路径及颜色将发生变化。烤漆房温度除数字显示外，还采用温控曲线显示，显示系统各设备的状态，可设置参数，如烤漆时间。

（1）制作风机旋转动画。风机图由两个圆和两个多边形组成。

双击风机图形对象，在弹出的“动画连接”对话框中单击“旋转连接”按钮，在弹出的对话框中的“表达式”文本输入框中输入“\\本站点\送风机动画 F2”。

右击画面空白处，在出现的快捷菜单中选择“界面属性”菜单项，打开“界面属性”对话框，在对话框中单击“命令语言”按钮，弹出界面命令语言编辑器。

在界面命令语言编辑器中输入“存在时”，100ms 时的界面命令语言如下：

```
        if ((\\本站点\自动状态启动 x4||\\\\本站点\plc 启动）&&（\\本站点\plcm2==0）&&\\本站点\烘干
状态）
        {\\本站点\烤漆开始时间=\\本站点\$时间；}
        if (\\本站点\自动工作选择）
        {\\本站点\燃烧机 1 动画开=\\本站点\燃烧机启停 1；}
        else{if ((\\本站点\\排风机启停 F1KM1&&\\本站点\送风机启停 F3KM3）||（\\\\本站点\送风机
启停 F3KM3&&\\本站点\废气排风机启停 1))
                {\\本站点\燃烧机 1 动画开=\\本站点燃烧机启停 1；}
        else{燃烧机 1 动画开=0；}
            }
```

```
if（\\本站点\自动工作选择）
{\\本站点\燃烧机 2 动画开=\\本站点\燃烧机启停 2；}
else {if((\\本站点\排风机启停 F2KM2&&\\本站点\送风机启停 F4KM4)||（\\\本站点\送风机启停 F4KM4&&\\本站点\废气排风机启停 2)）
{\\本站点\燃烧机 2 动画开=\\本站点\燃烧机启停 2；）
else{燃烧机 2 动画开=0；）
}
if（\\本站点\送风机启停 F3KM3==l&&\\本站点\送风机 F3 故障==1）
{\\本站点\送风机动画 F1=\\本站点\alarm_timer,）
if（\\本站点\送风机启停 F4KM4==1&&\\本站点\送风机 F4 故障==1）
{\\本站点\送风机动画 F2=\\本站点\alarm_timer;）
if（\\本站点\废气排风机启停 1==1&&\\本站点 \ 废气排风机故障 1==1）
{\\本站点\废气排风机动画 1=\\本站点\alarm_timer;}
if（\\本站点\废气排风机启停 2==1&&\\本站点废气排风机故障 2==1）
{\\本站点废气排风机动画 2=\\本站点\alarm_timer;}
if（\\本站点\排风机启停 F1KM1==1&&\\本站点\排风 F1 故障==1）
{\\本站点\\本站点\排风机动画 F1=\\本站点\alarm_timer;）
if（\\本站点\排风机启停 F2KM2==1&&\\本站点\排风机 F2 故障==1）
（\\本站点\\本站点\排风机动画 F2=\\本站点\alarm_timer;}
```

（2）制作燃烧机燃烧动画。火焰图形由五部分组成，合成组合图素。缩放动画设置如下：

表达式为“\\本站点\alarm_timer”，缩放变化的方向为“向中心变化”；alarm_timer 在 0～10 变化，对应被连接对象的百分比为 50%～100%。

（3）控制方式模块由按钮与文字、标签组成，分别画出，然后组合图素。

喷漆状态选择：填充属性连接，“\\本站点\喷漆状态选择”。

烘干状态选择：填充属性连接，“\\本站点\烘干状态选择”。

手动：填充属性连接，\\本站点\自动工作选择。

全自动：填充属性连接，\\本站点\自动工作选择。

“停止”按钮：实现点动功能。按下时的命令语言：\\本站点\急停=1；弹起时的命令语言：\\本站点\急停=0。

“启动”按钮：实现启动功能。弹起时的命令语言：\\本站点\自动状态启动 x4=0；按下时的命令语言如下：

```
if（\\本站点\烘干状态选择）
{烤漆开始时间=\\本站点\$时间；}
\\本站点\自动状态启动 x4-1；
if（\\本站点\喷漆状态选择）
{\\本站点\喷漆开始时间=\\本站点\$时间；）
```

“停止”按钮：实现停止功能。弹起时的命令语言：\\本站点\自动状态停止 m71=0；按

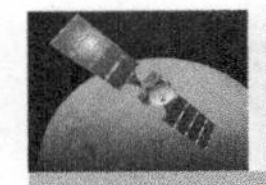

下时的命令语言：\\本站点\自动状态停止 m71-1；m71 在梯形图中控制 PLC 停止。

（4）温度曲线。采用隐含连接，由组态王提供的一些控件，包括温控曲线、X-Y 轴曲线、立体棒图等实现。

5．设置图形对象的访问权限

激活组态王界面制作程序 TouchMAK。双击“停止监控”按钮，弹出“动画连接”对话框。在对话框中的“访问权限”编辑框内输入“900”，单击“确定”按钮，关闭“动画连接”对话框。

6．配置用户

为系统配置用户包括配置用户名、口令、操作权限等。选择菜单“数据库用户配置”，单击“配置用户”对话框的“增加”按钮。在弹出的对话框中进行设置，用户名称为“abc”，口令为“123”，访问权限为“900”。单击“确定”按钮关闭对话框，选择菜单“文件\全部存”，保存修改。

运行组态王界面运行程序，按钮“停止监控”已变灰。要操作此按钮，操作者必须登录，以确认权限。

7．登录

关闭并重新启动组态王界面制作程序 TouchVEW，选择菜单“特殊\登录”，在“登录”对话框中输入用户名“abc”及口令“123”，单击“确定”按钮，“停止监控”变为黑色，可以实现其功能了。

8．禁止退出应用程序

退出应用程序这一功能，可以通过 TouchVEW 菜单“文件\退出”或者系统菜单“退出”实现。如果要禁止这两种方式，可进行如下设置：选择 TouchMAK 菜单“数据库\运行系统外观定制”，将对话框的“禁止退出运行系统”和“禁止 Alt 键”两个选项设为有效，单击“确定”按钮。关闭并重新启动组态王界面制作程序 TouchVEW 后，操作者就只能通过“停止监控”按钮来退出监控程序了。至此，已经建立了一个具有完整轮廓的实时监控系统。

9．配置运行系统

在运行组态王工程之前，首先要在开发系统中对运行系统环境进行配置。在开发系统中单击菜单栏“配置\运行环境”命令，弹出“运行系统设置”对话框，如图 5-45 所示，“主界面配置”选项卡中可规定 TouchVEW 界面运行系统启动时自动调入主界面。

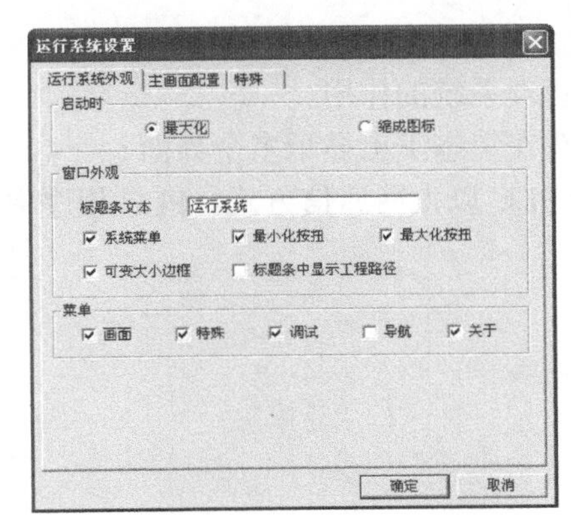

图 5-45　运行配置

知识总结与梳理

通过工作任务的实施，学习组态王工程开发系统与运行系统的安全管理、数据库访问功能及远程监控实现方式，重点掌握组态王运行系统访问优先级和安全区的双重保护策略及工程加密方法以及 Web 发布方式。具体总结与梳理如下所示：

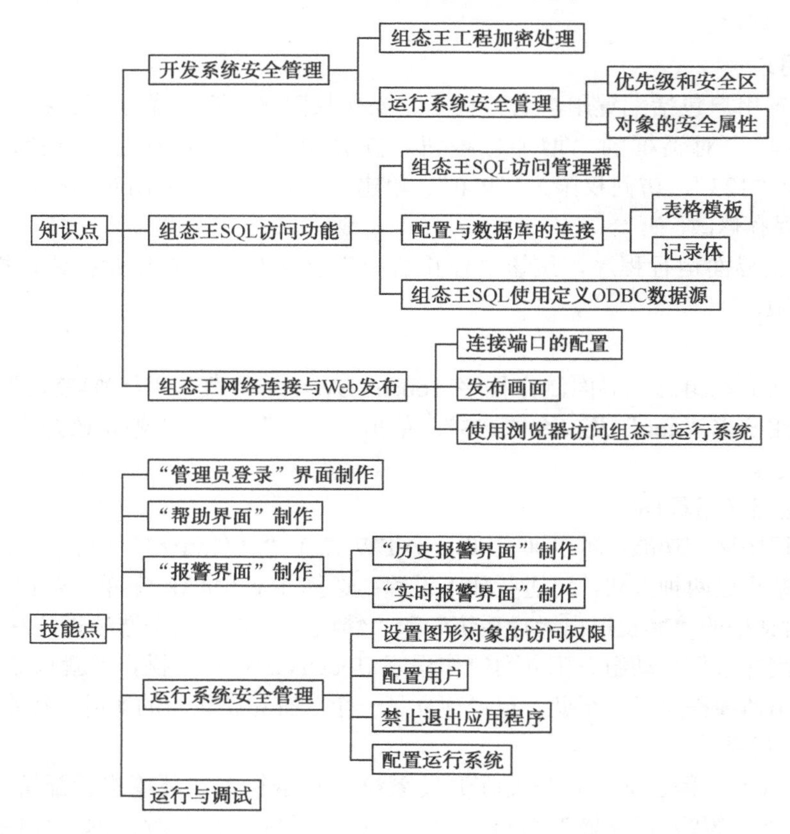

思考题 5

5.1　简述组态王的安全管理系统的作用。

5.2　如何利用多个摄像头在组态王上显示多个界面？

5.3　简述三菱 FX2 系列 PLC 以太网通信方式，PLC 程序中需要为通信做些什么？